SuperMap iServer Java
从入门到精通

SuperMap 图书编委会 著

清华大学出版社

北 京

内 容 简 介

地理信息共享一直是 3S 领域研究的热点和重点，近年来，对地理信息共享的需求剧增，促进了面向服务的地理信息共享模式在多个领域的快速发展，这一模式可以使信息资源共享与整合突破异构平台和各种软件应用环境的制约。为了更好地了解和应用这种新的地理信息共享模式，全书由浅入深，介绍了企业级 GIS 服务器与服务式 GIS 开发平台 SuperMap iServer Java 的功能开发和应用。

本书共 16 章，主题包括：SuperMap iServer Java 概述、SuperMap iServer Java 服务发布与管理、开发准备、地图查询、专题图、空间分析、网络分析、数据管理、富客户端的渲染、Flex 应用部署、性能优化、SuperMap iServer Java 集群、地理信息服务聚合、SuperMap iServer Java 扩展开发、Web 三维开发及SuperMap 云服务。

本书主要面向地理信息系统相关专业师生，可作为地理信息系统专业高年级学生或者研究生的实习教材，也可供从事面向网络的 GIS 系统开发的工作者参考，帮助他们快速解决学习和工作中遇到的问题。

图书在版编目(CIP)数据

SuperMap iServer Java 从入门到精通/ SuperMap 图书编委会著. --北京：清华大学出版社，2012.3
ISBN 978-7-302-27988-4

Ⅰ. ①S…　Ⅱ. ①S…　Ⅲ. ①Java 语言—程序设计　Ⅳ. ①TP312

中国版本图书馆 CIP 数据核字(2012)第 018658 号

责任编辑：文开琪　汤涌涛
版式设计：杨玉兰
责任校对：周剑云
责任印制：何　芊

出版发行：清华大学出版社
　　　网　　　址：http://www.tup.com.cn，http://www.wqbook.com
　　　地　　　址：北京清华大学学研大厦 A 座　　　邮　　编：100084
　　　社 总 机：010-62770175　　　　　　　　　邮　　购：010-62786544
　　　投稿与读者服务：010-62776969，c-service@tup.tsinghua.edu.cn
　　　质 量 反 馈：010-62772015，zhiliang@tup.tsinghua.edu.cn
　　　课 件 下 载：http://www.tup.com.cn,010-62791865
印 装 者：北京国马印刷厂
经　　销：全国新华书店
开　　本：185mm×260mm　　　印　张：24　　　字　数：576 千字
　　　　　附 DVD1 张
版　　次：2012 年 3 月第 1 版　　　　　　　　印　次：2012 年 3 月第 1 次印刷
印　　数：1～4000
定　　价：59.00 元

产品编号：045212-01

前　言

地理信息共享在经历了面向文件的第一代共享和面向空间数据库的第二代共享两个阶段的发展之后，面向服务的地理信息共享新模式在多个领域得到了快速发展，开启了地理信息服务共享和聚合应用的新时代。服务式 GIS(Service GIS)强调 GIS 数据和功能都能以服务的形式进行发布，供用户进行访问，也就是不仅能共享 GIS 数据，还能共享 GIS 功能。对于共享数据而言，不是直接操作数据文件或数据库，而是通过访问服务接口实现服务共享。本书将以 SuperMap iServer Java 软件为例，介绍服务式 GIS 相关概念及应用开发。

SuperMap iServer Java 是基于 SOA 技术和 Realspace 的企业级 GIS 服务器与服务式 GIS 开发平台，可用于构建 SOA 应用系统和面向服务的地理信息共享应用系统。支持 Unix、Linux、Windows 等多种类型的操作系统，拥有服务聚合等多项专利技术，提供对 Web 三维服务的支持，支持分布式层次集群技术，提升系统的容错能力和水平扩展能力，并能够通过多种机制提升系统速度，支持高并发的快速访问。

本书从最基础的开发入门开始，逐步深入介绍 SuperMap iServer Java 功能和应用，让您快速地从新手变为专家。功能讲解采用结合实例的方式，并提供配套数据(仅做演示使用)，便于读者理解。阅读本书时，需要有一定的编程基础，了解网络编程和 Flex 开发相关工具。

全书共分为 16 章，各章内容简介如下。

- 第 1 章主要介绍软件组成、安装和许可配置等。在掌握这些内容后，可以顺利进入后续章节开始开发实践。

- SuperMap iServer Java 作为 GIS 服务器产品，发布和管理服务是其基础职能。第 2 章将学习如何准备用于发布的数据、快速发布 GIS 服务以及服务的相关配置管理方法。

- 在学会如何发布 GIS 服务后，可以利用客户端开发包 SuperMap iClient 进行系统的构建。第 3 章将学习 SuperMap iClient for Flex 开发基础知识。

- 第 4 章至第 8 章分别结合模拟实例讲解了采用 SuperMap iClient for Flex 客户端实现地图查询、专题图、空间分析、网络分析、数据管理等相关功能，从案例分析、界面设计、代码实现、运行效果、接口说明几个方面阐述了完整的开发过程。

- SuperMap iClient for Flex 提供了要素图层(FeaturesLayer)和元素图层(ElementsLayer)用于客户端渲染。第 9 章将详细讲解如何通过这两个图层实现客户端要素标绘，开发界面友好和数据丰富的应用项目。

- 第 10 章将分别阐述在三种 Web 中间件上部署应用项目的方法，并以在 FlashBuilder

中构建的应用项目为例介绍部署步骤。

- 应用系统的性能优化是一项很综合的工作，第 11 章将结合 SuperMap iServer Java 介绍数据、开发策略、缓存等各方面的优化策略。

- 第 12 章将分别从原理与结构、特点、使用与配置方法以及应用几个方面对集群系统进行剖析，通过本章深入浅出的阐述，使用户对集群技术及其使用方法有一个深入的了解，以便灵活地利用该技术搭建健壮、稳定、高效的企业级 GIS 应用系统。

- 第 13 章将详细介绍服务聚合的实现原理、服务聚合的类型并通过实例逐步讲解聚合的实现方法。

- 第 14 章首先介绍扩展开发原理，然后结合一个范例介绍服务端和客户端扩展的流程及注意事项。

- 第 15 章将学习 Web 三维客户端。首先介绍 Web 三维概念，然后带领读者完成一个开发入门范例，体验三维开发过程，最后会对三维缓存进行介绍。

- 第 16 章将介绍未来 GIS 技术发展趋势——云服务的相关内容以及 SuperMap 在云服务方面的相关产品及其应用。

本书的范例编写环境如下：操作系统为 Windows 7，第 4～9 章使用 Adobe Flash Builder 4.5，第 14 章使用 Eclipse 作为开发和调试的工具，Flex 开发工具包使用的是 Adobe Flex 4 SDK，浏览器需要安装 Adobe Flash Player 10 或以上版本，SuperMap iServer Java 使用的是 6.1 版本。所有范例程序和软件安装包均可在本书配套光盘中找到。

本书作者均为长期从事 GIS 平台研发与应用系统开发的资深技术人员，参加本书编写的成员有陈颖、董永艳、金建波、韦宝平、辛宇、张婧、张伟(以姓氏字母为序)等。在本书的创作和编写过程中，胡中南、苏乐乐、丁晶晶以及张莉莉给予了大量的编写意见，另外还得到了清华大学出版社的大力支持，在此表示衷心的感谢！由于作者水平有限，书中难免存在不足和疏忽之处，恳请读者批评指正。

SuperMap 图书编委会

目　　录

第 I 部分　基　础　篇

第 II 部分　开　发　篇

第 III 部分 高 级 篇

第IV部分　展　望　篇

第 I 部分
基 础 篇

▶ 第 1 章　SuperMap iServer Java 概述
▶ 第 2 章　SuperMap iServer Java 服务发布与管理

第 1 章　SuperMap iServer Java 概述

SuperMap iServer Java 是一款用于构建网络 GIS 系统的服务式开发平台，它通过网络提供丰富的 GIS 功能，并提供基于富客户端技术的开发包，方便搭建各种二维和三维的面向网络的 GIS 系统。

本章将学习 SuperMap iServer Java 的组成部分、软件安装和许可配置的方法。在掌握了这些内容后，可以顺利地过渡到后续篇章深入实践 SuperMap iServer Java 的各种功能。

本章主要内容：
- SuperMap iServer Java 架构
- 在 Windows 上安装 SuperMap iServer Java
- 在 Linux 上安装 SuperMap iServer Java
- 配置 SuperMap iServer Java 许可

1.1　SuperMap iServer Java 简介

SuperMap iServer Java 是一套完整的面向网络客户端提供丰富 GIS 功能服务的服务式开发平台。该开发平台具有如下能力。

- 通过服务的方式提供与专业 GIS 桌面软件相同功能的 GIS 服务，如地图服务、数据服务、交通网络分析服务、空间分析服务以及三维服务等。

- 能够管理、发布和无缝聚合多源服务，包括发布 REST 服务、OGC 的 W*S 服务(WMS、WMTS、WFS)等，聚合第三方标准的地图服务、数据服务等。

- 集群技术，支持企业级 GIS 服务部署与发布。

- 支持多种类型客户端访问 SuperMap iServer Java 发布的 GIS 服务，如支持 Web 客户端、桌面应用程序、移动终端设备、组件应用程序的访问。

SuperMap iServer Java 还是一套服务式 GIS 开发平台，提供客户端开发工具包——SuperMap iClient，在技术上与 SuperMap iServer Java GIS 服务器紧密集成，支持用户调用服务器端专业的 GIS 功能，使得服务器提供的数据和服务能够在客户端以丰富的形式展现给用户。SuperMap iServer Java 还提供 GIS 服务扩展开发包，满足用户对 GIS 服务扩展开发的需求。

综上所述，SuperMap iServer Java 提供从开发、配置、部署到发布一体化的企业级 GIS 应用系统解决方案。

- GIS 专业人员可以通过 SuperMap iServer Java 发布 GIS 服务，包括 GIS 数据的发布，数据编辑和共享，空间查询、分析等服务，以及聚合其他 GIS 专业用户发布的标准 GIS 服务。

- 通过 SuperMap iServer Java 提供的服务管理工具 SuperMap iServer Manager 远程配置、管理和发布 GIS 服务，管理日志服务、集群服务等系统功能服务，以便形成一套整体、无缝的工作流，如图 1-1 所示。

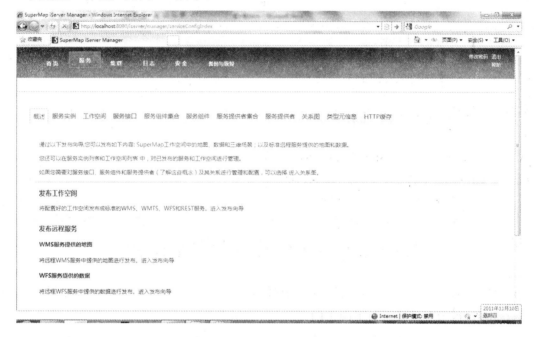

图 1-1　服务管理工具——SuperMap iServer Manager

- 应用开发人员可以使用 SuperMap iServer Java 提供的客户端开发包构建 GIS 应用系统。除此之外，还可以根据业务系统的需求，使用 SuperMap iServer Java 服务端 SDK 对 GIS 服务进行扩展，以使其更好地与业务系统集成。

1.2　SuperMap iServer Java 的架构

SuperMap iServer Java 主要包括 SuperMap iServer Java GIS 服务器和 SuperMap iClient(SuperMap Web 客户端)两个部分，如图 1-2 所示。GIS 服务器主要面向网络提供丰富的 GIS 服务；SuperMap iServer Java 客户端，即 SuperMap iClient 部分，它基于标准的 Web 技术，采用简捷、易用的面向对象编程模型，提供一套富客户端软件开发工具包，借助客户端开发包与 GIS 服务实时交互，可以快速构建 GIS 应用系统。

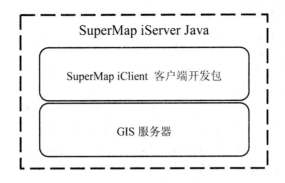

图 1-2　SuperMap iServer Java 的组成部分

1.2.1　GIS 服务器的架构

GIS 服务器是 SuperMap iServer Java 提供的一个虚拟的服务器，它提供开放、易于扩展的服务框架，在这个框架下，对服务组件、服务提供者和服务接口三种类型的组件进行组装，最终以 GIS 服务的形态暴露给 GIS 服务器的客户端。如 REST 地图服务，客户端程序可以通过网络访问到这套 GIS 服务，从而实现地图浏览、地图查询等功能。这个服务框架还允许用户在框架基础上自行开发各自领域的特定 GIS 服务。SuperMap iServer Java 强调以服务的形式封装不同的 GIS 功能单元，服务所暴露的接口通过契约规定其功能性和非功能性的作用和特征，从而实现在广域网络(例如 Internet)环境下的业务集成和互操作，而不受平台环境的限制并易于重用。

GIS 服务器除了组装 GIS 服务，还提供一系列模块实现对 GIS 服务的管理，如启动、停止服务，记录服务运行日志，提供集群服务等。GIS 服务器架构如图 1-3 所示。

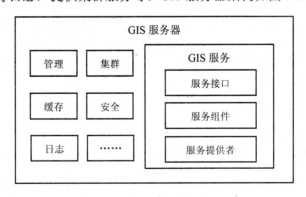

图 1-3　GIS 服务器的架构

1. GIS 服务

GIS 服务是基于 SuperMap iServer Java 的服务框架构建的，服务框架是一个三层组件式结构，包括服务提供者、服务组件和服务接口。GIS 服务器将三类组件进行组合并发布成一套 GIS 服务。GIS 服务器发布的 GIS 服务是按照 GIS 功能和发布协议组合确定其 GIS 服务职能的，如 REST 地图服务、空间分析 REST 服务等。按照 GIS 功能可以划分为地图服务、空间分析服务、交通网络分析服务、三维服务以及数据管理服务，这些服务由服务组件和服务提供者组合确定。GIS 服务需要按照某一契约(网络协议或者规范)发布，如 REST 服务、WMS 服务、WFS 服务等，这些分别对应不同的服务接口，如图 1-4 所示。

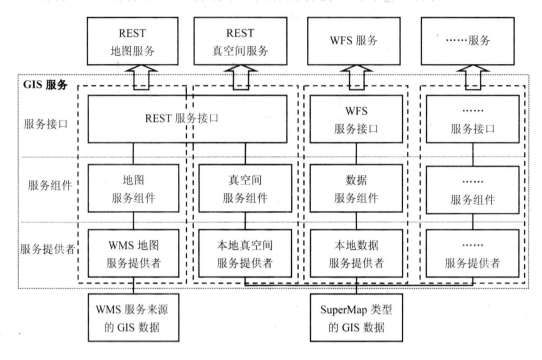

图 1-4　GIS 服务的架构

1)　服务提供者

GIS 服务的直接提供者。针对某一类来源的 GIS 数据(或服务)进行 GIS 功能的处理，实现 GIS 功能封装与接口的统一。SuperMap iServer Java 默认提供的服务提供者如表 1-1 所示。

表 1-1　服务提供者

类　别	服务提供者	作　用
SuperMap 数据来源	本地地图服务提供者	获取 SuperMap 数据，处理地图功能，如浏览、查询
	本地数据服务提供者	获取 SuperMap 数据，实现数据管理功能，如获取数据源、数据集，数据的编辑
	本地真空间服务提供者	获取 SuperMap 数据，实现三维功能，如获取场景、获取三维数据
	交通网络分析服务提供者	获取 SuperMap 数据，实现网络分析功能，如路径分析、最近设施分析
	空间分析服务提供者	获取 SuperMap 数据，实现空间分析功能，如叠加、提取等值线

类　别	服务提供者	作　用
其他类型 数据来源	REST 地图服务提供者	对 REST 地图服务来源的 GIS 数据进行地图功能的处理
	REST 数据服务提供者	对 REST 数据服务来源的 GIS 数据实现数据管理
	WMS 地图服务提供者	对 WMS 来源的 GIS 数据进行地图功能的处理
	WFS 数据服务提供者	对 WFS 来源的 GIS 数据实现数据管理
	Bing Maps 地图服务提供者	对 Bing Maps 服务的 GIS 数据进行地图功能的处理
聚合专用	聚合地图服务提供者	实现对多来源的 GIS 数据进行地图功能的聚合处理
	聚合数据服务提供者	实现对多来源的 GIS 数据进行数据聚合处理

这些服务提供者屏蔽了不同服务来源的区别，实现 GIS 功能的统一。如本地地图服务提供者(UGCMapProvider)是将 SuperMap 类型的 GIS 数据进行地图基本功能的封装；Bing Maps 地图服务提供者(BingMapsMapProvider)是将 Bing Maps 服务提供的 GIS 数据进行地图基本功能的封装。本地地图服务提供者和 Bing Maps 地图服务提供者具有统一的接口，即 MapProvider，供服务组件调用。通过 GIS 服务提供者对不同 GIS 数据来源进行功能实体的封装和统一，SuperMap iServer Java 实现了对多源异构服务的无缝集成与聚合。

2)　服务组件

服务组件是对服务提供者的功能进行组合并封装成易于客户端应用的模块。服务组件提供的 GIS 接口应易于客户端应用，但是服务组件所提供的 GIS 功能都是调用服务提供者来实现的。如图 1-5 所示，地图服务组件分别封装了 getMapImage、zoom 和 viewByScale 三个功能接口，分别实现获取地图图片、缩放及根据中心点和比例尺获取地图图片的功能，地图服务组件提供的这三个功能最终都是通过调用地图服务提供者的 getMapImage 来实现的，但是对于客户端而言，这样的功能封装更加方便易用，可以根据自己的需求选择适合的接口直接调用。

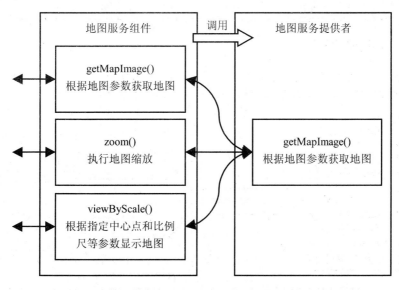

图 1-5　服务组件封装服务提供者功能接口

SuperMap iServer Java 默认提供的服务组件如表 1-2 所示。

表 1-2 服务组件

服务组件	作　用
地图服务组件	封装各种地图功能，如浏览、缩放、查询
数据服务组件	封装数据管理功能，如获取数据源、数据集，数据的编辑
真空间服务组件	封装三维功能，如获取场景、获取三维数据
交通网络分析服务组件	封装网络分析功能，如路径分析、最近设施分析
空间分析服务组件	封装空间分析功能，如缓冲区分析、叠加分析

3)　服务接口

服务接口是人机交互系统之间的共享边界。SuperMap iServer Java 的服务接口组件将服务组件和服务提供者组合成的 GIS 服务按照不同的服务规范发布成网络服务，如 REST 服务、WMS 服务等。SuperMap iServer Java 默认提供的服务接口如表 1-3 所示。

表 1-3 服务接口

服务接口	作　用	支持的服务类型
REST 服务接口	定义 GIS 服务以 REST 风格发布	地图服务、数据服务、真空间服务和交通网络分析服务
REST/JSR 服务接口	定义 GIS 服务以 REST 风格发布	空间分析服务
WMS 服务接口	定义地图服务以 WMS 标准发布	地图服务
WFS 服务接口	定义数据服务以 WFS 标准发布	数据服务
WMTS 服务接口	定义地图服务以 WMTS 标准发布	地图服务
Handler 服务接口	定义 GIS 服务以 SuperMap iServer Java 2008 的兼容方式发布	地图服务、数据服务、空间分析服务和网络分析服务

4)　GIS 服务各层组件间关系

一个服务组件可以使用多个服务提供者，一个服务组件同时还可以发布成多种类型的 GIS 服务。以地图服务为例来说明服务组件、服务接口和服务提供者的关系，如图 1-6 所示。

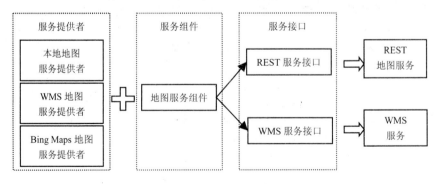

图 1-6 服务组件、服务接口和服务提供者的关系

5)　GIS 服务扩展

SuperMap iServer Java 的 GIS 服务可以是通用空间服务(Generic Spatial Service)，也可以是领域空间服务(Domain Spatial Service)。通用空间服务指 SuperMap iServer Java 默认提供的 GIS 服务，如地图服务、空间数据服务、空间分析服务等；而领域空间服务则用来描述 GIS 在特定行业中的应用相关的服务，用户通过对通用空间服务的二次开发或配置，添加自己的业务逻辑，就能定制出满足某一行业领域特殊需求的空间服务，进而达到通用空间服务在具体领域的多层次复用。例如气象领域，在通用空间服务的基础之上，加上天气预报服务、气象警报服务等，定制出满足气象行业特殊要求的气象领域服务，用户通过使用该服务能够方便地查询某一城市的天气情况并在地图上显示，查询哪些地区进入了预警状态等。配置成什么类型的服务取决于服务组件的选取。如果使用地图服务组件，那么这个服务能够提供基础地图功能，并可以通过服务接口发布成 REST 地图服务、WMS 服务等；如果用户根据特定行业实现了一个领域空间服务组件，使用这个服务组件的服务就是一个领域空间服务，同样可以通过服务接口将其发布成多种类型的服务。

2. GIS 服务管理工具

SuperMap iServer Web Manager 是 SuperMap iServer Java 提供的服务管理工具，提供远程的、动态的、基于 Web 的服务配置管理模式，为用户提供了方便、简洁、直观、灵活的 GIS 服务管理方式。图 1-7 所示为 SuperMap iServer Java 的服务管理工具，即 SuperMap iServer Web Manager。它管理 GIS 服务，包括添加、删除服务，控制服务的启动和停止等；管理 GIS 服务器的系统服务，包括 GIS 服务器的管理、日志、缓存等服务的管理以及集群的配置等。服务管理工具的使用详见第 2 章。

图 1-7　服务管理工具

1.2.2　SuperMap iClient 的组成

SuperMap iClient 是 SuperMap iServer Java 为客户端 GIS 程序提供的开发工具包，作为 SuperMap iServer Java 体系的重要组成部分，SuperMap iClient 在技术上与 GIS 服务器紧密集成，支持用户调用服务端完成专业的 GIS 功能；利用 SuperMap iClient 能实现客户端应用程序的立即部署、跨平台、跨浏览器，能够提供高度互动的用户界面，同时具备海量数据的快速加载和平滑显示的能力。

SuperMap iClient 包含三个版本的二维客户端工具包，分别针对 Flex、Silverlight 和 Ajax 开发平台，用于快速搭建 GIS 应用系统。它还提供一套三维功能开发包，即 SuperMap iClient for Realspace，用于构建面向网络的三维应用系统。

- SuperMap iClient for Flex 是一套基于 Adobe Flex 技术和 Adobe Flash Builder 4 开发平台实现的富客户端开发包。SuperMap iClient 6R for Flex 作为一个跨浏览器、跨平台的客户端开发平台，不仅可以在客户端快速显示地图，还可以迅速地使用 GIS 服务器或第三方服务器提供的地图与服务，从而构建表现丰富、交互深入、体验卓越的地图应用。

- SuperMap iClient for Silverlight 是运用 RIA(Rich Internet Application)模式，基于 Silverlight Web 开发平台，利用 Silverlight 技术和.NET 开发框架实现的富客户端 Web 应用开发包。

- SuperMap iClient for Ajax 是运用 RIA 模式，利用 Ajax 技术和 ASP.NET Ajax 开发框架实现的 Web 应用开发包。

- SuperMap iClient for Realspace 是基于 SuperMap UGC (Universal GIS Core)底层类库和 OpenGL 三维图形处理库的三维功能开发包，开发者利用该开发包能够从 GIS 服务器获取地图与服务，快速地完成海量数据加载、二维三维地图联动、空间和属性查询、空间分析、简单编辑、地址定位等功能，能够轻松地开发所需的三维可视化地理信息客户端。

注意　本书将重点介绍 SuperMap iClient 6R for Flex 和 SuperMap iClient 6R for Realspace 两个客户端开发包的开发方法。SuperMap iClient for Silverlight 与 SuperMap iClient for Ajax 的对象接口、开发思路与 SuperMap iClient for Flex 的类似，所以本书将不做介绍。

SuperMap iClient 支持多终端模式的 Web 应用开发。Web 应用的终端包括 B/S 的瘦客户端、富客户端、三维显示端等。多终端模式就是根据用户的业务模型定制业务逻辑，使用一种或多种的终端应用集成技术来满足用户在应用层的需求，在提供更强的表现力的同时，给用户更多选择。

1.3 软件安装与许可配置

作为跨平台的服务式 GIS 开发平台，SuperMap iServer Java 提供了不同形式的分发包，以便将 SuperMap iServer Java 安装部署到各种平台中，包括适用于 Windows 平台的 Setup 包(包括 64 位和 32 位两种安装包)、zip 包，适用于 Linux 平台、AIX 平台的.tar.gz 包。SuperMap iServer Java 还提供了 War 包，作为独立应用程序部署到中间件中提供 GIS 服务。

> 本书配套光盘中提供了常用的两种 SuperMap iServer Java 安装包，分别是适用于 Windows 32 位系统的 Setup 包和适用于 Linux 平台的.tar.gz 包。本节将分别介绍这两种安装包的安装方法。

提示 SuperMap iServer Java 其他类型的安装包通常可以通过以下两种方式获取。
- 购买 SuperMap iServer Java，即可获取相应的软件安装光盘以及许可。
- 在超图官方网站下载 SuperMap iServer Java 的安装包和许可配置管理工具 SuperMap License Manager，下载地址为 http://www.supermap.com.cn/html/download.html。

1.3.1 Windows 平台上的安装与配置

在 Windows 平台中安装 SuperMap iServer Java 主要遵循以下几个步骤。

(1) 检查软硬件安装环境。

(2) 安装 SuperMap iServer Java。

(3) 安装软件许可配置工具。

(4) 配置软件许可。

1. 检查软硬件安装环境

安装 SuperMap iServer Java，首先需要检查计算机环境是否满足安装要求，包括对计算机硬件以及软件的环境检查。

(1) 检查计算机硬件是否满足安装要求。下面是硬件最低配置标准。
- 处理器：主频 800 MHz
- 内存：512 MB
- 硬盘：20 GB
- 网络适配器：系统安装有网络适配器
- 显示适配器：64 MB 显存(安装显示适配器驱动程序)

> ✍提示　通常一般的服务器对显示适配器都不做要求，但是作为 GIS 服务器，由于需要通过服务器输出地图图片，因此为了保证地图图片输出的质量，所以对 GIS 服务器的显示适配器做了一定的要求。

(2) 检查计算机的操作系统是否是 SuperMap iServer Java 支持的以下 Windows 版本。
- Microsoft Windows XP(SP2 或以上)
- Microsoft Windows Server 2003(SP1 或以上)
- Microsoft Windows Vista 系列
- Microsoft Windows 7 系列
- Microsoft Windows Server 2008 系列
- Microsoft Windows Server 2008 R2 系列

> ✍提示　SuperMap iServer Java 作为一款 GIS 服务器开发平台，建议安装在 Windows Server 系列的版本中。

(3) 在安装 SuperMap iServer Java 之前检查计算机是否安装了 Visual C++ 2008 重分发包。

2. 安装 SuperMap iServer Java

打开本书配套光盘中的软件安装包文件夹，将 SuperMap iServer Java 安装包_Windows.zip 压缩包进行解压。请按照以下步骤完成 SuperMap iServer Java 的安装。

(1) 在解压的 SuperMap iServer Java 的安装包目录中双击 setup.exe 安装文件，将会出现图 1-8 所示的 SuperMap iServer Java 安装启动界面。

图 1-8　安装启动界面

(2) 准备阶段结束后，弹出如图 1-9 所示的对话框，单击"下一步"按钮，继续安装。

(3) 弹出"许可证协议"对话框，如图 1-10 所示。请认真阅读最终用户许可协议。如果接受此协议，请选择"我接受许可协议中的条款"，单击"下一步"按钮；如果不接受许可协议的条款，请单击"取消"按钮退出安装。

图 1-9　欢迎界面

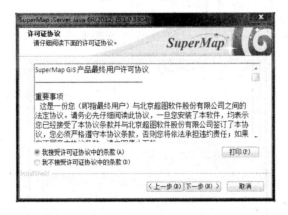

图 1-10　"许可证协议"对话框

(4) 继续安装，弹出如图 1-11 所示的"安装类型"对话框，系统默认项为"全部"，表示安装软件的全部模块。也可根据个人需求选择"定制"选项，选择安装软件的某些模块。单击"下一步"按钮继续安装。

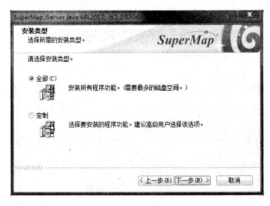

图 1-11　选择安装类型

(5) 选择安装路径，系统会提供一个默认的安装路径，如图 1-12 所示。如果想要将 SuperMap iServer Java 安装到其他目录中，单击"浏览"按钮，在弹出的对话框中选择安装路径。也可以直接在显示安装路径的文本框中手动填写目标路径。

图 1-12　选择安装路径

(6)　继续安装，弹出提示可以安装程序的对话框(如图 1-13 所示)。单击"安装"按钮进入安装状态。

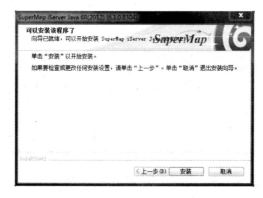

图 1-13　准备安装

📝提示　如果用户选择"定制"模式安装，会弹出"选择功能"对话框，如图 1-14 所示。定制安装只安装列表中勾选的功能。选择完成之后，单击"下一步"按钮。

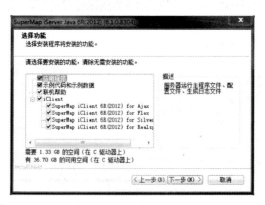

图 1-14　定制功能模块

(7)　继续安装，弹出"安装状态"对话框(如图 1-15 所示)，进入安装状态。如果希望取消此次安装，可以单击"取消"按钮。

图 1-15　显示安装状态

(8) 在安装完成后，系统自动检测目标机器是否安装了 Visual C++ 2008 重分发包。如果系统没有安装 Visual C++ 2008 重分发包，会弹出如图 1-16 所示的对话框，单击 Next 按钮进行安装，按照下面的图示完成 Visual C++ 2008 重分发包的安装。

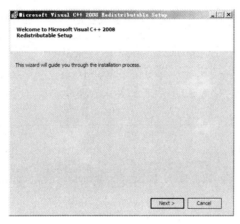

图 1-16　安装 Visual C++ 2008 重分发包

若系统已经安装了 Visual C++ 2008 重分发包，系统会弹出如图 1-17 所示的对话框，请不要卸载，直接单击 Cancel 按钮。

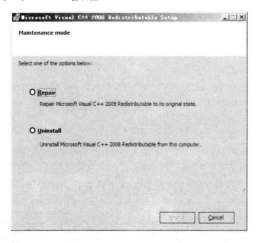

图 1-17　修复/卸载 Visual C++ 2008 重分发包

(9) Visual C++ 2008 重分发包安装后，系统弹出提示安装完成的对话框(如图 1-18 所示)，单击"完成"按钮，完成 SuperMap iServer Java 的安装。

图 1-18　完成安装

提示　在该对话框中有一个复选框提示是否继续安装许可配置管理工具，如果选中这个复选框，则会继续安装许可配置管理工具(安装步骤详见后文)。SuperMap GIS 全系软件采用统一的许可配置管理工具来配置软件的使用许可，如果已经安装了该工具，则不必再次安装。

3. 安装软件许可配置工具

如果在软件安装的最后一步选中"安装许可配置管理工具"复选框，单击"完成"按钮后，会进行许可配置管理工具的安装，此时弹出如图 1-19 所示的许可配置管理工具安装向导。

图 1-19　许可配置管理工具安装启动界面

如果在软件安装最后一步没有选中"安装许可配置管理工具"复选框，也可以直接解压缩配套光盘中"许可配置工具安装包.zip"压缩包，单击解压包中的 setup.exe 开始安装。

按照安装向导指示可以成功安装许可配置管理工具，完成安装后，会自动弹出"软件许可配置管理工具"对话框。

4. 配置软件许可

1) 软件许可介绍

许可配置管理工具(License Manager)可以为 SuperMap 系列软件配置许可，在 Windows 操作系统下，支持两种许可方式：文件许可和硬件许可。

● 文件许可(*.lic)，是以文件的形式获得合法的软件运行许可。

● 硬件许可，是以硬件加密锁的形式获得合法的软件运行许可。硬件锁分为四种：单机锁、限时单机锁、网络锁和限时网络锁。

◆ 单机锁：只有一个授权许可，与 SuperMap 软件安装在同一台计算机上。

◆ 限时单机锁：顾名思义，有明确到期时间限制的单机锁。

◆ 网络锁：安装在服务器端，可以有多个授权许可。客户端计算机通过网络获取服务器端提供的授权许可。

◆ 限时网络锁：有明确使用期限的网络锁。当使用期限截止后，可通过再次申请来延长 SuperMap GIS 软件的使用期限。一般情况下限时锁有使用寿命的限制，如果锁里面的电池用完，则该锁不能使用，设计使用寿命是六年；非限时锁在使用时没有时间的限制。在使用非限时锁时，注意不要修改机器的系统时间，而限时锁对系统时间没有要求，只要在限时锁内部芯片所限制的时间内，该限时锁都可用。

硬件许可方式需要使用硬件加密锁，所以必须安装加密锁的驱动程序，安装驱动程序成功后，才可将加密锁插到计算机相应的并口或 USB 口上。如果使用单机锁，在软件安装后，请在本机安装加密锁的驱动程序；如果使用网络锁，则必须在许可服务器上安装加密锁驱动程序和许可服务。

2) 获取软件许可

在配置许可之前，首先需要获取 SuperMap iServer Java 的许可。获取方式如下：

● 如果是正式购买的 SuperMap iServer Java，安装包中会包括软件许可，如单机加密锁、网络加密锁或者许可文件。

● 非正式购买的用户，可以通过页面 http://www.supermap.com.cn/sup/xuke.asp 自助申请免费的三个月试用许可。在此页面中单击"我同意"按钮，进入许可申请页面，填写申请人的姓名、电子邮箱、联系电话、用户名称、单位名称和计算机名称等信息，然后单击"申请"按钮，许可文件将会自动发送到填写的邮箱中。

3) 配置文件许可

(1) 安装完许可配置管理工具，系统会自动弹出许可配置管理工具，如图 1-20 所示；或者可以通过选择"开始"|"程序"| SuperMap | SuperMap License Manager 6R | License Manager 6R 打开许可配置管理工具；或者通过运行[系统盘]\Program Files\Common Files\SuperMap\LicenseManager6R\LicenseManager6R.exe，打开许可配置管理工具。

> 📝提示　如果在 Windows Vista、Windows 7 操作系统上配置许可，需要通过选择"开始"|
> "程序"| SuperMap | SuperMap License Manager 6R 选项或者运行[系统盘]\
> Program Files\Common Files\SuperMap\LicenseManager6R\LicenseManager6R.exe
> (运行时需右击并选择"以管理员身份运行")，打开许可配置管理工具。

图 1-20　许可配置管理工具

(2) 在图 1-21 所示对话框中，选择"文件许可"选项卡，选择"计算机名称"或者"物理网卡地址"单选按钮(根据申请文件许可时填写的类型选择)。然后依次选择许可文件所在路径、用户名称和单位名称。

> 📝提示　如果通过物理网卡地址读取许可，需要确认此网卡处于开启状态。

> ⚠注意　对于英文操作系统上的许可文件(*.lic)，建议放置的目录里不要包含非英文字符，否则可能造成读取许可文件失败。输入的用户名称、单位名称与申请许可文件时提供的信息必须保持一致，否则许可验证会失败。

(3) 单击图 1-21 中的"验证许可"按钮，如果配置成功，在"许可状态"一栏会标识有效。

图 1-21　设置文件许可信息

(4) 查看 SuperMap iServer 许可是否有效。如果状态为有效，单击"保存配置"按钮，保存当前许可信息，即将配置的许可信息写入配置文件(SuperMapLic.ini 文件)。

在图 1-21 中，可以通过勾选软件名称前的复选框来控制是否使相应软件的许可配置最终生效。如果相应的软件没有被选中，那么保存配置后，相应软件的许可信息就不会写入配置文件中，所以该软件不能够被使用。

(5) 单击"关闭"按钮，关闭许可配置管理工具，完成文件许可方式的配置。

4)　配置硬件许可

(1) 了解加密锁类型，明确该加密锁的厂家是 Aladdin 还是 Sentinel，是单机加密锁还是网络加密锁。

(2) 在计算机上安装加密锁的驱动程序。如果是网络加密锁，需要设定一台计算机作为许可服务器，在许可服务器上安装驱动程序。驱动程序位于[系统盘]\Program Files\Common Files\SuperMap\LicenseManager6R\Drivers 文件夹中。根据加密锁的厂家选择驱动程序。

如果加密锁是 Aladdin 网络加密锁，还需要在许可服务器上安装加密锁服务，许可服务程序位于[系统盘]\Program Files\Common Files\SuperMap\LicenseManager6R\Drivers\Aladdin\lmsetup.exe。安装完成后，系统会自动启动服务。如果没有启动，请在 Windows 服务中启动 HASP Loader 服务。

(3) 将加密锁插入计算机的 USB 或者并口上。如果获取的是网络加密锁，加密锁要插入许可服务器上。如果是单机加密锁，该加密锁直接插入 SuperMap iServer Java 所在计算机上。

(4) 在安装 SuperMap iServer Java 的计算机上启动许可配置管理工具，对硬件许可进行配置。具体操作步骤如下。

① 打开许可配置管理工具，选择"硬件许可"选项卡，在"许可服务器"中输入许

可服务器的 IP 或者机器名，在"硬件锁类型"的下拉列表框中选择硬件锁类型。
SuperMap 提供三种硬件锁类型：Superpro、Sentinel 和 Aladdin，当不确定为哪种
类型时，可以选择 UnknownHW，表示对这三种类型硬件锁都进行查询。在"产
品版本"下拉列表框中选择 V600，如图 1-22 所示。

图 1-22　设置硬件加密锁信息

提示　a. 如果是单机加密锁，请在"许可服务器"中输入 localhost。

　　　　 b. 使用许可服务器的 IP，在查询许可时，速度相对快一些。

---

② 单击"查询许可"按钮，查询状态如图 1-23 所示，在查询出的许可信息列表中，
找到 SuperMap iServer 的许可，选中该许可前的复选框。在查询过程中，可以单
击"停止查询"按钮来中止当前查询。对话框的最下方会显示锁类型、用户名称
以及用户的单位名称信息。

图 1-23　查询许可

③　单击"保存配置"按钮，保存当前许可信息。

④　单击"关闭"按钮，关闭许可配置管理工具，完成对硬件许可的配置。

1.3.2　Linux 平台上的安装与配置

在 Linux 平台中安装 SuperMap iServer Java 主要遵循以下几个步骤。

(1)　检查软硬件安装环境。

(2)　安装 SuperMap iServer Java。

(3)　配置软件许可。

1. 检查软硬件安装环境

安装 SuperMap iServer Java，首先需要检查计算机环境是否满足安装要求，包括对计算机硬件以及软件的环境检查。

(1)　检查计算机硬件是否符合安装条件。下面是硬件最低配置标准。
- 处理器：主频 800 MHz
- 内存：512 MB
- 硬盘：20 GB
- 网络适配器：系统安装有网络适配器
- 显示适配器：64 MB 显存(安装显示适配器驱动)

(2)　检查计算机的操作系统是否为 SuperMap iServer Java 支持的以下版本。
- Red Hat(Red Hat Enterprise Linux 5.4 及以上、6.x)
- SUSE(SUSE Linux Enterprise Server 10 SP2 及以上、11.x)
- 红旗 Asianux Server 3
- 麒麟操作系统服务器版 5.0
- CentOS 5.6 及以上

(3)　其他软件要求。
- JRE 1.6 及其以上版本
- SuperMap Objects Java 6R(2012) for Linux

(3)中两个软件不是必装项。如果在 Linux 系统中没有安装上述两款软件，SuperMap iServer Java 会自动选择软件包内置的 JRE 和 SuperMap Objects Java 6R 进行配置。如果已经安装上述软件，需要设置 JRE/JDK、SuperMap Objects Java 6R(2012) 及 SUPERMAP_ROOT 环境变量，并将系统的编码方式设置为 GBK。

2. 安装 SuperMap iServer Java

SuperMap iServer Java (for Linux 系统)提供含有 gzip(GUN zip)压缩属性的 tar 包(以.tar.gz 为扩展名)。打开本书配套光盘中的软件安装包文件夹,获取 SuperMap iServer Java 安装包 _Linux.tar.gz。请按照以下步骤完成 SuperMap iServer Java 的安装。

在 Linux 下安装 SuperMap iServer Java 本质上就是解压缩 tar 包,将 SuperMap iServer Java 文件解压缩到指定的文件夹中,具体步骤如下。(说明:这里以 Red Hat Enterprise Linux 5 为例,介绍 SuperMap iServer Java 的安装过程。)

(1) 将获取到的 SuperMap iServer Java 安装包复制到 Linux 操作系统计算机的某个目录下,例如 /home/map/SuperMap 下,在命令行方式下定位到 .tar.gz 文件所在的目录,例如:cd   /home/map/SuperMap。

(2) 执行如下命令将 tar 包解压缩,得到 SuperMapiServerJava6R_Linux 文件夹。

```
tar -zxvf SuperMap iServer Java 安装包_Linux.tar.gz
```

(3) 若为 32 位操作系统,可直接进行第(4)步。否则,请在 SuperMapiServerJava6R_Linux 目录下运行 rpms_check_and_install_for_64bit.sh,即执行如下命令,检查操作系统,若当前为 64 位系统,则会自动安装 SuperMap iServer Java 所需的 32 位系统库。

```
./rpms_check_and_install_for_64bit.sh install
```

出现"Check finished."或"Install finished."表示检查安装完成。
若欲卸载已安装的 32 位系统库,请执行:

```
./rpms_check_and_install_for_64bit.sh uninst
```

(4) 在 SuperMapiServerJava6R_Linux 目录下执行如下命令解压 smiserver_java_610_ *_chs.tar:

```
tar -xvf 文件名.tar
```

通过上述步骤,将 SuperMap iServer Java 安装到/home/map/SuperMap 目录中。

3. 配置软件环境变量

软件环境变量的配置是指配置 JRE/JDK、SuperMap Objects Java 及 SUPERMAP_ROOT 环境变量,以及设置系统的编码方式为 GBK。

(1) JRE 1.6 或以上版本需要设置环境变量如下。
- 如果安装的是 JDK,则设置 JAVA_HOME 为 JDK 的目录。
- 如果安装的是 JRE,则设置 JRE_HOME 为 JRE 的目录。
例如在系统的 profile 文件(默认路径为/etc/profile)中设置 JAVA_HOME 如下:

```
export JAVA_HOME=/JDK 的目录
```

(2) 设置 SuperMap Objects Java 的环境变量。将 SuperMap Objects Java 的 bin 目录加入 LD_LIBRARY_PATH 变量值中，如下所示(使用 SuperMap Objects Java 安装包时，在安装后，会自动设置环境变量，这时不需要再设置)。

```
export LD_LIBRARY_PATH = /SuperMap Objects Java 6R 的安装目录/bin :$LD_LIBRARY_PATH
```

(3) 设置 SUPERMAP_ROOT 环境变量。

```
export SUPERMAP_ROOT=$SuperMapiServerJava6R/support
```

(4) 设置系统的编码方式为 GBK。

● RedHat Linux 系统：

```
export LANG=zh_CN.GBK
```

● SUSE Linux 系统：

```
export LANG=zh_CN.GBK
unset LC_CTYPE
```

(5) 执行 source /etc/profile 命令，使上述设置生效。

(6) 执行 echo 命令检查设置是否正确。

```
echo $LD_LIBRARY_PATH
```

> **注意** 若使用 Oracle 数据源，且数据库的编码方式为 GBK，请将 NLS_LANG 参数设置为 "simplified chinese"_china.zhs16gbk。
>
> ```
> export NLS_LANG="simplified chinese"_china.zhs16gbk
> ```

4. 配置许可

在 Linux 操作系统下，支持文件许可方式。

在进行许可配置之前，请确保已经获得北京超图软件股份有限公司的授权许可。获取方式参见前文。

(1) 在 SuperMap iServer Java 安装目录/webapps/iserver/WEB-INF/lib 文件夹中，以命令行方式运行 com.supermap.license.jar 文件(即 java -jar com.supermap.license.jar)，打开许可配置器。

(2) 将申请许可文件的用户名称与单位名称分别填入相应位置，在"许可文件名称"处选择许可文件，即.lic 文件，如图 1-24 所示。

(3) 单击图 1-24 中的"验证许可"按钮，验证是否配置成功。如果配置成功，在"许可状态"一栏会标识"有效"，如图 1-25 所示。

图 1-24 配置许可

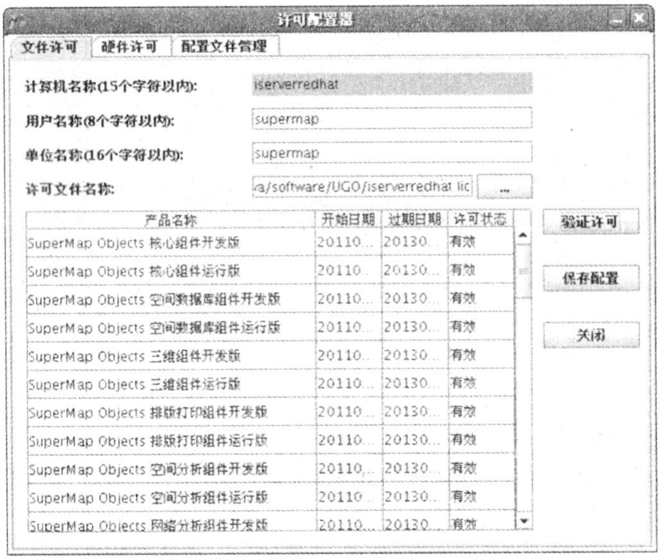

图 1-25 验证许可

> 注意 此时输入的用户名称、单位名称与申请许可文件时提供的信息必须保持一致，否则许可验证会失败。

(4) 单击"保存配置"按钮，保存当前许可信息，即将配置的许可信息写入配置文件 (SuperMapLic.ini 文件)。

(5) 单击"关闭"按钮，关闭许可配置管理工具。

1.4　快 速 参 考

目　标	内　容
SuperMap iServer Java 架构	SuperMap iServer Java 分为两个组成部分：GIS 服务器和 SuperMap iClient 客户端开发包。 GIS 服务器架构由三层结构组成，即服务提供者、服务组件和服务接口。通过三层组件可以构建出支持各种协议实现各种 GIS 功能的 GIS 服务，例如 REST 地图服务、WMS 服务、REST 空间分析服务等。 SuperMap iClient 包含 for Flex、for Silverlight、for Ajax 三个针对不同开发平台的二维客户端工具包，用于快速搭建 GIS 应用系统。它还提供一套三维功能开发包，即 SuperMap iClient 6R for Realspace，用于构建面向网络的三维应用系统
SuperMap iServer Java 的安装	SuperMap iServer Java 提供多种安装包，支持在 Windows(包括 32 位和 64 位操作系统)、Linux、AIX 平台上安装，还可以通过 war 包作为独立应用程序部署到中间件中提供 GIS 服务
SuperMap iServer Java 许可配置	需要配置许可才能够正常使用 SuperMap iServer Java。许可配置可以通过许可配置工具来完成

1.5　本 章 小 结

本章是学习 SuperMap iServer Java 的基础篇章，为后续内容的学习奠定基础。

这里主要介绍 SuperMap iServer Java 的组成部分，还介绍了 SuperMap iServer Java 架构，软件的安装与许可配置方法。通过本章的学习，希望能够帮助您初步了解 SuperMap iServer Java，并顺利实施 SuperMap iServer Java 的安装。

第 2 章　SuperMap iServer Java 服务发布与管理

作为 GIS 服务器，发布和管理服务是 SuperMap iServer Java 的基础职能。而服务发布的基础在于 GIS 数据，一切 GIS 系统的搭建都是从数据准备开始的。本章将学习如何准备 SuperMap iServer Java 发布的数据、快速发布 GIS 服务和服务的配置管理方法。

本章主要内容：

- 准备 SuperMap iServer Java 发布的数据
- 快速发布 SuperMap iServer Java 服务
- 配置管理 SuperMap iServer Java 服务

2.1　数　据　准　备

数据是系统功能实现的基础，SuperMap iServer Java 将各种来源的数据发布为各种能力的 GIS 服务，供 SuperMap iClient 进行系统开发时调用。

SuperMap iServer Java GIS 服务的数据来源有三大类：SuperMap GIS 数据、标准 OGC 服务 (如远程 WMS、WFS 服务)和其他公开的第三方服务(如 Bing Maps 服务)。本节主要介绍 SuperMap 工作空间数据的准备，包括理解"工作空间"等 SuperMap 基本概念的含义，了解数据存储方式等。对 OGC 服务和其他第三方基于特定标准规范的服务，在此不做详细介绍。如需了解，请参考网络资源或第三方服务发布者提供的帮助信息。

2.1.1　SuperMap GIS 数据组织结构

SuperMap GIS 的数据组织结构，主要涉及**工作空间、数据源、数据集、地图、场景、布局**等概念。理解这些概念是进行 SuperMap 数据组织的基础，更是使用任何一款 SuperMap GIS 系列软件的基础，本节将结合本书范例数据对这些概念予以详细介绍。

SuperMap GIS 数据通常利用桌面软件 SuperMap Deskpro .NET 制作。因此，本节通过 SuperMap Deskpro .NET 来演示 SuperMap GIS 数据的组织结构。

📓提示　SuperMap Deskpro .NET 的安装包位于配套光盘\软件安装包\SuperMap Deskpro .NET 安装包.zip。SuperMap Deskpro .NET 的许可可以通过 http://www.supermap.com.cn/ sup/xuke.asp 自助申请。

在安装好 SuperMap Deskpro .NET 并配置好许可之后(许可配置方法参考第 1 章介绍安装软件许可配置工具和配置软件许可的内容)，选择"开始"|"程序"| SuperMap | SuperMap Deskpro .NET 6R | SuperMap Deskpro .NET 6R(2012)，打开 SuperMap Deskpro .NET 软件。其运行界面如图 2-1 所示。

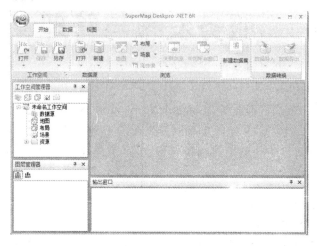

图 2-1　SuperMap Deskpro .NET 运行界面

单击"开始"选项卡中的"打开"按钮，选择配套光盘\示范数据\China400\China400.smwu 工作空间文件，打开后的工作空间管理器结构如图 2-2 所示。

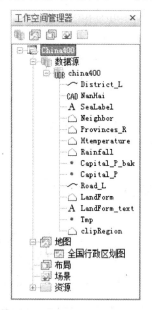

图 2-2　China400 工作空间结构

观察"工作空间管理器"面板中的数据结构可以发现，SuperMap GIS 的数据组织形式为树状层次结构，其根节点"China400"即工作空间。在 SuperMap Deskpro .NET 中一个工作环境对应一个工作空间。

- **工作空间**：即工作环境，在进行数据操作时，需要先创建一个工作空间，才能进一步操作 GIS 数据。工作空间中保存了该工作环境中的操作结果，如打开的数据源、保存的地图、布局和三维场景等，当打开工作空间时可以继续上一次的工作成果来工作。工作空间文件的扩展名为.smwu 或.sxwu。工作空间也可以保存到数据库中，目前 SuperMap 支持将工作空间保存到 SQL Server 和 Oracle 数据库中。

  工作空间中实际组织和存储 GIS 数据的是**数据源**。

- **数据源**：数据源是保存空间数据的场所。数据源本身可以存储在文件或者数据库中。文件型数据源的扩展名为.udb/.udd。如图 2-2 所示，China400 工作空间中包含一个名为 "china400" 的数据源。每个数据源中存储着各种类型的数据集，便于数据的归类和使用。一个工作空间中可以创建和打开多个不同类型的数据源，每个数据源具有独立于工作空间的物理存储，工作空间保存的是数据源的连接信息。在 2.1.2 节中将介绍数据源的存储方式。

  通过向数据源中新建、导入**数据集**等方式进行数据的获取和组织。

- **数据集**：数据集是对现实世界的抽象，如将公交站、ATM 机等点状事物抽象为点几何对象，将河流、铁路等线状事物抽象为线几何对象，将湖泊、行政区等面状事物抽象为面几何对象。为了便于空间数据的统一管理，将同一类事物存储在一个数据集中，以数据表的形式存在。数据集包括点、线、面、纯属性表、影像、栅格等类型。

  如图 2-2 所示，数据源 china400 中包含了已制作好的点数据集 Capital_P、线数据集 Road_L、面数据集 Provinces_R 等不同类型的数据集。可通过新建、导入、关联打开等方式向数据源中添加数据集。

- **地图和图层**：将数据集添加到地图窗口中，赋予其显示属性，就成为**图层**。图层风格可通过设置符号、配置专题图等方式渲染。一个或者多个图层按照某种顺序叠放在一起，显示在一个地图窗口中，就成为一幅地图。双击打开地图 "全国行政区划图"，可在 "图层管理器" 面板中查看地图中包含的图层、配置的风格等信息。地图配置的具体方式请参见 SuperMap Deskpro .NET 安装目录\Help\SuperMap Deskpro .NET 6R Help.chm。

提示　地图依附于工作空间存储，因此，要保存地图，必须同时保存其所在的工作空间。

工作空间、数据源、数据集、图层和地图是 SuperMap 数据组织结构中最核心的概念。通过操作数据源中的数据集完成数据的组织，通过对不同图层的风格设置完成地图的配置。工作空间统一管理着关联的数据源和存储的地图。

理解了以上核心概念之后，还需了解工作空间中的布局、场景和资源等概念。

- **布局**：主要用于对地图进行排版打印，是地图、图例、地图比例尺、指北针、文本等各种不同元素的混合排版与布置。布局与地图一样，直接存储于工作空间中。

- **场景**：以抽象地球模式来模拟现实的地球，并将现实世界抽象出来的地理事物在球体上进行展示，从而更直观形象地反映现实地理事物的实际空间位置和相互关系。用户可以将二维或者三维数据直接加载到球上进行浏览，制作专题图等。场景直接存储于工作空间中。

● **资源：**包含符号库、线型库和填充库。分别用于对点、线和面类型图层进行符号化。如点数据集"学校"用"❀"符号渲染。资源库文件可以依附于工作空间存储，也可以有独立的物理存储。

2.1.2 数据存储方式

SuperMap 数据源具有独立于工作空间的物理存储。工作空间和数据源均可选择文件型或数据库型存储，在项目设计阶段应确定其存储类型。本节将介绍数据源和工作空间存储方式。

1. 数据源存储方式

除本地文件和数据库之外，数据源还可能来源于网络。因此数据源可以分为三大类：文件型数据源、数据库型数据源和网络数据源。

● **文件型数据源：**包括 SDB Plus 数据源和 UDB 数据源两种类型，分别存储于扩展名为.sdb/.sdd 和.udb/.udd 的文件中。新建一个 UDB 数据源时，会同时产生两个文件，即 *.udb 文件和与之相对应的*.udd 文件，且这两个文件同名，只是扩展名不同。同理，新建 SDB Plus 数据源时，会产生*.sdb 和*.sdd 两个文件。这一对文件组成一个数据源。UDB 数据源是一个跨平台、支持海量数据高效存取的文件型数据源，UDB 可以存储的数据大小上限达到 128 TB。SDB Plus 数据源是基于复合文档的文件型数据源，数据大小上限为 2 GB。目前，SuperMap iServer Java 发布的服务只能使用 UDB 数据源或数据库类型数据源(目前不支持 SDB 数据源，因此 SDB 数据源中的数据需要在 SuperMap Deskpro .NET 中复制到 UDB 数据源或者数据库型数据源中再使用)。

● **数据库型数据源：**以大型关系型数据库为存储容器，通过嵌入 SuperMap Deskpro .NET 中的空间数据引擎 SDX+(Spatial Database eXtension +)进行管理。用户只需准备好数据库服务，无需再对数据库本身进行操作维护。
目前 SuperMap Deskpro .NET 版本支持的数据库类型包括 Oracle 数据库和 SQL Server 数据库两种。

● **网络数据源：**存储于网络上的某个服务器上，在使用该类型的数据源时，通过 URL 地址来获取相应的数据源。一般为 OGC 标准数据。

2. 工作空间存储方式

按照存储形式，工作空间可以分为以下两大类型。

● **文件型工作空间：**以文件的形式进行存储，文件格式分别为*.smwu、*.sxwu、*.smw 和 *.sxw，每一个工作空间文件中只存储一个工作空间。

- **数据库型工作空间**：是将工作空间保存在数据库中，目前仅支持存储在 Oracle 和 SQL Server 数据库中。

SuperMap iServer Java 建议采用 SuperMap UGC 6.x 工作空间(*.smwu/*.sxwu)或数据库型(支持 SQL Server 和 Oracle 类型)工作空间管理数据。

在理解了 SuperMap GIS 数据的组织结构和存储方式后可以通过 SuperMap Deskpro .NET 进行 GIS 数据的制作，例如，创建工作空间、创建数据源、导入 GIS 数据或者编辑 GIS 数据，通过制作专题图以及进行图层风格设置制作美观、优质的地图，制作三维场景等。

完成 GIS 数据的制作之后，就可以通过 SuperMap iServer Java 将 GIS 数据发布为网络 GIS 服务。

2.2　服 务 发 布

SuperMap iServer Java 的服务管理工具提供了两种发布服务的方法：快速发布服务和配置发布服务。本节主要介绍快捷操作的方法——快速发布服务。快速发布服务提供一套发布向导，通过其指引可快速地将 SuperMap 工作空间、WMS 数据源、WFS 数据源、Bing Maps 服务源等数据发布为地图服务、数据服务、真空间服务、空间分析服务等。除了流程化的快速发布服务方法外，在 2.3 节中将介绍通过单独配置服务提供者、服务组件、服务接口的方式进行服务的发布及管理。

2.2.1　服务启动与停止

在进行 SuperMap iServer Java 服务发布与管理操作之前，需要先启动 SuperMap iServer Java 服务器。在 SuperMap iServer Java 安装目录\bin 目录下，提供了启动/停止 SuperMap iServer 服务器的批处理文件。

- **startup.bat**：在 Windows 系统下启动 SuperMap iServer Java 服务器。

- **startup.sh**：在 Linux/AIX 系统下启动 SuperMap iServer Java 服务器。

- **shutdown.bat**：在 Windows 系统下停止 SuperMap iServer Java 服务器。

- **shutdown.sh**：在 Linux/AIX 系统下停止 SuperMap iServer Java 服务器。

在 Windows 平台下使用安装包安装 SuperMap iServer Java 后，在"开始"菜单中也提供了 SuperMap iServer Java 启动/停止的快捷方式(以 Windows 7 系统为例)。

- **启动服务**：选择"开始"|"所有程序"| SuperMap | SuperMap iServer Java 6R |"启动 iServer 服务"。

- **停止服务**：选择"开始"|"所有程序"| SuperMap | SuperMap iServer Java 6R |"停

止 iServer 服务"。

正常启动服务后的 SuperMap iServer Java 服务控制台如图 2-3 所示。

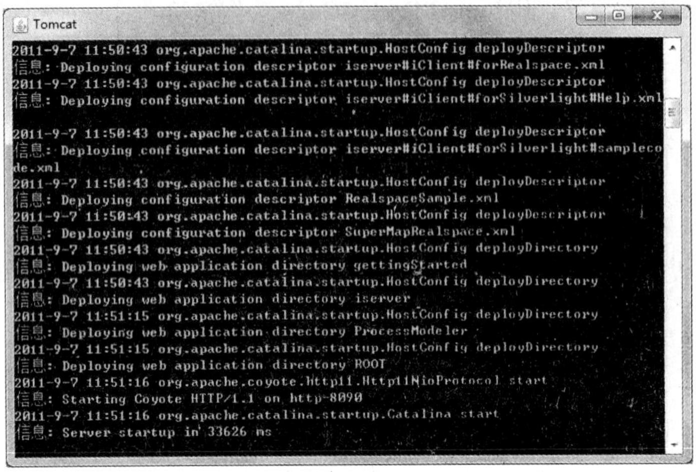

图 2-3　SuperMap iServer Java 服务控制台

注意　服务运行过程中此窗口不能关闭。

2.2.2　登录服务管理器

启动 SuperMap iServer Java 后，在 Web 浏览器中输入 http://localhost:8090/iserver/manager 或选择"开始"|"所有程序"| SuperMap | SuperMap iServer Java 6R | iServer 服务管理"，登录 SuperMap iServer Java 服务管理器。

如果是首次访问 SuperMap iServer Java 服务管理器，会进入"创建管理员帐户"界面，需输入要创建的用户名和密码，如图 2-4 所示。以后每次登录 SuperMap iServer Web Manager 时，输入第一次创建的用户名和密码即可。

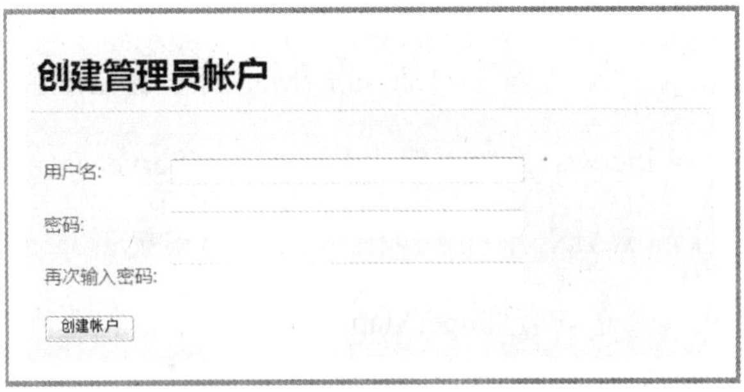

图 2-4　创建管理员帐户

提示　如果忘记密码，可在服务管理器登录页面中单击"忘记密码"，按提示操作即可。

登录服务管理器后，如图 2-5 所示，可以在这个管理器中进行服务的发布与管理。

图 2-5　服务管理页面

2.2.3　快速发布 SuperMap 工作空间的 GIS 服务

SuperMap iServer Java 可以将 SuperMap 工作空间(*.sxwu、*. smwu、*.smw、*.sxw 类型或数据库类型)快速发布为 GIS 服务。本节将通过一个示例演示快速发布 SuperMap 工作空间 GIS 服务的具体步骤。

> 示例　将配套光盘\示范数据\China400\China400.smwu 工作空间的数据发布为 REST 地图服务。

(1)　在服务管理器首页单击"快速发布一个或一组服务"，在"数据来源"下拉列表框中选择"工作空间"，单击"下一步"按钮，如图 2-6 所示。

> 提示　或在服务管理器"服务"选项卡中"发布工作空间"部分单击"进入发布向导"，直接进入步骤(2)。

图 2-6　选择发布的数据来源

(2) 配置数据。如图 2-7 所示，首先在"工作空间类型"下拉列表框中选择工作空间的类型，SuperMap 工作空间分为文件型和数据库型(SQL Server、Oracle 工作空间)，每种类型的工作空间都会对应不同的配置数据的参数。本例发布的工作空间为文件型，因此选择"文件型"工作空间。在"工作空间文件在服务器上的路径"文本框中输入 China400.smwu 文件的全路径，或者单击"浏览"按钮并选择工作空间的路径(建议先将 China400 数据从光盘中复制到本地某一个盘符下面)。在"工作空间密码"文本框中输入工作空间密码，如果不存在密码，可以不填。

图 2-7　配置数据

选择 Oracle 工作空间或 SQL 工作空间时，各配置项含义如表 2-1 所示。

表 2-1　配置数据库型工作空间的参数说明

参数名称	描　述
服务器	服务器名称。对于 Oracle 数据库，服务器名为其 TNS 服务名称；对于 SQL Server 数据库，其服务器名为其系统 DSN(Database System Name)名称
数据库	空间数据库名称
驱动程序名称	当采用 ODBC 连接时的驱动程序名称。只有 SQL Server 数据库使用 ODBC 连接，其驱动程序名可为 SQL Server 或 SQL Native Client
名称	工作空间在数据库中的名称
用户名	用来登录数据库的用户名
密码	用来登录数据库的密码

单击按钮"下一步"，进入下一步骤。

(3) 选择服务的类型。如图 2-8 所示，SuperMap 工作空间可发布的服务类型按功能和协议分为 8 种。服务的构成方式参见 1.2 节中的介绍。本例选择"REST-地图服务"，单击"下一步"按钮，进入下一步骤。

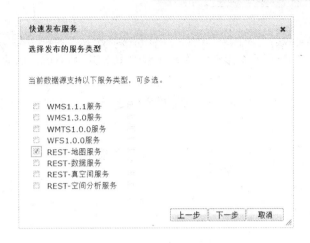

图 2-8　选择发布的服务类型

(4) 完成配置后，会弹出"配置完成"对话框，如图 2-9 所示。

图 2-9　配置完成

核对信息无误后单击"完成"按钮，即完成一个服务实例的创建。结果界面如图 2-10 所示。如果在第(3)步勾选了多个要发布的服务类型，则在此列表中显示相应个数的服务。

图 2-10　新发布的服务列表

单击服务实例名称 map-China400/rest，可跳转至该 REST 服务的根资源的 HTML 表述页面，如图 2-11 所示，在该页面可以以 AJAX、Silverlight、Flex 或 HTML 5 形式查看当前工作空间中所有发布的地图资源。

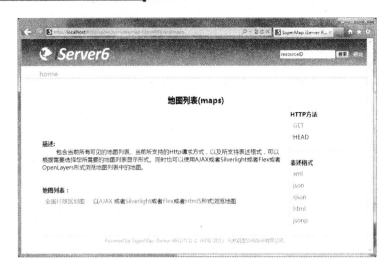

图 2-11　地图服务列表

至此，已完成快速发布数据来源为 SuperMap 工作空间的 GIS 服务的全部步骤。

2.2.4　快速发布远程 WMS 来源的 GIS 服务

SuperMap iServer Java 可以将远程 WMS 服务作为数据源，在 SuperMap iServer Java 服务器中直接发布为各种协议的地图服务。

(1)　在服务管理器首页单击"快速发布一个或一组服务"，选择数据来源为"WMS 服务"（如图 2-12 所示），单击"下一步"按钮。或在服务管理器"服务"选项卡中"WMS 服务提供的地图"部分单击"进入发布向导"，直接进入步骤(2)。

图 2-12　选择发布的数据来源

(2)　配置数据参数。在"数据来源服务的地址"文本框中输入 WMS 服务的地址，即 WMS 服务所在目录或页面地址，如 http://server:7070/geoserver/wms 或 http://server/wmsServices/wms.ashx。WMS 服务没有加密的情况下，"用户名"和"密码"无需填写。
本范例使用 SuperMap 技术资源中心(http://support/supermap.com)发布的 WMS 服务，其服务地址为 http://support.supermap.com.cn:8090/iserver/services/maps/wms111/世界地图_Day，如图 2-13 所示。配置完成后单击"下一步"按钮。

图 2-13　配置数据

(3) 选择服务的类型。与发布 SuperMap 工作空间数据不同的是，WMS 服务提供的数据类型仅为地图，所以只能发布成为各种协议的地图服务。本例选择发布为"REST-地图服务"，如图 2-14 所示。

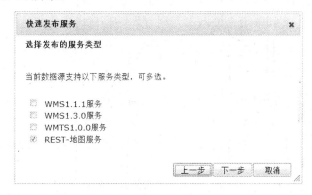

图 2-14　选择发布的服务类型

之后的步骤与发布 SuperMap 工作空间数据一致。配置完成后，得到如图 2-15 所示的服务列表。

图 2-15　WMS 服务列表

> 📝 **提示** 目前 SuperMap iServer Java 支持将版本为 1.1.1 的 WMS 服务作为远程 WMS 数据来源进行发布，客户端请求服务时所填写的 WMS 服务地址必须支持 WMS 1.1.1 服务。

2.2.5 快速发布远程 WFS 来源的 GIS 服务

与 WMS 服务类似，SuperMap iServer Java 可以将远程 WFS 服务作为数据源，在 SuperMap iServer Java 服务器中直接发布为各种协议的数据服务。发布远程 WFS 服务的步骤如下。

(1) 在服务管理器首页单击"快速发布一个或一组服务"，选择数据来源为"WFS 服务" (如图 2-16 所示)，然后单击"下一步"按钮。或在服务管理器"服务"选项卡中"WFS 服务提供的地图"部分单击"进入发布向导"，直接进入步骤(2)。

图 2-16　选择发布的数据来源

(2) 配置数据参数。在"数据来源服务的地址"文本框中输入 WFS 服务的地址，即 WFS 服务所在目录或页面地址。WFS 服务没有加密的情况下，"用户名"和"密码"不需要填写。

本范例使用 SuperMap 技术资源中心(http://support.supermap.com.cn)服务器上部署的 SuperMap iServer Java 服务器发布的 WFS 服务，其服务地址为 http://support.supermap.com.cn:8090/iserver/services/data-changchun/wfs100，如图 2-17 所示。配置完成后单击"下一步"按钮。

图 2-17　配置数据

(3) 选择服务的类型。与发布 SuperMap 工作空间数据不同的是，WFS 服务提供的数据类型为 GIS 矢量数据，所以只能发布成为各种协议的数据服务，如图 2-18 所示。

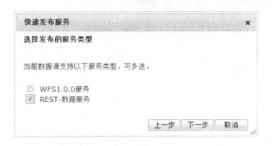

图 2-18　选择发布的服务类型

之后的步骤与发布 SuperMap 工作空间数据一致。配置完成后，得到如图 2-19 所示的服务实例。服务实例地址为 http://localhost:8090/iserver/services/data-wfs/rest。

图 2-19　WFS 服务实例

提示　目前 SuperMap iServer Java 只支持将版本为 1.0.0 的 WFS 服务作为数据来源进行发布，即所填写的 WFS 服务地址必须支持 WFS 1.0.0 服务。

2.2.6　快速发布 Bing Maps 地图服务

SuperMap iServer Java 可以将 Microsoft Bing Maps 服务作为数据来源，在 SuperMap iServer Java 服务器中直接发布为各种地图服务。本节介绍直接发布 Microsoft Bing Maps 服务的方法。

(1)　在服务管理器首页单击"快速发布一个或一组服务"，选择数据来源为"Bing Maps 服务"，如图 2-20 所示。单击"下一步"按钮或在服务管理器"服务"选项卡中"Bing Maps 服务提供的地图"部分单击"进入发布向导"，直接进入步骤(2)。

图 2-20　选择发布的数据来源

(2)　配置数据参数。"地图集"下拉列表中包含了可选择的 Bing Maps 地图模式。本例发布 Aerial 卫星模式地图集，如图 2-21 所示。

图 2-21　配置数据

地图集类型及含义如表 2-2 所示。

表 2-2　Bing Maps 地图集含义

地　图　集	含　义
Aerial	卫星模式(无路标)
AerialWithLables	卫星模式(有路标)
Birdseye	鸟瞰图(无路标)
BirdseyeWithLables	鸟瞰图(有路标)
Road	道路模式

另一个必填参数"Bing Maps key"是使用 Microsoft Bing Maps 服务必须获取的使用许可。此许可由微软 Bing Maps Account Center 提供。详细的申请步骤参见 MSDN 帮助页面 http://msdn.microsoft.com/en-us/library/ff428642.aspx。

填写获取的 Bing Maps key 参数后，单击"下一步"按钮。

(3) 选择服务的类型。Bing Maps 服务来源为地图，所以只能发布成为各种协议的地图服务。本例选择发布为"REST-地图服务"，如图 2-22 所示。

图 2-22　选择发布的服务类型

之后的步骤与发布 SuperMap 工作空间数据一致。配置完成后，得到如图 2-23 所示的地图服务列表。

选择以 Flex 形式浏览地图，效果如图 2-24 所示。

图 2-23　Bing Maps 地图服务列表

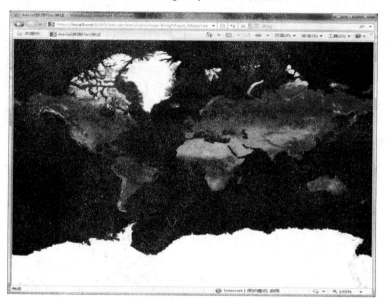

图 2-24　以 Flex 形式浏览 Bing Maps 服务

注意　Bing Maps 地图的所有权归微软所有，支持的地图集以其开放的内容为准。

2.3　服务管理

快速创建 GIS 服务为管理员提供了一个简单、快捷的配置模式，但是通过"快速发布"方式构建出来的 GIS 服务实例的名称是 SuperMap iServer Java 自动命名的，而且它不支持一些复杂的 GIS 服务实例的创建，如交通网络分析服务、聚合服务等，且不支持对已有的服务实例的相关参数进行修改。因此，SuperMap iServer Java 服务管理器提供第二种创建、编辑服务实例的方式——单独配置 SuperMap iServer Java 三层结构以构建一个服务实例。除介绍此种配置方法外，本节还将介绍通过服务管理器对服务日志进行管理的方法。

2.3.1 服务的配置与管理

在 1.2 节中介绍了 SuperMap iServer Java 的 GIS 服务是由服务提供者、服务组件和服务接口组合成的一套服务实例，因此，可以通过分别创建/修改这三类组件的方式创建/修改 GIS 服务实例。

本节通过示例介绍如何通过创建三层组件来构建 GIS 服务实例。

> 📖 **示例** 本书配套光盘中提供一套长春市的数据，工作空间为 changchun.smwu(建议先将该套 GIS 数据复制到本地某个盘符下面)。该套数据提供了用于进行网络分析的网络数据集以及长春地图。现需要将该套数据发布为交通网络分析服务，以供系统进行调用。

1. 打开服务管理器

打开服务管理器(即登录 http://localhost:8090/iserver/manager)，在页面上方选择"服务"选项卡，在页面中间部分单击"服务实例列表"超链接(如图 2-25 所示)，进入服务实例列表管理页面。

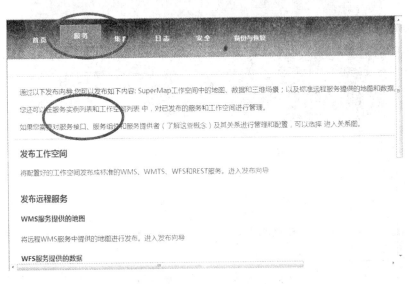

图 2-25 "服务实例列表"位置

在服务实例列表页面中，可查看所有服务实例，可以对其进行启动、停止或删除操作；可单独添加和管理服务接口、服务组件集合/服务组件、服务提供者集合/服务提供者；查看各服务实例三层结构关系图，或以工作空间视图对服务实例进行查看和管理，如图 2-26 所示。

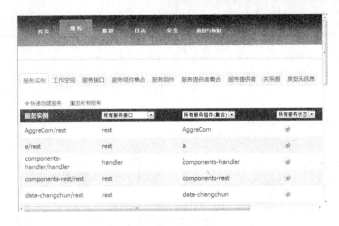

图 2-26　服务实例列表页面

2. 创建服务提供者

创建服务提供者的操作步骤如下。

(1) 在图 2-26 所示的页面中选择"服务提供者"选项卡，进入服务提供者页面。

(2) 在"服务提供者"页面左上方单击"添加服务提供者"超链接，弹出"添加服务提供者"对话框。

(3) 在对话框中分别输入服务提供者的参数。本例是创建交通网络分析服务，因此在"服务提供者类型"下拉列表框中选择"交通网络分析服务提供者"。网络分析服务提供者的参数说明参见表 2-3，本例设置的具体参数值如图 2-27 所示。

> 需要说明的是，示范数据使用配套光盘\示范数据\Changchun\Changchun.smwu，其中已制作好网络数据集为 RoadNet，因此"数据集名称"文本框中输入 RoadNet。

表 2-3　交通网络分析提供者的参数说明

参数名称	描　述
服务提供者名称	必填参数。 唯一标识该服务提供者
工作空间类型	必填参数
工作空间文件在服务器上的路径	工作空间为文件型时必填
服务器位于本地	服务器是否位于本地
工作空间密码	所用工作空间的密码，不存在时可以不填或者输入任意字符
数据源名称	必填参数。 用于交通网络分析的网络数据集所在的数据源的名称
数据集名称	必填参数。 用于交通网络分析的网络数据集的名称，必须为网络数据集

参数名称		描　述
标识网络弧段 ID 的字段名		必填参数。 输入网络数据集中表示交通网络弧段 ID 的字段的名称
标识网络弧段名称的字段名		输入网络数据集中表示交通网络弧段名称的字段的名称
标识网络结点 ID 的字段名		必填参数。 输入网络数据集中表示交通网络结点 ID 的字段的名称
标识网络结点名称的字段名		输入网络数据集中表示交通网络结点名称的字段的名称
标识弧段起始结点 ID 的字段名		必填参数。 输入网络数据集中表示弧段起始结点 ID 的字段的名称
标识弧段终止结点 ID 的字段名		必填参数。 输入网络数据集中表示弧段终止结点 ID 的字段的名称
权值字段信息集合	正向权值字段名称	必填参数。 在交通网络分析时，从起点出发，经过一系列的道路和路口抵达目的地，必然需要一定的花费。这个花费可以用路程、时间、货币等来度量。正向权值是指从弧段的起点到达终点的耗费。在此输入正向权值字段的名称
	逆向权值字段名称	必填参数。 逆向权值是指从弧段的终点到达起点的耗费。在此输入逆向权值字段的名称
	权值信息的名称	必填参数。 输入表示权值信息的名称
站点到弧段的距离容限		在交通网络分析时，如果选择的分析站点不在网络上，系统会计算该站点到最近的一条网络弧段的距离。如果该距离在当前设定的距离容限内，则把这个站点归结到该弧段上。否则视为不符合分析条件，不进行网络分析
交通规则设置	交通规则字段名称	输入网络数据集中表示交通规则的字段的名称
	表示正向单行线的字符串数组	交通规则字段值在此栏的弧段，为正向单行道路
	表示逆向单行线的字符串数组	交通规则字段值在此栏的弧段，为逆向单行道路
	表示双行线的字符串数组	交通规则字段值在此栏的弧段，为双行线道路
	表示禁行线的字符串数组	交通规则字段值在此栏的弧段，为禁行道路
转向表数据集	数据源名称	转向表数据集所在数据源的名称
	数据集名称	转向表数据集的名称
	表示转向起始弧段 ID 的字段名	转向表中表示转向起始弧段 ID 的字段名称
	表示转向结点 ID 的字段名	转向表中表示转向结点 ID 的字段名称
	表示转向终止弧段 ID 的字段名	转向表中表示转向终止弧段 ID 的字段名称
	表示转向耗费的字段名数组	转向表中表示转向耗费的字段名数组名称

续表

参数名称		描　述
障碍 设置	障碍弧段 ID 数组	弧段标识字段值在此栏的弧段，为障碍弧段。一条边一旦被设置为障碍，这条边在分析过程中是禁行的
	障碍结点 ID 数组	结点标识字段值在此栏的弧段，为障碍结点。一个点一旦被设置为障碍，这个结点在分析过程中是禁行的

图 2-27　交通网络分析服务提供者的参数设置

(4) 完成参数设置后，单击"确定"按钮，回到服务提供者页面。可以看到服务提供者列表中新增了一个网络分析服务提供者。

3. 创建服务接口

在创建服务组件时，服务接口是必设参数，因此先介绍服务接口的配置。

因为服务接口的实质是一系列资源的表述规则，在相同类型服务接口已存在时不用重新添加，直接使用已有的接口即可，如 REST 服务接口、WFS 服务接口、WMS 服务接口、WMTS 服务接口、REST/JSR(空间分析服务)服务接口和 Handler 服务接口。如果已经存在，则可以跳过此步骤，在创建服务组件时直接勾选接口类型即可。

创建服务接口的操作步骤如下。

(1) 在完成服务提供者创建后，选择页面中的"服务接口"选项卡，进入"服务接口"页面。

(2) 在该页面中单击"添加服务接口"超链接，弹出"添加服务接口"对话框，如图 2-28 所示。选择需要添加的服务接口类型，按提示配置相关参数，单击"确定"即完成配置。

图 2-28　添加服务接口

4. 创建服务组件

SuperMap iServer Java 提供地图服务组件、数据服务组件、真空间服务组件、交通网络分析服务组件和空间分析服务组件五种标准类型的服务组件，另外还允许用户自定义服务组件类型并配置相应的自定义类型的组件。对于不同的服务组件类型，用户需要设置不同的参数。

GIS 服务实例的三层组件的组合是在创建服务组件的操作中配置的。创建服务组件的操作步骤如下。

(1) 选择页面中的"服务组件"选项卡，进入服务组件页面。

(2) 在该页面中单击"添加服务组件"超链接，弹出"添加服务组件"对话框，如图 2-29 所示。

(3) 在对话框中分别设置服务组件的相关参数。其中包括设置与服务组件绑定的服务接口和服务提供者。通常，在"服务组件类型"下拉列表框中选择服务组件类型后，服务管理器会根据选择的类型自动在服务提供者列表和服务接口列表中进行搜索，将能够与该类型的服务组件相匹配的服务提供者和服务接口自动列于"使用的服务提供者/集合"和"与本组件绑定的接口"列表中。这样，只需要在列表中对目标选项进行勾选即可。

针对本例，在"服务组件类型"下拉列表框中选择"交通网络分析服务组件"，填写服务组件名称，在"使用的服务提供者/集合"列表中找到刚刚创建的服务提供者并勾选上。由于本示例要发布交通网络分析的 REST 服务，因此在"与本组件绑定的接口"

中勾选 REST 接口。

(4)　单击对话框下方的"确定"按钮完成配置。

图 2-29　添加交通网络分析服务组件

通过以上几个步骤，一个交通网络分析服务发布成功，如图 2-30 所示。单击服务实例名称可以查看或修改服务实例相关参数。在第 7 章中将会使用当前发布的交通网络分析服务。

图 2-30　交通网络分析服务实例

2.3.2　日志管理

日志作为服务管理的重要辅助工具，可以反映 SuperMap iServer Java 服务的运行状况，在系统运行出现异常时及时反馈相关信息，帮助管理员了解症结所在以便尽快排除异常。SuperMap iServer Java 服务启动后，会自动生成日志信息，分别显示在控制台窗口、日志文本文件以及服务管理器的日志管理页面中。管理员可以通过服务管理器来对日志信息进行管理，包括显示日志的级别，生成日志文件的位置，大小限制等。所有对日志的管理都在服务管理器的"日志"选项卡中操作。

1．日志浏览

管理员可以直接在服务管理器中浏览 SuperMap iServer Java 生成的日志信息，只要打开"服务管理器"，在"日志"选项卡下的"日志浏览"页面就可以查看 SuperMap iServer Java 服务器运行过程中的日志信息。可以通过设置"级别"和"显示条目"过滤日志的显示内容。日志信息分为 5 个级别：错误、警告、信息、调试和全部。具体含义如表 2-4 所示。

表 2-4　日志级别说明

级　别	说　明	报错示例
错误 (ERROR)	只包含错误消息。错误消息的出现表示 SuperMap iServer Java 服务出现了较严重的问题，一般会导致服务不能正常使用。如许可配置失败、发布的服务包含 SDB 数据源等	"交通网络分析环境设置为 null"； "Failed to start connector[8090]"(连接到 8090 端口的服务启动失败)
警告 (WARN)	警告消息。 本级别也包含错误消息的内容	"业务组件 transportationanalyst 创建失败"
信息 (INFO)	服务器运行过程中的业务逻辑信息，如服务创建成功的消息。 本级别也包含错误消息、警告消息的内容	"服务实例 components-handler/handler 创建成功"
调试 (DEBUG)	服务器运行过程中代码的执行情况的提示。 本级别也包含信息、警告和错误的内容	"请求的 URI 是/iserver/services/realspace-sample/rest/realspace/datas/OlympicGreen_612644809/data/path/......方法是 GET"
全部	包含以上所有消息	

2. 日志管理

除了在线浏览日志，通过服务管理器还可以对控制台输出的日志和日志文件进行管理。

选择"日志配置"选项卡，进入日志配置页面，如图 2-31 所示。

图 2-31　日志配置

具体参数说明如下。

- 文件存储路径：用于设置日志文件存储的路径，可以设置相对路径(相对于 bin 目录)或者绝对路径。注意该路径包含文件名。默认值为 ../logs/iserver.log ，即 SuperMap iServer Java 安装目录/logs/iserver.log。

- 文件大小限制：日志文件容量的最大值，默认为 2 MB。当日志文件容量大于最大值时，服务器会将当前日志文件进行备份，然后清空日志文件再继续写入新日志。例如 iserver.log 被依次备份为 iserver.log.1、iserver.log.2，以此类推。

- 控制台输出日志级别：控制台窗口中显示的日志级别，日志级别分类参见表 2-4 的说明。

- 文件记录日志级别：在日志文件中写入的日志级别。

日志参数修改完毕后单击"保存变更"按钮保存。在 SuperMap iServer Java 安装目录\logs 文件夹中除主要查看的 iserver.log 日志文件外，还包含其他几个 Tomcat 日志文件，可为服务运行情况提供辅助信息。

2.4　快 速 参 考

目 标	内 容
SuperMap iServer Java GIS 服务的数据来源	SuperMap iServer Java GIS 服务的数据来源有三大类：SuperMap GIS 数据、标准 OGC 服务(如远程 WMS、WFS 服务)和其他公开的第三方服务(如 Bing Maps 服务)
SuperMap GIS 数据组织结构和存储方式	SuperMap GIS 数据可以利用 SuperMap Deskpro .NET 软件制作。 SuperMap GIS 数据由工作空间、数据源、数据集、地图、资源、布局和场景来进行组织。 工作空间即工作环境，描述了 SuperMap GIS 数据的数据源位置，工作环境中包括哪些地图，地图由哪些图层、何种风格渲染等信息。 数据源是存储 SuperMap GIS 数据的场所，数据源本身可以存储在文件中或者数据库中。 将数据集添加到地图窗口中，被赋予了显示属性，就成为图层。图层可通过符号化、配置专题图等方式渲染风格。一个或者多个图层按照某种顺序叠放在一起，显示在一个地图窗口中，就成为一幅地图
SuperMap iServer Java GIS 服务的发布	利用 SuperMap iServer Java 提供的服务管理器实现 GIS 服务的发布与管理。服务管理器登录地址为 http://localhost:8090/iserver/manager。 服务管理器提供两种服务发布方式：第一，利用快速发布向导创建 GIS 服务；第二，分别构建 GIS 服务的三层组件(服务提供者、服务组件和服务接口)实现 GIS 服务的创建

2.5 本章小结

本章主要介绍 SuperMap iServer Java 的数据组织方式、数据存储方式以及如何将已组织好的数据发布成 SuperMap iServer Java 的 GIS 服务，如何对服务进行配置管理。在介绍的两种配置方法中，快速发布服务的方式快捷简便，可按照发布向导的提示完成各类服务的发布；通过独立配置 SuperMap iServer Java 三层结构并进行组合的方式更为灵活，服务实例名称可自定义，可以创建交通网络分析服务实例，还可以修改已发布的服务实例。除以上两种主要配置方法外，还可在服务管理器首页进入服务实例管理和工作空间管理页面，通过服务实例关系图、工作空间视图等，从不同的视角对服务进行管理。

此外，本章未涉及的服务管理功能如配置缓存、配置集群、服务聚合等功能，将分别在第11、12、13 章进行阐述。

第 II 部分
开　发　篇

第3章 开发准备

本书基础篇着重介绍 SuperMap iServer Java 中有关 GIS 服务器的内容，包括 SuperMap iServer Java 的组织结构，如何发布 GIS 服务等。在学会通过 SuperMap iServer Java 发布 GIS 服务后，可以利用 SuperMap iServer Java 提供的客户端开发包 SuperMap iClient 进行应用项目的构建。在开发篇中(第 3～10 章)将以 SuperMap iClient for Flex 开发包为主详细介绍主要 GIS 功能的开发方法。由于 SuperMap iClient 其他类型开发包 SuperMap iClient for Silverlight 和 SuperMap iClient for Ajax 的对象结构与开发思路和 SuperMap iClient for Flex 基本相同，读者可以自行学习。

SuperMap iClient for Flex 作为服务式 GIS 平台 SuperMap iServer Java 的客户端开发包之一，提供基于 Adobe Flex 技术的 SDK，用于构建表现丰富、体验卓越的富客户端应用项目。本章将学习 SuperMap iClient for Flex 开发的基础知识，为第 4 章至第 10 章的具体功能开发做准备。

本章主要内容：
- SuperMap iClient for Flex 简介
- SuperMap iClient for Flex 开发环境准备及快速入门
- SuperMap iClient for Flex SDK 中基础类的使用

3.1 SuperMap iClient for Flex 概述

SuperMap iClient for Flex 是基于 Adobe Flex 技术封装的 RIA 开发包，其核心功能在于与 SuperMap GIS 服务器及其他第三方标准 GIS 服务进行交互，利用 RIA 客户端的架构特性及 Flex 优异的表现能力，使 Web 应用项目较传统 Ajax 客户端相比，实现了从功能广度到性能效率的全面提升。

3.1.1 Flex 技术简介

Flex 通常是指 Adobe Flex，是一款高效、免费的开源框架。从 2004 年 3 月发布的最初版本至今已历时 7 年，2011 年 5 月推出了最新的 4.5 版本。Flex 开发环境为 Flash Builder，创建的应用程序可运行于安装了 Adobe Flash Player 插件的浏览器中。

Flex 的技术理念来源于 RIA。RIA 是富客户端互联网应用程序(Rich Internet Application)的缩写，其最大特点在于结合了桌面应用程序的交互式用户体验和传统 Web 应用项目的灵活部署及低成本等优势，具有高度互动性、丰富的用户体验以及强大的处理能力。

RIA 的优异表现从何而来？与传统网络应用程序由服务端负责处理，数据传递到客户端表现的架构不同，RIA 的理念是为客户端浏览器安装插件形式的"客户端引擎"作为 RIA 程序的运行环境，承担呈现用户界面和与服务器端进行通信的职责。在 Adobe RIA 技术框架中，"客户端引擎"即浏览器插件 Adobe Flash Player，服务端编译好的 Flex 应用程序为后缀名为.swf 的文件。当安装了 Adobe Flash Player 插件的浏览器访问嵌入了 Flex 程序的页面时便可将.swf 程序文件下载到客户端，由浏览器解析程序中丰富的界面元素与数据模型，并通过异步的交互模式与服务器进行高效通信。

在 Web 应用项目开发领域运用 Flex 技术能很好地解决传统客户端无法满足的 GIS 功能及性能要求，如客户端大量标绘、动态专题数据实时渲染、动画效果呈现数据推演过程、丰富炫丽的标记风格等。总之，SuperMap iClient for Flex 将 Flex 技术的优势运用于 GIS 领域，为 Web 地理信息系统技术翻开了新篇章。

3.1.2 SuperMap iClient for Flex 简介

SuperMap iClient for Flex 是一套基于 Adobe Flex 技术和 Adobe Flash Builder 4 开发平台构建的 Web 地理信息系统开发包。SuperMap iClient for Flex 作为一个跨浏览器、跨平台的客户端开发平台，不仅可以便捷地访问 SuperMap GIS 服务器，还可对接其他第三方标准服务器提供的地图与服务，构建表现丰富、交互深入、体验卓越的地图应用。SuperMap iClient for Flex 与其他相关 SuperMap GIS 软件的关系如图 3-1 所示。

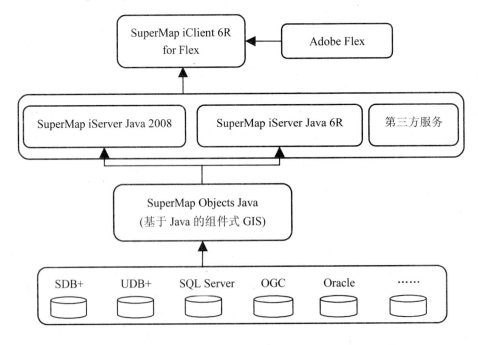

图 3-1　SuperMap iClient for Flex 与相关 SuperMap GIS 产品的关系

从图 3-1 中反映的 SuperMap iClient for Flex 与 SuperMap 服务器产品及第三方服务的关系可以看出，SuperMap iClient for Flex 只关注 GIS 服务器发布的服务，而与数据实际存储方式及来源无关。

SuperMap iClient for Flex 的设计宗旨是在提升终端用户体验的基础上，提升二次开发人员的开发体验，缩短开发周期，为 Service GIS 终端用户搭建 RIA 应用系统。该产品具有如下能力。

● 提供专业的富客户端 GIS 程序开发包。不仅支持普通用户对地图的浏览、查询等操作，还支持企业级用户构建高级的 GIS 客户端程序，定制专业的 GIS 服务。SuperMap iClient for Flex 提供一系列控件和组件，用以快速搭建应用，完成与 Web 服务层信息的交互。

● 对于需要构建轻量级的 Web 应用项目的开发者，SuperMap iClient for Flex 提供了具有基础地图功能的 Demo。用户可以以 Demo 为框架，按需定制内容，对其进行扩展，从而迅速构建自己的 Web 地图应用程序。

● 对于需要构建高级的 Web 应用项目的开发者，除了可以使用 SuperMap iClient for Flex 提供的专业 GIS 功能，还可利用其对 Adobe Flex SDK 和 Adobe Flash 的全面支持及扩展开发机制，使用第三方封装的 Flex SDK，增加各种用户数据管理、动画效果等控件和框架。

● 如果开发者需要使用第三方服务，SuperMap iClient for Flex 提供了客户端聚合机制，使得用户可以方便地使用第三方地图与服务。

● 在帮助资源方面，SuperMap iClient for Flex 除了提供内容丰富的 chm 格式帮助文档之外，用户还可在 SuperMap 技术资源中心(http://support.supermap.com.cn)获取到大量范例代码、常见问题解答及在线案例演示。

SuperMap iClient for Flex 能够实现的 GIS 功能如下。

● 地图显示：呈现 SuperMap 地图、WMS 服务地图、Bing Maps 地图、OpenStreetMaps 地图等；可加载预缓存或用实时出图的方式生成的地图图片。

● 矢量要素显示：通过丰富的要素样式、聚散显示、客户端专题图等客户端渲染方法对点、线、面、自由线、自由面等矢量信息进行展示。

● 任意 Flex 元素显示：可添加 Adobe Flex 提供的所有可视组件、图片和视频等。

● 客户端要素绘制与编辑：通过地图交互操作对客户端绘制的点、线、面等几何要素进行添加、删除等操作。

● 地图辅助控件：包括地图浏览控件、矢量数据列表控件、放大镜、前后视图、时间轴等。

● 服务端对接功能：包括量算、属性查询、空间查询、服务端专题图、地图编辑、空间分析、网络分析和图层管理。

- 其他功能：地图打印、裁剪、扩展对接第三方服务等。

3.2 SuperMap iClient for Flex 快速入门

在对 SuperMap iClient for Flex 有了初步了解之后，本节将通过使用 SuperMap iClient for Flex SDK 实现获取并呈现 SuperMap iServer Java 发布的 REST 地图服务的功能，熟悉 SuperMap iClient for Flex 开发环境和开发流程。

3.2.1 环境准备

环境准备包括 Adobe Flex 软硬件开发环境的准备和 GIS 服务的准备等。在完成基本环境部署之后将进入具体开发环节。

1. 检查软硬件安装条件

作为基于 Adobe Flex 开发的客户端开发包，SuperMap iClient for Flex 要求的基础硬件、软件开发环境与 Flex 基本一致。因此可以访问 Adobe Flash Player 官方网站了解开发 Flex 应用程序的系统要求以及支持的浏览器。目前主流的 Adobe Flex 开发环境是 Adobe Flash Builder 4.5，以下软硬件要求是针对项目开发的计算机而言的。

(1) 硬件标准如下。
- CPU：主频 1 GHz(推荐 2 GHz)
- 内存：1 GB (推荐 2 GB)
- 硬盘容量：10 GB(推荐 80 GB)
- 显卡：128 MB 显存(推荐 256 MB)

(2) 顺序检查计算机中是否安装了以下软件。
- 操作系统：Windows XP(Service Pack 3)，Windows Vista Ultimate 或 Enterprise(32 位或以 32 位模式运行的 64 位)，Windows Server 2008(32 位)，Windows 7(32 位或以 32 位模式运行的 64 位)
- Java 虚拟机(32 位)：IBM JRE 1.6 或 Sun JRE 1.6
- 开发平台：Adobe Flash Builder 4.5
- Flex 开发工具包：Adobe Flex 4 SDK
- 浏览器插件：Adobe Flash Player 10 或以上版本

2. 准备 GIS 服务器

参照 1.3 节内容安装 SuperMap iServer Java，启动地图服务，并检查以下 REST 资源地址是否可用：http://{hostname}:8090/iserver/services/maps/rest/maps/World Map。

📝**提示** 使用 SuperMap iClient 系列产品无需单独配置许可。

3.2.2 Hello,SuperMap iClient for Flex！

本节通过一个简单的地图浏览示例先来体验一下 SuperMap iClient for Flex 带来的开发方式。

使用 SuperMap iClient for Flex 的基本开发流程如图 3-2 所示。

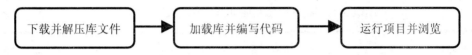

图 3-2 SuperMap iClient for Flex 开发流程

🐾**示例** 利用 SuperMap iClient for Flex 构建一个简单的地图应用，实现访问 SuperMap iServer Java 服务，呈现其发布的 World Map 地图服务的功能。

1. 下载并解压库文件

获取 SuperMap iClient for Flex 软件包有两种途径：一种是从 SuperMap 官方网站上单独下载 SuperMap iClient for Flex 软件包(下载地址为 http://www.supermap.com.cn/html/download.html)，然后将软件包文件解压到本地磁盘；另一种是在安装完 SuperMap iServer Java 后，其安装目录\iClient\forFlex 文件夹即为 SuperMap iClient for Flex 软件包目录。

产品包目录结构如图 3-3 所示。

图 3-3 SuperMap iClient for Flex 产品目录结构

文件夹和文件具体含义如下所述。

- **help**：帮助文档文件夹，其中包含 SuperMap iClient for Flex Help_iServerJava6R.chm 帮助文档。

- **libs**：存放 SuperMap iClient for Flex 库文件，库文件列表及作用见表 3-1。

- **samples**：存放 SuperMap iClient for Flex 的示范代码。打开此文件夹并双击 readme.txt，便能够获得如何导入示例代码至本地项目的帮助信息。

- **crossdomain.xml**：跨域文件。当客户端应用程序与 GIS 服务不在同一个域下时，需要将跨域文件放置到发布 GIS 服务器的中间件根目录中。使用不同中间件时 crossdomain.xml 的存放地址不同。

◆ Tomcat：例如 SuperMap iServer Java 使用 Tomcat 发布服务，则将跨域文件放置在 SuperMap iServer Java 安装目录\webapps\ROOT 下。

◆ IIS：例如 SuperMap IS .NET 6 使用 IIS 发布服务，则将跨域文件放置在 C:\inetpub\wwwroot 中。

◆ 其他服务：如果使用其他方式发布服务，则将跨域文件放置在服务所在中间件的根目录中。

表 3-1　SuperMap iClient for Flex 库文件列表

动态库文件	功　能
SuperMap.Web.swc	SuperMap iClient for Flex 客户端核心库。地图控件及其他显示控件、客户端图层、地图操作、地理要素、服务基类等对象在该动态库中。它包含了 9 个包： ● com.supermap.web.actions ● com.supermap.web.clustering ● com.supermap.web.components ● com.supermap.web.core ● com.supermap.web.events ● com.supermap.web.mapping ● com.supermap.web.rendering ● com.supermap.web.resources ● com.supermap.web.utils
SuperMap.Web.iServerJava6R.swc	支持 SuperMap iServer Java 服务的动态库，包含 4 个包： ● com.supermap.web.iServerJava6R ● com.supermap.web.mapping ● com.supermap.web.resources ● com.supermap.web.utils
SuperMap.Web.Symbol.swc	行业符号库，目前包含用于表示通信行业基站的三叶草样式符号： ● com.supermap.web.symbol.clover ● com.supermap.web.symbol.event

● **SuperMap_iClient_6R_for_Flex_Readme_CHS.pdf**：产品自述文件，主要介绍软件包中各个文件的作用。建议在使用软件之前详细阅读此文档，以便更加灵活地使用 SuperMap iClient for Flex。

2. 新建 Flex 项目

启动 Flash Builder 4.5，选择"文件"|"新建"|"Flex 项目"，在"项目名"文本框中输入

项目名称，如图 3-4 所示。

图 3-4　新建 Flex 项目

单击两次"下一步"按钮，转到"为新的 Flex 项目设置构建路径"页面。

3. 添加引用

选择"库路径"选项卡，加载库文件，如图 3-5 所示。单击"添加 SWC"按钮，弹出"添加 SWC"对话框，单击"浏览"按钮，定位到产品安装目录的 libs 文件夹。分别添加 SuperMap.Web.swc 和 SuperMap.Web.iServerJava6R.swc 文件。也可通过加载库文件所在文件夹("添加 SWC 文件夹")加载软件的库文件。在"主应用程序文件(M)"一栏可更改主应用程序的文件名，本示例使用 GettingStarted.mxml。

图 3-5　添加引用

单击"完成"按钮，完成 Flex 项目的创建。

可以见到"包资源管理器"窗口中新增了 SuperMap iClient for Flex Sample 项目，双击 src 文件夹下的 GettingStarted.mxml，在编辑器中打开该文件，如图 3-6 所示，此时就可以添加代码了。

图 3-6　Flex 项目

4. 添加代码来实现访问地图服务的功能

在 GettingStarted.mxml 中添加如下代码，实现访问 SuperMap iServer Java 提供的 REST 地图服务的功能。以下粗体部分为需要添加的代码。

```
<?xml version="1.0" encoding="utf-8"?>
<s:Application xmlns:fx="http://ns.adobe.com/mxml/2009"
            xmlns:s="library://ns.adobe.com/flex/spark"
            xmlns:mx="library://ns.adobe.com/flex/mx"
            xmlns:ic="http://www.supermap.com/iclient/2010"
            xmlns:is="http://www.supermap.com/iserverjava/2010"
            width="100%" height="100%">
  <!--添加地图-->
  <!-- url: GIS 服务地址; -->
  <ic:Map id="map" x="0" y="0" height="100%" width="100%" >
     <is:TiledDynamicRESTLayer
      url="http://localhost:8090/iserver/services/maps/rest/maps/World Map"/>
  </ic:Map>
</s:Application>
```

> **注意**　代码中的地图服务地址(url)仅作参考。程序能够运行的前提是计算机上安装了 SuperMap iServer Java，并在 SuperMap iServer Java\webapps\ROOT 中放置了跨域文件，且地图服务地址输入正确，及启动了服务。

5. 运行项目并浏览

按 Ctrl+F11 组合键运行程序可以在浏览器中看到 SuperMap iServer Java 服务发布的世界地图，如图 3-7 所示。

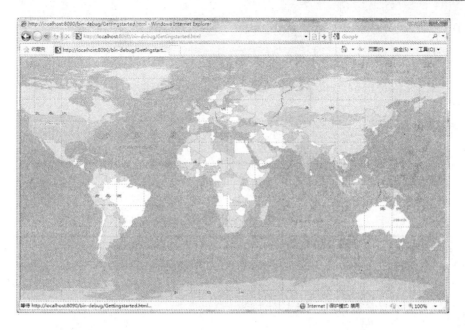

图 3-7　访问 SuperMap iServer Java 发布的世界地图

3.3　SuperMap iClient for Flex 开发基础

与传统架构的 Ajax 客户端相比,基于富客户端的 SuperMap iClient for Flex 开发框架增加了更丰富的数据模型和数据呈现方法。本节将介绍 SuperMap iClient for Flex 中基础类及其使用方法,为后续介绍专业 GIS 功能的实现和设计灵活的数据展现方式提供基本思路。

3.3.1　控件介绍

SuperMap iClient for Flex 提供了地图控件和一系列辅助控件,为地图浏览提供了丰富的操作方式。本节介绍地图控件和与之相关的概念以及辅助控件的使用方法。在 3.3.2 和 3.3.3 两节将具体介绍与地图控件相关的基本类的使用。

1. 地图控件

地图控件 Map 对象是 GIS 数据和操作的承载平台,用于装载各类图层。它有自己的比例尺、分辨率、坐标系等属性。

- Map 对象用于装载各类图层数据,可以装载多个图层 Layer 对象。需特别注意的是,在使用 SuperMap iClient 开发的过程中,Layer 的概念与 SuperMap 桌面软件中"图层"的概念有所区分。有关 Layer 的定义与使用方法将在 3.3.2 节介绍。

- Map 对象负责完成用户通过鼠标或键盘对地图进行的交互操作,如缩放、平移、绘制等。一个 Map 对象同时只能设置一种交互操作状态。有关 Actions 的相关内容将在 3.3.3

节中学习。

- 为了更好地展示地图显示效果，可以将地图与一些常用控件(如鹰眼、罗盘、缩放条、放大镜等)关联。一个 Map 对象可以关联多个控件对象。有关控件的相关内容请参见后文。

2. 辅助控件

一个地图控件可以关联多个辅助控件，辅助控件在绑定某一地图控件后才有意义。目前 SuperMap iClient for Flex 提供了以下辅助控件，如表 3-2 所示。

表 3-2　辅助控件

控 件 类	默认样式	说　明
Compass	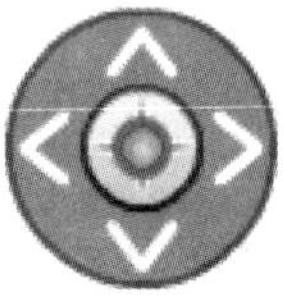	罗盘控件可以按照方向标的方位来移动地图。当点击罗盘控件上方向标的某方向时，地图将向该方向移动固定图幅的范围
OverviewMap	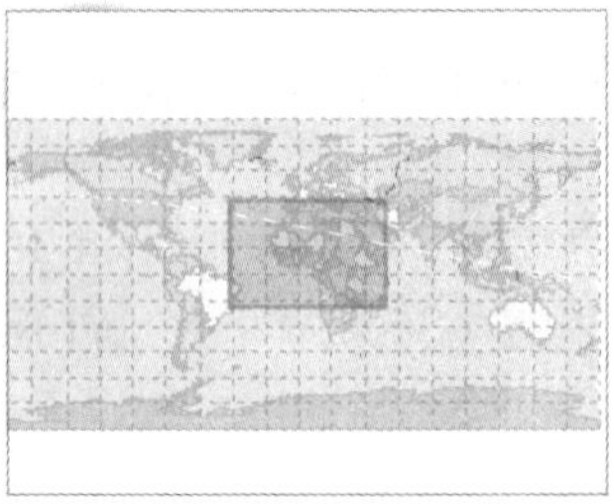	鹰眼控件主要用于显示当前地图浏览位置在整幅地图中的区域。中间的矩形区域即当前地图显示区域。鹰眼控件包括两种模式：矩形显示模式 (rectangle) 和椭圆显示模式 (ellipse)。默认值为 rectangle
ScaleBar		地图比例尺控件表示当前地图比例尺
MapHistoryManager	无	历史查询控件，用于历史回放，在地图操作完成后回放地图可视边界改变的过程。用户可自定义控件样式
Magnifier	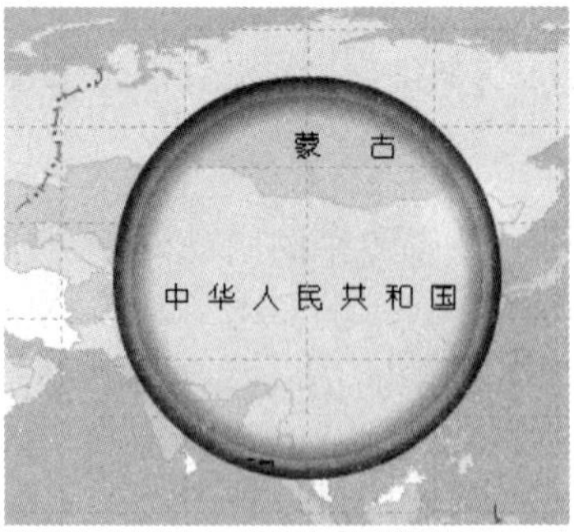	放大镜控件可以放大当前地图图层，也可以在当前地图上放大显示其他指定图层

控 件 类	默认样式	说　明
TimeSlider		时间轴控件能够动画播放矢量要素在不同时间的不同显示状态
ZoomSlider		地图缩放控件可控制地图的缩放级别。其缩放级别个数与地图比例尺(scales)或分辨率(resolutions)对应，若未设置比例尺或分辨率则为无限缩放，ZoomSlider 将不显示滑动条(Slider)
FeatureDataGrid	无	矢量数据绑定列表控件实现将地图中的矢量要素与属性表关联，实现属性数据和矢量要素的互查询：当点击列表中的属性记录时则在地图中高亮显示对应的矢量要素；当点击地图中的矢量要素时在列表中选中对应的属性记录

各类辅助控件的使用方法与地图控件类似，实例化控件后设置相应属性即可。每类控件均有一个 map 属性用以和地图控件相关联，这是辅助控件中最重要的必设属性。

下面以鹰眼控件 OverviewMap 为例，实现添加辅助控件的功能。本例在 3.2.2 节快速入门范例的基础之上增加功能。具体添加代码如下(字体加粗部分为添加的代码)：

```
<!--添加地图-->
<ic:Map id="map" height="100%" width="100%" >
    <is:TiledDynamicRESTLayer
url="http://localhost:8090/iserver/services/maps/rest/maps/World Map"/>
</ic:Map>
<!--鹰眼控件-->
<ic:OverviewMap map="{map}" overviewMode="rectangle" >
<!--设置绑定的map控件id -->
<is:TiledDynamicRESTLayer
url="http://localhost:8090/iserver/services/maps/rest/maps/World Map"/>
</ic:OverviewMap>
```

3.3.2　地图控件与图层

在 3.2.2 节实现了显示世界地图的功能，其中用到的主要对象就是地图 Map 和图层 Layer。它们是 SuperMap iClient 产品架构中两个最核心、最基本的概念。显示一幅地图的实质就是将从 GIS 服务上获取到的地图数据赋予 Layer，再将各种类型 Layer 放置到 Map "容器"
中显示。本节将详细介绍这两个重要对象的使用方法及其涉及的相关对象、对象间的相互
关系。

1. 图层的分类

图层是地图中实际装载数据的位置，要在 Map 中显示地图数据，就必须将图层加载到 Map
中。图层分为三大类：ImageLayer、FeaturesLayer 和 ElementsLayer。它们都继承基类 Layer，
具体继承关系如图 3-8 所示。

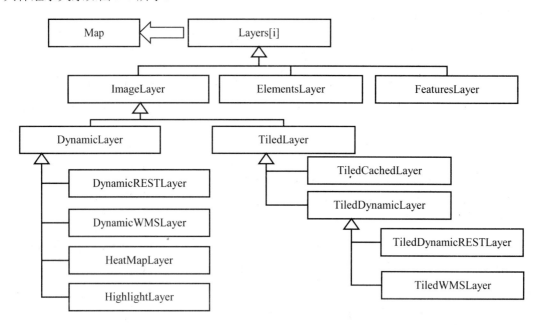

图 3-8　Layer 类的继承关系

- ImageLayer：承载 GIS 服务器发布的地图，如 SuperMap iServer Java 发布的 REST 地
  图服务、WMS 地图服务等，ImageLayer 可以直接从服务器获取到地图图片。获取地
  图图片的方式有两种：一种是从服务端动态地一次获取一整张地图图片
  (DynamicLayer)，一种是从服务端获取预先将一整张地图图片切割好的分块图片
  (TiledLayer)。
  ImageLayer 的实体子图层类型由图片获取方式和地图服务来源两个属性决定。如
  DynamicWMSLayer 包含 Dynamic(动态获取一整张图片)和 WMS(远程 WMS 服务)两个
  属性；TiledDynamicRESTLayer 包含 TiledDynamic(分块获取预缓存图片)和 REST
  (SuperMap iServer Java 发布的 REST 服务)两个属性。

- FeaturesLayer：主要用于承载矢量要素 Feature。在地图中时常需要使用点、线、面等
  要素来抽象表示某一类型地物，这些要素称为矢量要素。Feature 具有三个重要特征：
  其一是几何信息 Geometry；其二是它所表示地物的属性信息；其三是它的显示风格。
  FeaturesLayer 上的 Feature 还可使用聚类效果、客户端专题图等效果进行颜色、符号和
  展现方式的渲染。

- ElemenstLayer：Flex 元素图层。该类专用于承载显示 Element 类型的可视组件元素。可以添加 Adobe Flex 提供的所有可视组件，如 Button、Rectangle；可以添加图片、音频和视频；可以添加自定义的任意 Flex 元素。

总之，FeaturesLayer 和 ElementsLayer 是可直接实例化的实体类，ImageLayer 为抽象类，唯有确定图片生成方式和服务来源的子类能进行实例化。FeaturesLayer 和 ElemenstLayer 时常叠加在 ImageLayer 之上，以地图为背景，添加矢量要素、定位图钉、Flex 控件等用以表现标记信息、专题数据及其他丰富的动态渲染效果。

2. 管理地图控件加载的图层

在一个页面中，一般有一个地图控件，装载多个图层。在 3.2.2 节中已经实现了添加地图控件和图片图层，接下来学习如何在此基础之上添加 FeaturesLayer 和 ElementsLayer，并在其上添加相应元素。本节以 3.2.2 节中实现的范例网站为基础，在其上实现相应功能。

(1) 图层添加。

首先回顾添加地图控件和 ImageLayer 的子类 TiledDynamicRESTLayer 的核心代码。

```
<ic:Map id="map" height="100%" width="100%">
      <is:TiledDynamicRESTLayer
url="http://localhost:8090/iserver/services/maps/rest/maps/World Map"/>
</ic:Map>
```

与添加 ImageLayer 类似，添加 FeaturesLayer 和 ElementsLayer 也可以直接在 <ic:Map></ic:Map> 标签对中添加图层类，见下文代码中字体加粗部分。

```
<ic:Map id="map"  height="100%" width="100%">
    <is:TiledDynamicRESTLayer url="http://localhost:8090/iserver/services/maps/rest/maps/World Map"/>
        <ic:FeaturesLayer id="myFeaturesLayer"/>
        <ic:ElementsLayer id="myElementsLayer"/>
</ic:Map>
```

(2) 在 FeaturesLayer 上添加已知坐标的 Feature 对象，见下文代码中字体加粗部分。

```
<fx:Script>
        <![CDATA[
            import com.supermap.web.core.Feature;
            import com.supermap.web.core.geometry.GeoPoint;
            import com.supermap.web.events.MapEvent;
            import com.supermap.web.core.styles.PredefinedMarkerStyle;
            //直接添加固定的要素信息
            protected function addFeature():void{
                var style:PredefinedMarkerStyle = new PredefinedMarkerStyle("star",30);
                var feature:Feature = new Feature(new GeoPoint(50,30),null,null);
                feature.style = style;
                myFeaturesLayer.addFeature(feature); }

            //在 Map 的 load 事件中触发添加固定要素的方法
            protected function map_loadHandler(event:MapEvent):void{
                addFeature(); }
```

```
    ]]>
</fx:Script>
<ic:Map id="map" height="100%" width="100%" load="map_loadHandler(event)">
    <is:TiledDynamicRESTLayer url="http://localhost:8090/iserver/services/
        maps/rest/maps/World Map"/>
    <ic:FeaturesLayer id="myFeaturesLayer"/>
    <ic:ElementsLayer id="myElementsLayer"/>
</ic:Map>
```

添加 Feature 对象的思路如下：实例化 Feature，为其设置风格及其他属性后，添加到 FeaturesLayer 中。本例中为 Feature 设定了一种预定义的点风格"star"。示例代码效果如图 3-9 所示。

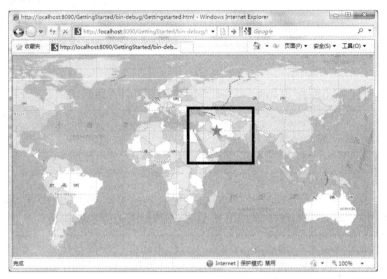

图 3-9 在 FeaturesLayer 图层中添加 Feature

(3) 在 ElementsLayer 上添加已知坐标的 Flex 元素的方法，见下文代码中字体加粗部分。

```
<fx:Script>
<![CDATA[
        import com.supermap.web.core.Feature;
        import com.supermap.web.core.geometry.GeoPoint;
        import com.supermap.web.events.MapEvent;
        import com.supermap.web.core.styles.PredefinedMarkerStyle;

        import com.supermap.web.core.Element;
        import mx.controls.Image;
        import com.supermap.web.core.Rectangle2D;
        //直接添加固定的元素 image
        protected function addEle():void{var image:Image= new Image();
            image.source = "../assets/cloud/cloud3.png";
            image.width=46;
            image.height=50;
            var dataImage:Element=new Element(image, new Rectangle2D(0,0,46,50));
            myElementsLayer.addElement(dataImage);
```

```
        }

        //直接添加固定的要素信息
        protected function addFeature():void{
            var style:PredefinedMarkerStyle = new PredefinedMarkerStyle("star",30);
            var feature:Feature = new Feature(new GeoPoint(50,30),null,null);
            feature.style = style;
            myFeaturesLayer.addFeature(feature); }

        //在 Map 的 load 事件中触发添加固定要素的方法
        protected function map_loadHandler(event:MapEvent):void{
            addFeature();
            addEle();
        }
    ]]>
</fx:Script>
<ic:Map id="map" load="map_loadHandler(event)">
    <is:TiledDynamicRESTLayer
url="http://localhost:8090/iserver/services/maps/rest/maps/World Map"/>
        <ic: FeaturesLayer id="myFeaturesLayer"/>
        <ic: ElementsLayer id="myElementsLayer"/>
</ic:Map>
```

添加 Flex 元素的思路如下：实例化对象，为其设置风格及其他属性后，添加到 ElementsLayer 中。本例中添加的是 Image 对象。示例代码效果如图 3-10 所示。

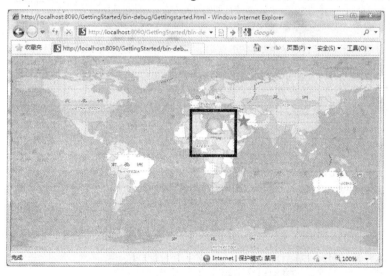

图 3-10　在 ElementsLayer 图层上添加图片

上述在 FeaturesLayer 和 ElementsLayer 上添加对象的方法一般用于向服务端提交请求后，在客户端展示交互结果时采用。例如在查询完成事件中获取对象坐标及属性信息，构建 Feature 和 Element，添加到相应图层中。本例出于演示目的，直接在 Map 对象加载完毕后的 load 事件中触发功能。

在 3.3.3 节中将介绍通过交互方式添加标注对象的方法。

3.3.3　地图控件与交互操作

在前文中介绍了图层和添加固定要素的方法。在实际开发过程中，添加客户端标识的过程还可能是通过用户鼠标操作采集坐标后，在相应图层上进行标记。即地图交互操作——Actions 的概念。Actions 中包含的操作类型除了最常见的绘制标记点之外，还包括地图缩放、平移等基本操作。而在富客户端开发包 SuperMap iClient 系列软件中，Actions 的类型更为丰富。

1. 地图交互操作的定义与分类

地图交互操作是通过鼠标或键盘与地图进行一些交互操作，例如平移、放大、缩小，以及绘制点、线、面等。地图在同一时间只能完成一种交互操作，例如，地图在平移的时候不能同时缩放。在绘制操作完成后会进入绑定的完成事件中，获得绘制的坐标信息供用户进行后续操作。

与地图相关的所有交互操作均继承于 MapAction 类，主要的操作类型及其继承关系如图 3-11 所示。

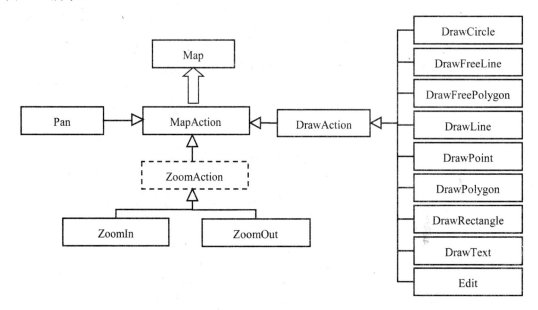

图 3-11　Actions 类型及其继承关系

除此之外，当已有 MapAction 类型不能满足用户需求时，还可通过重载 MapAction 类实现地图交互操作类型的扩展。

2. 设置地图控件的交互操作

本节将通过以交互方式添加标注对象的实例开发介绍如何实现地图控件的交互操作。MapAction 其他的交互操作类的使用思路基本一致。

具体步骤如下。

(1) 实例化绘制操作类型，如 var drawPoint:DrawPoint = new DrawPoint(map);。
此处可定义绘制要素的风格，如不设置则使用系统默认样式。

(2) 将绘制操作类型赋值于 Map 的 action 属性，如 map.action = drawPoint;。

(3) 由于所绘制的要素只是暂时加载到一个临时图层中，并没有真正保存，所以当需要在绘制完成事件中获取绘制要素 Feature 时，需为绘制完成事件 DrawEvent.DrawEnd 添加监听。若 MapAction 类型为缩放、平移地图的基本操作，则一般无需监听完成事件。

(4) 在绘制完成事件中获取绘制要素 Feature，作为实现后续功能(如空间查询、分析等)的依据。

该示例代码将在前文范例基础之上继续实现在 FeaturesLayer 上动态绘制标记点的功能。

首先在页面中添加 Button 控件，在其 click 事件中添加 addPointClick 函数。addPointClick 函数在 ActionScript 中具体实现功能的核心代码如下。

```
<fx:Script>
    <![CDATA[
            import com.supermap.web.actions.DrawPoint;
            import com.supermap.web.events.DrawEvent;
            //添加点 Action
            protected function addPointClick(event:MouseEvent):void
            {
                //步骤 1.实例化 Action
                var drawPoint:DrawPoint = new DrawPoint(map);
                //步骤 2.设置 Map 的 action 状态
                map.action = drawPoint;
                //步骤 3.增加事件监听
                drawPoint.addEventListener(DrawEvent.DRAW_END,addFeatureEvent);
            }
            // 将鼠标绘制的 feature 添加到 FeaturesLayer 呈现
            protected function addFeatureEvent(event:DrawEvent):void
            {
                //步骤 4：在绘制完成事件中进行后续操作
                myFeaturesLayer.addFeature(event.feature);
            }
    ]]>
</fx:Script>
```

按 Ctrl+F11 组合键运行示例程序，单击左上角的"绘制点"按钮，然后将鼠标移动到地图窗口中并通过单击来绘制点对象，如图 3-12 所示。

地图交互操作除了用于在客户端添加各类临时标记、对地图进行基本操作之外，还常用于收集作为查询、分析条件的空间信息。如点选查询功能的实现思路就是在 DrawPoint 的绘制完成事件中获取所绘制 Feature 的坐标信息，作为空间查询条件之一提交给 GIS 服务器，进行空间查询。

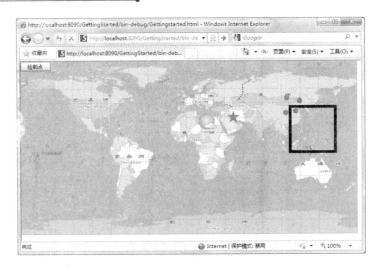

图 3-12　交互操作绘制几何对象

3.3.4　开发思路小结

使用 SuperMap iClient for Flex 开发的 GIS 功能与服务器的交互过程可抽象如下：通过 GIS 服务地址请求服务结果，在地图控件中呈现。如在前文中介绍的图层加载功能，就是通过 REST 地图服务资源地址请求地图图片，将结果在 Map 控件中以 ImageLayer 进行呈现的过程。而在实现量算、空间查询、网络分析等功能时，一般先触发 Actions，通过用户在地图上的交互操作收集查询分析的空间条件，即在 Actions 的绘制完成事件中触发服务请求，得到服务端处理结果后通过 ImageLayer、FeaturesLayer 和 ElementsLayer 进行呈现。图 3-13 抽象地概括了这一过程。

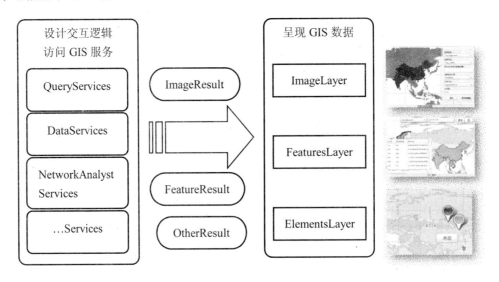

图 3-13　SuperMap iClient for Flex 功能实现思路

3.4 快 速 参 考

目 标	内 容
SuperMap iClient for Flex 是什么	SuperMap iClient for Flex 是一款基于 Adobe Flex 技术的 RIA 开发包,用于开发各类 Web 地理信息系统,达到传统 Ajax 客户端无法比拟的呈现方式和效率
SuperMap iClient for Flex 提供的控件	SuperMap iClient for Flex 提供了地图控件和一系列辅助控件,为地图浏览提供了丰富的操作方式。 SuperMap iClient for Flex 的预定义控件包括用于加载图层的核心控件——地图控件和其他一些用于辅助数据呈现的辅助控件,如鹰眼控件、罗盘和比例尺控件、FeatureDataGrid 控件、书签控件等。 地图控件 Map 对象是 GIS 数据和操作的承载平台,用于装载各类图层。它有自己的比例尺、分辨率、坐标系等属性
SuperMap iClient for Flex 图层介绍	图层是地图中实际装载数据的位置,要在 Map 中显示地图数据,就必须将图层加载到 Map 中。 SuperMap iClient for Flex 的图层分为三大类,包括用于显示某类地图服务图片的 ImageLayer、用于呈现矢量要素对象 Feature 的 FeaturesLayer 和用于呈现 Flex 可视化组件的 ElementsLayer
SuperMap iClient for Flex 交互操作	地图交互操作是通过鼠标或键盘与地图进行一些交互操作,例如平移、放大、缩小,以及绘制点、线、面等。SuperMap iClient for Flex 通过 Action 对象表达一些交互操作。 SuperMap iClient for Flex 预定义的 Action 对象有 14 个,如 DrawCircle(绘制圆操作)、DrawFreeLine(绘制自由线操作)、DrawPolygon(绘制多边形操作)、Edit(编辑操作)、ZoomIn(拉框放大操作)、ZoomOut(拉框缩小操作)等
SuperMap iClient for Flex 开发思路	SuperMap iClient for Flex 功能开发的一般思路可概括如下:通过用户输入或交互操作获取参数,向 GIS 服务器提交服务请求,在图层中(或使用辅助控件)呈现处理结果

3.5 本 章 小 结

本节介绍了使用 SuperMap iClient for Flex 开发富客户端应用项目的基础知识以及基本功能的实现方法和思路。理解和掌握这些基础知识是学习本书开发篇后续章节的基础。从下一章开始,将结合具体案例讲解利用 SuperMap iClient for Flex 进行 GIS 功能开发的设计和实现方法。

第 4 章 地 图 查 询

地图查询是 GIS 系统中的核心功能之一,通过该功能可以获得相应的空间对象及属性信息,并在地图上进行定位显示,包括 SQL 查询、几何查询和距离查询,而实际应用中多采用 SQL 条件与空间关系或距离范围相结合的综合查询。

本章通过模拟实际应用案例并对其进行分析,讲解不同地图查询功能的开发实现,同时对 SuperMap iClient for Flex 相关接口进行说明。

本章主要内容:

- SQL 查询的实现过程及主要接口
- 距离查询的实现过程及主要接口
- 几何查询的实现过程及主要接口
- 关联查询的实现过程及主要接口

4.1 案 例 说 明

随着 GIS 的广泛应用,普通大众的日常生活正悄然走向信息化。日前,为方便广大驾驶员加油,北京市某部门拟在市公众出行网上增加"加油站"模块,以方便市民驾车出行时搜索其所在位置(如首都机场)附近的加油站,并获得其联系电话、供应油品名称、油品价格等信息,也可搜索某指定区域内分布的加油站,为市民生活提供便利。

4.2 数 据 准 备

地图查询操作是针对矢量数据而言的。本章采用北京市数据作为演示数据,包括市行政区划、机场、加油站和油品价格。具体所用数据如表 4-1 所示。

表 4-1　数据说明

数据名称	数据内容	数据类型
面区界	市行政区划	面
加油站	市内加油站	点
机场	北京市所有机场	点
油品价格	汽油 93 号、97 号价格;柴油 0 号价格	纯属性表

工作空间文件为配套光盘\示范数据\Beijing\beijing.smwu，该工作空间中有一幅地图 Beijing。

📝提示　本章所用加油站数据仅供演示、学习使用。

本章所要实现的地图查询功能需要获取 SuperMap iServer Java GIS 服务器提供的 REST 地图服务，因此，需要先将 beijing.smwu 工作空间发布为 REST 地图服务，发布方法请参考第 2 章。

本章所有示例程序的代码位于配套光盘\示范程序\第 4 章中，在创建了 REST 地图服务后，请先将 mapQuery.mxml 代码中 41 行的地图服务地址进行替换，即替换如下代码：

```
private var restMapUrl_Beijing:String = "http://localhost:8090/
iserver/services/map-beijing/rest/maps/Beijing";
```

4.3　案 例 分 析

要获得首都机场附近加油站可先查询首都机场的位置，再查询其附近的加油站，然后查询机场附近指定区域内的加油站，同时可获得加油站的地址、联系电话等信息。分析本章演示数据，油品价格数据存储于"北京"数据源的纯属性表中，故需关联外部表获得该信息。功能需求的具体实现方法分析如下。

(1) 搜索首都机场可通过 SQL 查询来实现，即查询数据"机场"中符合 SQL 条件的对象及属性信息，详见 4.5 节。

(2) 搜索首都机场附近的加油站可通过距离查询来实现，即以首都机场为圆心，某一长度为半径确定搜索范围，查询数据"加油站"中在此圆内的对象及属性信息，同时也可设置 SQL 条件进行过滤，详见 4.6 节。

(3) 搜索指定区域内的加油站可通过几何查询来实现，即查找一定范围内符合相交空间查询模式的"加油站"数据，并获取其空间对象及属性信息。在此之前需要先用鼠标绘制一个面对象或通过 SQL 查询获得某一已存在的面对象，然后再以其为搜索范围进行几何查询，同时也可设置 SQL 条件进行过滤，详见 4.7 节。

(4) 由于油品价格数据是纯属性信息的数据,故通过一般SQL查询不能获得油品价格数据，需设置外部表连接信息进行关联查询，详见 4.8 节。

SuperMap iClient for Flex 提供了对接 SuperMap iServer Java 的地图查询服务接口，包括距离查询、SQL 查询和几何查询，三种查询方式用到的主要类分别如表 4-2、表 4-3 和表 4-4 所示。

表 4-2　SQL 查询类

主 要 类	功能描述
QueryBySQLService	SQL 查询服务类，在一个或多个指定图层上查询符合 SQL 条件的空间地物信息
QueryBySQLParameters	SQL 查询参数类，设置查询参数
QueryResult	查询结果类，包含查询结果记录集

表 4-3　距离查询类

主 要 类	功能描述
QueryByDistanceService	距离查询服务类，查询距离几何对象一定范围内符合指定条件的地物
QueryByDistanceParameters	距离查询参数类，设置查询距离和几何对象以及过滤条件
QueryResult	查询结果类，包含查询结果记录集

表 4-4　几何查询类

主 要 类	功能描述
QueryByGeometryService	几何查询服务类，查找符合查询条件并且与指定的几何对象满足某种空间查询模式的地物
QueryByGeometryParameters	几何查询参数类，设置用于查询的几何对象以及过滤条件
QueryResult	查询结果类，包含查询结果记录集

4.4　界 面 设 计

采用 Adobe Flash Builder 4 进行界面设计和功能开发，交互界面如图 4-1 所示。该界面主要由 Flex 布局容器 Panel、ControlBar、HGroup、VGroup 和 Flex 控件 ComboBox、Image 等组成。其中主面板 Panel 包含 SuperMap iClient for Flex 的地图控件 Map、罗盘控件 Compass、地图缩放条控件 ZoomSlider、比例尺控件 ScaleBar 等；ControlBar 中包含的 Image 用于地图的基本浏览功能，如放大、缩小、平移、距离测量、面积测量等。"地图查询"面板中包含 ComboBox(组合框)，选择不同地图查询子项时，其右侧面板会出现相应的功能选项，实现案例中的查询功能。

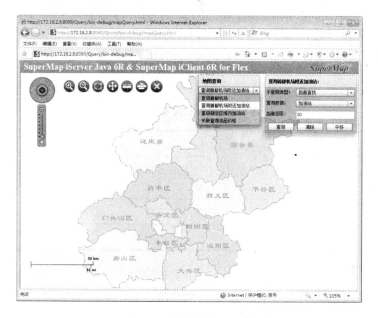

图4-1 地图查询界面

界面设计及辅助代码如下：

```
<?xml version="1.0" encoding="utf-8"?>
<s:Application xmlns:fx="http://ns.adobe.com/mxml/2009"
              xmlns:s="library://ns.adobe.com/flex/spark"
              xmlns:mx="library://ns.adobe.com/flex/mx"
              xmlns:iClient="http://www.supermap.com/iclient/2010"
              xmlns:iServer6R="http://www.supermap.com/iserverjava/2010"
              width="100%" height="100%"
              >
    <fx:Declarations>
        <!-- 点击按钮时的发光效果-->
        <mx:Glow  id="unglowImage"  duration="1000"  alphaFrom="0.3"  alphaTo="1.0"
blurXFrom="50.0" blurXTo="0.0" blurYFrom="50.0" blurYTo="0.0" color="0xff0000"/>
        <mx:Glow  id="glowImage"  duration="1000"  alphaFrom="1.0"  alphaTo="0.3"
blurXFrom="0.0" blurXTo="50.0" blurYFrom="0.0" blurYTo="50.0" color="0x990000"/>
    </fx:Declarations>
    <fx:Script>
        <![CDATA[
            //需要使用的命名空间
            import com.supermap.web.actions.*;
            import com.supermap.web.components.FeatureDataGrid;
            import com.supermap.web.core.Feature;
            import com.supermap.web.core.Point2D;
            import com.supermap.web.core.geometry.*;
            import com.supermap.web.core.styles.*;
            import com.supermap.web.events.DrawEvent;
            import com.supermap.web.iServerJava6R.FilterParameter;
            import com.supermap.web.iServerJava6R.Recordset;
            import com.supermap.web.iServerJava6R.measureServices.*;
            import com.supermap.web.iServerJava6R.queryServices.*;
```

```
import com.supermap.web.iServerJava6R.serverTypes.*;
import mx.collections.ArrayCollection;
import mx.controls.Alert;
import mx.events.CloseEvent;
import mx.events.ListEvent;
import mx.rpc.AsyncResponder;
import spark.events.IndexChangeEvent;

[Bindable]
//查询图层列表
private var queryLayers:Array = ["加油站","机场","行政区划"];
private var resultGrid:FeatureDataGrid;
[Bindable]
//地图 REST 服务地址
private var restMapUrl_Beijing:String = "http://localhost:8090/iserver/services/
    map-beijing/rest/maps/Beijing";
[Bindable]
public var airportGeo:GeoPoint = null;
private var resultFeatures:Array = [];
public var cards:ArrayCollection = new ArrayCollection(
    [ {label:"查询首都机场", data:1},
      {label:"查询首都机场附近加油站", data:2},
      {label:"查询指定区域内加油站", data:3},
      {label:"关联查询油品价格", data:4}]
);
private var subCenterQyeryTypes:Array = ["距离查找","最近查找"];
private var isNearest:Boolean = false;//指定是否为最近查找
private var pictureMarkerStyle:PictureMarkerStyle;
//地图查询主面板菜单改变事件
function changeHandler(event:Event):void
{
    if(resultGrid)
    {
        this.resultGrid.clear();
        this.resultWindow.removeAllChildren();
        this.resultWindow.visible = false;
    }
    if(ComboBox(event.target).selectedItem.label == "查询首都机场")
    {
        titlewinSQL.visible = true;
        titlewinDistance.visible = false;
        titiewinGeometry.visible = false;
        titlewinJoin.visible = false;
        featuresLayer.clear();
    }else if(ComboBox(event.target).selectedItem.label == "查询首都机场附近加油站")
    {
        titlewinSQL.visible = false;
        titlewinDistance.visible = true;
        titiewinGeometry.visible = false;
        titlewinJoin.visible = false;
    }else if(ComboBox(event.target).selectedItem.label == "查询指定区域内加油站")
```

```
                {
                    titlewinSQL.visible = false;
                    titlewinDistance.visible = false;
                    titiewinGeometry.visible = true;
                    titlewinJoin.visible = false;
                    featuresLayer.clear();
                }else
                {
                    titlewinSQL.visible = false;
                    titlewinDistance.visible = false;
                    titiewinGeometry.visible = false;
                    titlewinJoin.visible = true;
                    featuresLayer.clear();
                }
            }
            //距离查询类型改变事件
            private function subQueryTypeChanged(event:ListEvent):void
            {
                if(resultGrid)
                {
                    this.resultGrid.clear();
                    this.resultWindow.removeAllChildren();
                    this.resultWindow.visible = false;
                }
                map.action = null;
            }
            //拉框放大
            protected function zoominAction_clickHandler(event:MouseEvent):void
            {
                var zoominAction:ZoomIn = new ZoomIn(map);
                map.action = zoominAction ;
            }
            //拉框缩小
            protected function zoomoutAction_clickHandler(event:MouseEvent):void
            {
                var zoomoutAction:ZoomOut = new ZoomOut(map);
                map.action = zoomoutAction ;
            }
            //全图显示
            protected function viewwentire_clickHandler(event:MouseEvent):void
            {
                map.viewEntire();
            }
            //平移
            protected function pan_clickHandler(event:MouseEvent):void
            {
                var pan:Pan = new Pan(map);
                map.action = pan;
            }
        ]]>
    </fx:Script>
```

```
<!--添加地图及辅助控件-->
    <s:Panel fontFamily="Times New Roman" width="100%" height="100%" fontSize="24"
title="SuperMap iServer Java 6R &amp; SuperMap iClient 6R for Flex" chromeColor="#696767"
color="#FAF6F6">
        <iClient:Map id="map" scales="{[1/873927,1/546204,1/273102,1/170689,1/85344,1/
42287,1/29494]}">
            <iServer6R:TiledDynamicRESTLayer url="{this.restMapUrl_Beijing}"/>
            <iClient:FeaturesLayer id="featuresLayer" />
        </iClient:Map>
        <iClient:Compass id="compass" map="{this.map}" left="25" top="11"/>
        <iClient:ZoomSlider id="zoomslider" map="{this.map}" left="44" top="83" />
        <iClient:ScaleBar id="scalebar" map="{this.map}" left="30" bottom="45"/>
    </s:Panel>
    <!--SuperMap Logo 图片-->
    <mx:Image id="logo" source="@Embed('assets/logo.png')" right="15" top="0"
height="30" width="120"/>
    <!--地图浏览菜单条-->
    <mx:ControlBar id="ct" horizontalAlign="left" verticalAlign="top"
backgroundAlpha="0.30" top="40" left="109">
        <mx:Image source="@Embed('assets/mapView/zoomin.PNG')"
mouseDownEffect="{glowImage}" mouseUpEffect="{unglowImage}" toolTip="拉框放大"
click="zoominAction_clickHandler(event)" />
        <mx:Image source="@Embed('assets/mapView/zoomout.PNG')"
mouseDownEffect="{glowImage}" mouseUpEffect="{unglowImage}" toolTip="拉框缩小"
click="zoomoutAction_clickHandler(event)"/>
        <mx:Image source="@Embed('assets/mapView/full.PNG')"
mouseDownEffect="{glowImage}" mouseUpEffect="{unglowImage}" toolTip="全图"
click="viewentire_clickHandler(event)" />
        <mx:Image source="@Embed('assets/mapView/pan.PNG')"
mouseDownEffect="{glowImage}" mouseUpEffect="{unglowImage}" toolTip="平移"
click="pan_clickHandler(event)" />
    </mx:ControlBar>
    <!--定义查询结果显示窗口-->
    <mx:TitleWindow id="resultWindow" right="50" left="50" height="150" title="查询结果: "
visible="false" mouseDown="resultWin_mouseDown(event)" layout="absolute"
showCloseButton="true" bottom="10" horizontalCenter="10" close="titleWinClose(event)"
backgroundColor="#737171" backgroundAlpha="0.60" mouseUp="resultWin_mouseUp(event)">
    </mx:TitleWindow>
    <!--地图查询主面板 -->
    <s:Panel id="query" title="地图查询" fontFamily="宋体" fontSize="13" right="270"
top="35" backgroundColor="#454343" backgroundAlpha="0.48" width="169">
        <s:HGroup>
            <mx:ComboBox id="queryCombobox" dataProvider="{cards}"
change="changeHandler(event)" fontFamily="宋体" fontSize="12" width="168"
contentBackgroundColor="#ACABAB" focusColor="#000000" selectionColor="#FFFFFF"
buttonMode="true"/>
        </s:HGroup>
    </s:Panel>
    <!--SQL 查询设置面板-->
    <s:Panel id="titlewinSQL" title="查询首都机场: " fontFamily="宋体" fontSize="12"
right="5" top="35" backgroundColor="#454343" backgroundAlpha="0.48">
```

```
            <s:VGroup gap="10" left="5" top="5" bottom="5" right="5">
                <s:HGroup>
                    <mx:Label text="查询数据：" width="66"/>
                    <mx:Spacer width="6"/>
                    <mx:ComboBox id="querylayer1" dataProvider="{queryLayers}" width="160"/>
                </s:HGroup>
                <s:HGroup>
                    <mx:Label text="查询目标：" width="70"/>
                    <mx:Spacer width="3"/>
                    <mx:TextInput id="txtSqlExpress" text="首都机场"/>
                </s:HGroup>
                <s:HGroup gap="10" width="100%" height="100%" horizontalAlign="center">
                    <mx:Button label="查询" id="queryBySQL" click="queryBySQL_clickHandler
                        (event)"/>
                    <mx:Button label="清除" id="clear" click="clearFeature(event)"/>
                    <mx:Button label="平移" id="panMap" click="pan_clickHandler(event)"/>
                </s:HGroup>
            </s:VGroup>
        </s:Panel>
        <!--距离查询设置面板-->
        <s:Panel id="titlewinDistance" title="查询首都机场附近加油站：" fontFamily="宋体"
fontSize="12" right="5" top="35" backgroundColor="#454343" backgroundAlpha="0.48"
visible="false">
            <s:VGroup gap="10" left="1" top="5" bottom="5" right="5">
                <s:HGroup gap="3">
                    <mx:Label text="子查询类型：" id="subQueryType" width="80"/>
                    <mx:ComboBox id="subQueryType2" dataProvider="{subCenterQyeryTypes}"
                        width="160" change="subQueryTypeChanged(event)" />
                </s:HGroup>
                <s:HGroup>
                    <mx:Label text="查询数据："/>
                    <mx:Spacer width="6"/>
                    <mx:ComboBox id="querylayer2" dataProvider="{queryLayers}" width="160"/>
                </s:HGroup>
                <s:HGroup>
                    <mx:Label x="10" y="66" text="距离容限："/>
                    <mx:Spacer width="6"/>
                    <mx:TextInput id="txtQueryDistance" toolTip="单位：千米" text="8" x="93"
                        y="63" width="160" paddingLeft="2"/>
                </s:HGroup>
                <s:HGroup gap="10" width="100%" height="100%" horizontalAlign="center">
                    <mx:Button label="查询" id="queryByDistance" click="queryByDistance_
                        clickHandler(event)"/>
                    <mx:Button label="清除" id="clear2" click="clearFeature(event)"/>
                    <mx:Button label="平移" id="panMap2" click="pan_clickHandler(event)"/>
                </s:HGroup>
            </s:VGroup>
        </s:Panel>
        <!--几何查询窗口面板-->
        <s:Panel id="titiewinGeometry" title="查询指定区域内加油站：" fontFamily="宋体"
fontSize="12" right="5" top="35" backgroundColor="#454343" backgroundAlpha="0.48"
```

```
visible="false" width="255">
        <s:VGroup gap="10" left="5" top="5" bottom="5" right="5">
            <s:HGroup>
                <mx:Label text="查询数据：" width="76"/>
                <mx:Spacer width="6"/>
                <mx:ComboBox id="queryLayer3" dataProvider="{queryLayers}" width="147"
                    paddingLeft="5"/>
            </s:HGroup>
            <s:HGroup gap="8">
                <mx:Label text="查询区域：" width="76"/>
                <mx:Spacer width="3"/>
                <mx:TextInput id="txtSQLforqueryByGeo" text="鼠标绘制面" width="147"
                    editable="false"/>
            </s:HGroup>
            <s:HGroup gap="10" width="100%" height="100%" horizontalAlign="center">
                <mx:Button label="绘制面并查询" id="queryByGeometry"
click="drawAndqueryByGeometry_clickHandler(event)" toolTip="首都机场附近绘制面双击结束"/>
                <mx:Button label="清除" id="clear3" click="clearFeature(event)"/>
                <mx:Button label="平移" id="panMap3" click="pan_clickHandler(event)"/>
            </s:HGroup>
        </s:VGroup>
    </s:Panel>
    <!--关联查询设置面板-->
    <s:Panel id="titlewinJoin" title="关联查询油品价格：" fontFamily="宋体" fontSize="12"
right="5" top="35" backgroundColor="#454343" backgroundAlpha="0.48" visible="false">
        <s:VGroup gap="10" left="5" top="5" bottom="5" right="5">
            <s:HGroup>
                <mx:Label text="查询数据：" width="67"/>
                <mx:Spacer width="6"/>
                <mx:ComboBox  id="querylayer4" dataProvider="{queryLayers}"  width="156"/>
            </s:HGroup>
            <s:HGroup width="245">
                <mx:Label text="查询内容：" width="70"/>
                <mx:Spacer width="3"/>
                <mx:TextInput id="txtSqlJoin" text="油品价格" width="159"/>
            </s:HGroup>
            <s:HGroup>
                <mx:Label text="关联外部表：" width="71"/>
                <mx:Spacer width="3"/>
                <mx:TextInput id="tableJoin" text="油品价格" width="158"
                    editable="false"/>
            </s:HGroup>
            <s:HGroup gap="10" width="100%" height="100%" horizontalAlign="center">
                <mx:Button label="关联查询" id="queryBySQLJoin"
                    click="queryBySQLJoin_clickHandler(event)"/>
                <mx:Button label="清除" id="clear4" click="clearFeature(event)"/>
                <mx:Button label="平移" id="panMap4" click="pan_clickHandler(event)"/>
            </s:HGroup>
        </s:VGroup>
    </s:Panel>
</s:Application>
```

4.5 查询首都机场

本节将实现对首都机场的查询与定位功能，首先通过 QueryBySQLParameters 设置查询条件，然后由 QueryBySQLService.processAsync()向服务端提交查询请求，待服务端处理完成并返回结果后在结果处理的回调函数中解析查询结果 QueryResult，同时在地图上进行高亮显示。

4.5.1 代码实现

在"查询首都机场"面板中"查询"按钮的单击事件 queryBySQL_clickHandler (event)中添加如下代码，提交查询请求。

```
private function queryBySQL_clickHandler(event:MouseEvent):void
{
    //定义 SQL 查询参数
    var queryBySQLParameters:QueryBySQLParameters = new QueryBySQLParameters();
    var filterParameter:FilterParameter = new FilterParameter();
    //查询图层名称
    filterParameter.name = "机场@北京";
    filterParameter.attributeFilter = "Name like '%首都机场%'"; //查询 SQL 条件
    queryBySQLParameters.filterParameters = [filterParameter];
    //执行 SQL 查询
    Var queryBySQLService:QueryBySQLService= new QueryBySQLService(restMapUrl_Beijing);
    queryBySQLService.processAsync(queryBySQLParameters,new
AsyncResponder(displayQueryResult,queryError,"queryBySQL"));
}
```

在成功完成请求时的调用函数 displayQueryResult 中添加如下代码，获得查询结果。

```
private function displayQueryResult(queryResult:QueryResult, mark:Object):void
{      //查询结果记录集集合
    var recordSets:Array = queryResult.recordsets;
    if(recordSets.length != 0)
    {
        for each(var recordSet:Recordset in recordSets)
        {
            if(!recordSet.features || recordSet.features.length == 0)
            {
                Alert.show("当前图层查询结果为空", null, 4, this);
                return;
            }
            outerLoop:
            for each (var feature:Feature in recordSet.features)
            {
```

```
                    for each(var value:Feature in resultFeatures)
                    {
                        if(value.attributes.SMID == feature.attributes.SMID)
                        {
                            break outerLoop;
                        }
                    }
                    //获得结果要素对象
                    resultFeatures.push(feature);
                }
            }
        }
    //将查询结果展现到矢量数据绑定列表控件 FeatureDataGrid 中，resultWindow 为 TitleWindow
    this.resultGrid = new FeatureDataGrid(this.featuresLayer, resultFeatures, this.
        resultWindow);
    this.resultGrid.left = 5;
    this.resultGrid.right = 5;
    this.resultGrid.bottom = 5;
    this.resultGrid.top = 2;
    this.resultGrid.features = resultFeatures;
    this.resultWindow.removeAllChildren();
    this.resultWindow.addChild(this.resultGrid);
    this.resultWindow.visible = true;
}
//查询结果展示窗口鼠标操作事件
private function titleWinClose(event:CloseEvent):void
{
    this.resultWindow.visible = false;
}
private function resultWin_mouseUp(event:MouseEvent):void
{
    resultWindow.stopDrag();
}
private function resultWin_mouseDown(event:MouseEvent):void
{
    resultWindow.startDrag();
}
```

> 提示　查询结果记录集也可以不存放于矢量数据绑定列表控件 FeatureDataGrid 中，使用其他形式展现。代码中只列出了主要部分，其他代码详见 4.4 节中界面设计及辅助代码。

4.5.2　运行效果

运行程序，在"地图查询"面板中选择"查询首都机场"，单击其右侧面板中的"查询"按钮，运行效果如图 4-2 所示。

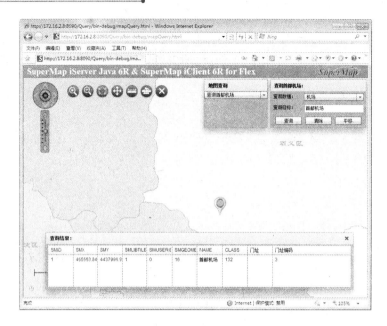

图 4-2 查询首都机场

4.5.3 接口说明

本案例所用接口如表 4-5 所示，前面章节已经说明的接口本节将不再赘述。

表 4-5 接口说明

接 口	功 能
QueryBySQLParameters.filterParameters[0].name	设置查询图层名称
QueryBySQLParameters.filterParameters[0].attributeFilter	设置过滤条件，相当于 SQL 语句中的 WHERE 子句
QueryBySQLService.processAsync()	向服务端发送 SQL 查询参数，并获取查询结果
QueryResult.recordsets[0].features	记录集中所有地物要素(Feature)
Feature	地理要素，包括空间几何信息、属性信息和要素风格
FeaturesLayer	要素图层，用于承载矢量要素 Feature，包括点、线、面、文本等
FeatureDataGrid	矢量数据绑定列表控件，展现要素属性信息的同时将地图中的矢量要素与属性表关联，实现属性数据和矢量要素的互查询

其中 QueryBySQLParameters.filterParameters[0]类型为 FilterParameter，FilterParameter 是地图查询服务中通用的过滤条件参数，是本章重要接口之一，需重点掌握。FeaturesLayer 用于承载矢量要素，是客户端渲染的主要手段之一，详见第 9 章。

4.6 查询首都机场附近加油站

本节将实现查询首都机场附近加油站的功能，首先通过 QueryByDistanceParameters 设置查询参数，然后由 QueryByDistanceService.processAsync()向服务端提交查询请求，待服务端处理完成并返回结果后在结果处理的回调函数中解析查询结果 QueryResult，同时在地图上进行高亮显示。

4.6.1 代码实现

在"查询首都机场附近加油站"面板中"查询"按钮的单击事件 queryByDistance_clickHandler (event)中添加如下代码，提交查询请求。

```
private function queryByDistance_clickHandler(event:MouseEvent):void
{
    //定义距离查询参数
    var filterParameter:FilterParameter = new FilterParameter();
    //查询图层名称
    filterParameter.name = "加油站@北京";
    //查询 SQL 条件
    filterParameter.attributeFilter = "smid>0";
    var queryByDistanceParameters:QueryByDistanceParameters = new QueryByDistanceParameters();
    queryByDistanceParameters.filterParameters = [filterParameter];
    //airportGeo 为 4.5 节查询结果中的首都机场几何对象
    queryByDistanceParameters.geometry = airportGeo ;
    //txtQueryDistance 为距离容限(单位:千米)
    queryByDistanceParameters.distance = (Number)(txtQueryDistance.text)*1000;
    //是否为最近查找
    queryByDistanceParameters.isNearest = _isNearest;
    //执行距离查询
    var queryByDistanceService:QueryByDistanceService = new QueryByDistanceService
        (restMapUrl_Beijing);
    queryByDistanceService.processAsync(queryByDistanceParameters,new
        AsyncResponder(displayQueryResult,queryError,"queryByDistance"));
}
```

在成功完成请求时的调用函数 displayQueryResult 中添加相应代码，获得查询结果。该代码与 4.5 节中 displayQueryResult 部分代码相同。

> 提示 如果子查询类型为"最近查找"，则查询结果是距离机场最近的一个加油站。另外代码中只列出了主要部分，其他代码详见 4.4 节中界面设计及辅助代码。

4.6.2 运行效果

运行程序，在"地图查询"面板中选择"查询首都机场附近加油站"，单击其右侧面板中的"查询"按钮，运行效果如图4-3所示。

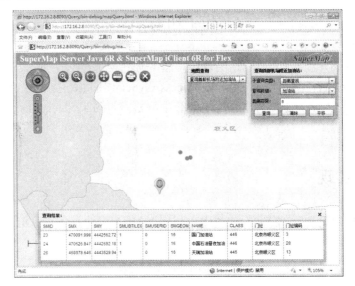

图4-3　查询首都机场附近加油站

4.6.3　接口说明

本案例所用主要接口如表4-6所示，前文已经说明的接口本节将不再赘述。

表4-6　接口说明

接　口	功　能
QueryByDistanceParameters.filterParameters[0].name	查询图层名称
QueryByDistanceParameters.geometry	用于查询的几何对象，此处是首都机场
QueryByDistanceParameters.distance	查询距离，地图单位，此处是 8 千米
QueryByDistanceParameters.isNearest	是否为最近查找，默认为 false，即距离查找
QueryByDistanceParameters.filterParameters[0].attributeFilter	过滤条件，相当于 SQL 语句中的 WHERE 子句
QueryByDistanceService.processAsync()	向服务端发送距离查询参数，并获取查询结果

重要提示　QueryByDistanceParameters.geometry 可以是点对象，也可以是线或面对象。

4.7　查询指定区域内加油站

本节将实现的功能是查询指定区域内加油站。首先通过 DrawPolygon 绘制面要素，在绘制结束事件中获得该面对象，然后设置 QueryByGeometryParameters 几何查询参数，最后由

QueryByGeometryService.processAsync()向服务端提交查询请求，待服务端处理完成并返回结果后再通过 QueryResult 进行查询结果解析，同时在地图上进行高亮显示。

4.7.1　代码实现

在"查询指定区域内加油站"面板中"绘制面并查询"按钮的单击事件 drawAndqueryByGeometry_clickHandler(event)中添加如下代码，绘制几何对象并侦听查询请求。

```
function drawAndqueryByGeometry_clickHandler(event:MouseEvent):void
{
    //绘制面对象
    var polygonStyle:PredefinedFillStyle = new PredefinedFillStyle();
    var drawPolygon:DrawPolygon = new DrawPolygon(map);
    //绘制完成后派发事件获得面对象
    drawPolygon.addEventListener(DrawEvent.DRAW_END,getGeoAndExecuteQuery);
    map.action = drawPolygon;
}
//绘制完成派发事件中获得面对象，在 getGeoAndExecuteQuery (event:DrawEvent)中添加如下代码，设置查
//询参数并提交查询请求
function getGeoAndExecuteQuery(event:DrawEvent):void
{
    //定义过滤条件
    var filterParameter:FilterParameter = new FilterParameter();
    filterParameter.name = "加油站@北京";//查询图层名称
    filterParameter.attributeFilter = "smid>0";//查询 SQL 条件
    //定义几何查询参数
    var queryByGeometryParameter:QueryByGeometryParameters = new QueryByGeometryParameters();
    queryByGeometryParameter.filterParameters = [filterParameter];
    //空间查询模式为相交
    queryByGeometryParameter.spatialQueryMode = SpatialQueryMode.INTERSECT;
    queryByGeometryParameter.geometry = event.feature.geometry;
    //执行几何查询
    var queryByGeometryService:QueryByGeometryService = new QueryByGeometryService
        (restMapUrl_Beijing);
    queryByGeometryService.processAsync(queryByGeometryParameter,new
        AsyncResponder(displayQueryResult,queryError,"queryByGeometry"));
    featuresLayer.addFeature(event.feature);
}
```

在成功完成请求时的调用函数 displayQueryResult 中添加相应代码，获得查询结果，与 4.5 节中 displayQueryResult 部分代码相同。

4.7.2　运行效果

运行程序，在"地图查询"面板中选择"查询指定区域内加油站"，单击其右侧面板中的

"绘制面并查询"按钮，在地图上绘制面后鼠标双击结束，运行效果如图 4-4 所示。

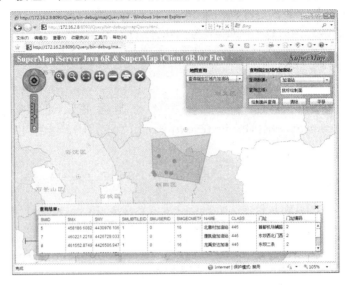

图 4-4　查询指定区域内加油站

4.7.3　接口说明

本案例所用主要接口如表 4-7 所示，前文已经说明的接口本节将不再赘述。

表 4-7　接口说明

接　口	功　能
QueryByGeometryParameter.filterParameters[0].name	设置查询图层名称
QueryByGeometryParameter.geometry	用于查询的几何对象，此处为鼠标绘制面
QueryByGeometryParameter.spatialQueryMode	空间查询模式，此处为相交
QueryByGeometryParameter.filterParameters[0].attributeFilter	过滤条件，相当于 SQL 语句中的 WHERE 子句
QueryByGeometryService.processAsync()	提交几何查询请求
DrawPolygon	绘制多边形操作
DrawEvent.DRAW_END	绘制结束事件的 type 属性值

📝**重要提示**　DrawPolygon 是绘制操作之一，还包括绘制其他几何对象，而 DrawFreeLine 和 DrawFreePolygon 可分别实现绘制任意形状的线和面功能，绘制效果颇具特色。DrawEvent 是客户端事件，可派发绘制开始、结束、取消事件及绘制中事件。

4.8 关联查询油品价格

本节将实现的功能是关联查询油品价格，而油品价格的信息存储于"北京"数据源的纯属性表"油品价格"中。其中油品价格的 id 字段与加油站(点数据集)的 SmID 进行了关联。在实际应用中，关联查询的属性表可能存储于 Oracle、SQL Server 等数据库中，但是进行关联查询的思路和方法是一致的。

首先通过 QueryBySQLParameters 设置查询条件，尤其是关联外部表信息，然后由 QueryBySQLService.processAsync()向服务端提交查询请求，待服务端处理完成并返回结果后再通过 QueryResult 进行结果解析，同时在地图上高亮显示。

4.8.1 代码实现

在"关联查询油品价格"面板中"关联查询"按钮的单击事件 queryBySQLJoin_clickHandler(event)中添加如下代码，提交关联查询请求。

```
//关联查询
function queryBySQLJoin_clickHandler(event:MouseEvent):void
{
    //设置连接信息
    var joinItem:JoinItem = new JoinItem();
    joinItem.foreignTableName = "油品价格";
    joinItem.joinType = "INNERJOIN";
    joinItem.joinFilter = "加油站.smid=油品价格.id";
    //设置查询参数
    var queryBySQLParameters:QueryBySQLParameters = new QueryBySQLParameters();
    var filterParameter:FilterParameter = new FilterParameter();
    filterParameter.name = "加油站@北京";
    filterParameter.joinItems = [joinItem];
    filterParameter.attributeFilter = "加油站.smid>0";
    filterParameter.fields=["加油站.Smid","加油站.Name","加油站.门址","油品价格.汽油93号",
        "油品价格.汽油97号","油品价格.柴油0号"];
    queryBySQLParameters.filterParameters = [filterParameter];
    //执行关联查询
    var queryBySQLService:QueryBySQLService= new QueryBySQLService(restMapUrl_Beijing);
    queryBySQLService.processAsync(queryBySQLParameters,new
        AsyncResponder(displayQueryResult,queryError,"queryBySQLJoin"));
}
```

在成功完成请求时的调用函数 displayQueryResult 中添加相应代码，获得查询结果，与 4.5 节中 displayQueryResult 部分代码相同。

4.8.2　运行效果

运行程序，在"地图查询"面板中选择"关联查询油品价格"，单击其右侧面板中的"关联查询"按钮，运行效果如图 4-5 所示。

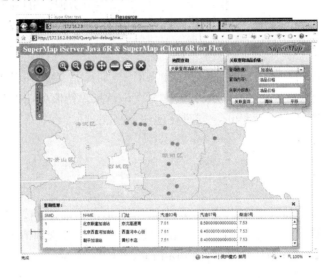

图 4-5　关联查询

4.8.3　接口说明

本案例所用主要接口如表 4-8 所示，前文已经说明的接口本节将不再赘述。

表 4-8　接口说明

接　口	功　能
QueryBySQLParameters.filterParameters[0].name	设置查询图层名称
QueryBySQLParameters.filterParameters[0].joinItems[0].foreignTableName	设置关联外部表的名称，此处为"油品价格"
QueryBySQLParameters.filterParameters[0].joinItems[0]. joinFilter	设置矢量数据集与外部表之间的连接表达式
QueryBySQLParameters.filterParameters[0].joinItems[0]. joinType	设置两个表之间的连接类型，此处为"内连接"
QueryBySQLParameters.filterParameters[0].fields	查询结果的字段数组
QueryBySQLParameters.filterParameters[0].attributeFilter	设置过滤条件，相当于 SQL 语句中的 WHERE 子句
QueryBySQLService.processAsync()	向服务端发送 SQL 查询参数，并获取查询结果

重要提示 QueryBySQLParameters.filterParameters[0].joinItems[0]类型为 JoinItem，JoinItem 用于定义矢量数据集与外部表的连接信息，建议外部表和矢量数据集属于同一数据源，否则需使用 LinkItem 关联实现。

4.9 快速参考

目标	内容
查询首都机场(SQL 查询)	通过 QueryBySQLParameters 设置查询条件，然后由 QueryBySQLService.processAsync() 向服务端提交查询请求，待服务端处理完成并返回结果后再通过 QueryResult 进行查询结果解析，同时在地图上进行高亮显示
查询首都机场附近加油站(距离查询)	通过 QueryByDistanceParameters 设置查询条件，然后由 QueryByDistanceService.processAsync() 向服务端提交查询请求，待服务端处理完成并返回结果后再通过 QueryResult 进行查询结果解析，同时在地图上进行高亮显示
查询指定区域内加油站(几何查询)	首先通过 DrawPolygon 绘制面要素，在绘制结束事件中获得该面对象，其次设置 QueryByGeometryParameters 几何查询参数，然后由 QueryByGeometryService.processAsync() 向服务端提交查询请求，待服务端处理完成并返回结果后再通过 QueryResult 进行查询结果解析，同时在地图上进行高亮显示
关联查询油品价格(SQL 关联查询)	进行空间数据入库工作后通过 QueryBySQLParameters 设置查询条件，尤其是关联外部表信息，然后由 QueryBySQLService.processAsync()向服务端提交查询请求，待服务端处理完成并返回结果后再通过 QueryResult 进行查询结果解析，同时在地图上进行高亮显示

4.10 本章小结

本章主要介绍了如何使用 SuperMap iClient for Flex 提供的地图查询接口获取 SuperMap iServer Java REST 地图服务，针对案例需求实现不同方式的查询功能，包括搜索首都机场及其附近的加油站、搜索指定区域内加油站和关联查询油品价格数据。通过案例分析与实现阐述了地图查询功能的应用场景、主要接口和开发思路。

练习题 通过 SuperMap iServer Java 服务管理器创建 REST 地图服务(可使用示范工作空间数据或自己的数据)，实现关联查询业务数据的功能。

第 5 章　专　题　图

专题图是使用各种图形风格(例如颜色或填充模式)显示地图基础信息特征的地图，是空间数据的重要表达方式之一。制作专题图的本质是根据数据对现象的现状和分布规律及其联系进行渲染，从而充分挖掘利用数据资源，展现丰富数据内容。

本章通过模拟实际应用案例并对其进行分析，讲解不同专题图功能的开发，同时对 SuperMap iClient for Flex 相关接口进行说明。

本章主要内容：
- 统计专题图的实现过程及主要接口
- 单值专题图的实现过程及主要接口
- 标签专题图的实现过程及主要接口
- 范围分段专题的实现过程及主要接口
- 等级符号专题的实现过程及主要接口
- 点密度专题图的实现过程及主要接口
- 关联外部表制作专题图的实现过程及主要接口
- 内存数据制作专题图的实现过程及主要接口

5.1　案　例　说　明

某气象部门拟推出气象资讯网站，通过该网站公众可以在线获得全国各省级行政区的气象信息，主要以各省会城市为代表。该网站预报内容除每天的天气预报、高温预警、降水量情况外，还包含其他生活指数，如紫外线强弱、空气污染扩散情况等。要求以上气象信息均以图文并茂的方式进行呈现，尤其是在地图上以图形方式直观展现全国各省气象信息，从而对社会生产生活起到更好的指导作用。

5.2　数　据　准　备

本章采用全国 1∶400 万地图数据作为演示数据，包括省级行政区划、国(省)界和海岸线、省会(首都)驻点、南海诸岛、邻国、海域注记、气温和降水量分布等，具体所用数据如表 5-1 所示。

工作空间文件为配套光盘\示范数据\China400\China400.smwu，该工作空间中有一幅地图——全图行政区划图。

表5-1 数据说明

数据名称	数据内容	数据类型
Provinces_R	全国各省面	面
District_L	国界、省界、海岸线	线
Capital_P	首都、省会驻点	点
SeaLabel	海域注记	文本
NanHai	南海诸岛	CAD
Neighbor	邻国面域	面
Htemperature	气温分布	面
Rainfall	降水量分布	面

提示 本章所用全国数据仅供演示、学习使用。

本章所要实现的专题图功能需要获取 SuperMap iServer Java GIS 服务器提供的 REST 地图服务，因此，需要先将 China400.smwu 工作空间发布为 REST 地图服务，发布方法请参考第 2 章。

本章所有示例程序的代码位于配套光盘\示范程序\第5章中，在创建 REST 地图服务后，请先将 theme.mxml 代码中第 45 行的地图服务地址进行替换，即替换如下代码：

```
private var restMapUrl_China400:String = "http://localhost:8090/
iserver/services/map-China400/rest/maps/全国行政区划图";
```

5.3 案 例 分 析

以图形方式直观展现每天的气象信息可以通过制作各种在线专题图实现，另外对于全国省级行政区的区分显示也可通过专题图的形式来渲染。

(1) 全国省级行政区划可以使用单值专题图来展现不同风格，单值专题图主要是用来强调数据中的类别差异，根据单一的数据值来渲染地图对象的显示风格。详见 5.5 节。

(2) 全国省会城市天气预报可通过标签专题图来展现，为追求图形美观、信息丰富，可使用矩阵标签专题图来显示天气信息。标签专题图主要用于在地图上做标注说明，多用属性信息中的文本型或数值型字段(或多字段组合为字段表达式)对点、线、面等对象做标注，而在此基础上衍生的矩阵标签专题图更能实现符合天气预报需求的显示效果。详见 5.6 节。

(3) 高温预警信号的温度临界值分别是 35℃、37℃、40℃，可通过范围分段专题图来渲染全国气温分布，通过不同温度区间的颜色差异来对某些地区发出高温预警信号。范围分段专题图主要用于显示数值和地理位置之间的关系，可按照提供的分段方法对字段的属性值进行分段，根据每个属性值所在的分段范围赋予相应对象的显示风格。详见 5.7 节。

(4) 全国范围内的降水量分布可用点密度专题图来展现。点密度专题图是用点的密集程度来表示范围或区域面积的相关属性数据值。每个点代表一定数值，每个区域有一定数量的点，点值与点总数的乘积就是该区域的数据值，适用于表示具有数量特征分散分布的专题。详见 5.8 节。

(5) 将省会城市的紫外线指数由弱到强进行分级的展示效果可通过等级符号专题图来表达。等级符号专题图是使用符号的大小来反映专题变量的每条记录，最适用于数值型数据。符号大小是与数据值成一定的比例关系。详见 5.9 节。

(6) 全国各省会的空气污染扩散情况可通过对比主要空气污染物浓度来进行分析，所以可用统计专题图来实现。统计专题图是一种多变量的专题图，允许一次分析多个数值型变量，同时也提供了多种统计图类型，可根据不同需求创建不同的统计图，如柱状图、饼状图、折线图等。详见 5.10 节。

SuperMap iClient for Flex 提供了对接 SuperMap iServer Java 的专题图服务接口，包括统计、标签、范围分段、等级符号、单值、点密度专题图，同时还支持由几种专题组合的混合专题图。专题图服务相关类如表 5-2 所示，各类型专题图主要类分别如表 5-3、表 5-4、表 5-5、表 5-6、表 5-7 和表 5-8 所示。

表 5-2　专题图服务类

主 要 类	功能描述
ThemeService	专题图服务类，将客户端制作专题图的参数传递给服务端，在服务端会生成一个临时图层来制作相应的专题图，这个专题图在服务端就是一个资源(ResourceInfo)，它具有资源地址 URL 和资源 ID。客户端获取到这个资源 ID 以后将其赋值给 TiledDynamicRESTLayer 或 DynamicRESTLayer 的 layersID 属性就能够显示出相应的专题图
ThemeParameters	专题图参数类，制作专题时所需的参数，包括数据源名称、数据集名称以及专题图数组
ThemeResult	服务端返回的专题图结果类，包含了服务端生成的专题图资源信息

表5-3 统计专题图类

主 要 类	功能描述
ThemeGraph	统计专题图，可同时表示多个字段属性信息，在区域本身与各区域之间形成横向和纵向的对比，可将多个变量值绘制在一个统计图上，必须设置用于制作专题图的子项，因此 Items 属性为必设值
ThemeGraphItem	统计专题图子项，设置统计专题图子项的标题、专题变量、显示风格和分段风格
ThemeGraphType	统计专题图类型，如(三维)柱状图、(三维)饼图、(三维)玫瑰图、环状图等
ThemeGraphText	统计图文字标注风格，设置统计图表中文字可见性以及标注风格等
ThemeGraphTextFormat	统计专题图文本显示格式，包括百分数、真实数值、标题、标题+百分数、标题+真实数值五种形式

表5-4 标签专题图类

主 要 类	功能描述
ThemeLabel	标签专题图，分为统一标签专题图和分段标签专题图两种
ThemeLabelItem	分段标签专题图的子项，同一范围段内的对象使用相同显示风格进行标记，其中每一个范围段就是一个专题图子项，每一个子项都具有其名称、风格、起始值和终止值
ThemeLabelText	标签专题图中文本风格类，包含文本字体大小和显示风格等

表5-5 范围分段专题图类

主 要 类	功能描述
ThemeRange	范围分段专题图，按照指定的分段方法(如等距离分段法)对字段的属性值进行分段，使用不同的颜色或符号(线型、填充)表示不同范围段落的属性值在整体上的分布情况，体现区域的差异
ThemeRangeItem	范围分段专题图子项类，字段值按照某种分段模式被分成多个范围段，每个范围段即为一个子项，同一范围段的要素属于同一个分段专题图子项。每个子项都有其分段起始值、终止值、名称和风格等
RangeMode	范围分段专题图分段方式，包括等距离、平方根、标准差、对数、等计数和自定义

表5-6 等级符号专题图类

主 要 类	功能描述
ThemeGraduatedSymbol	等级符号专题图，多用于具有数量特征的地图，如表示不同地区的粮食产量、GDP、人口等的分级
ThemeGraduatedSymbolStyle	等级符号专题图正负零值显示风格类，设置正值、零值、负值对应的等级符号显示风格，以及是否显示零值或负值对应的等级符号
GraduatedMode	专题图分级模式，包括常数、对数和平方根三种分级模式

表 5-7　单值专题图类

主 要 类	功能描述
ThemeUnique	单值专题图，利用不同的颜色或符号(线型、填充)表示图层中某一属性信息的不同属性值，属性值相同的要素具有相同的渲染风格，其利用不同的颜色或符号(线型、填充)表示图层中某一属性信息的不同属性值，属性值相同的要素具有相同的渲染风格
ThemeUniqueItem	单值专题图子项，专题值相同的要素归为一类，为每一类设定一种渲染风格，其中每一类就是一个专题图子项，每个子项都有其单值和风格等
ServerStyle	服务端矢量要素风格，定义点状符号、线状符号、填充符号风格及其相关属性

表 5-8　点密度专题图类

主 要 类	功能描述
ThemeDotDensity	点密度专题图，与范围分段和等级符号类似，同样体现不同区域的相对数量等级差异。点密度专题图是 SuperMap 专题图中唯一仅支持面图层的专题图，其他任何图层均不能创建点密度专题图

5.4　界 面 设 计

采用 Adobe Flash Builder 4 进行界面设计和功能开发，交互界面如图 5-1 所示。该界面布局同 4.4 节类似，此处不再赘述。其中"气象资讯专题图"面板中包含 ComboBox(组合框)，点击不同专题图子项时，其右侧面板会出现相应功能选项，实现案例中的专题图功能。

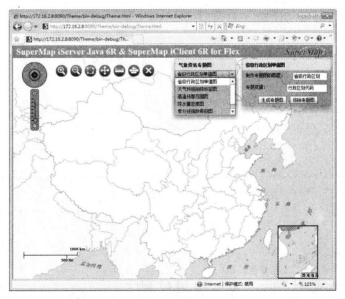

图 5-1　专题图界面

界面设计及辅助代码如下：

```xml
<?xml version="1.0" encoding="utf-8"?>
<s:Application xmlns:fx="http://ns.adobe.com/mxml/2009"
               xmlns:s="library://ns.adobe.com/flex/spark"
               xmlns:mx="library://ns.adobe.com/flex/mx"
               xmlns:iClient="http://www.supermap.com/iclient/2010"
               xmlns:iServer6R="http://www.supermap.com/iserverjava/2010"
               width="100%" height="100%" creationComplete="application1_creationCompleteHandler
                   (event)"
               >
    <fx:Declarations>
        <!-- 点击按钮时的发光效果-->
        <mx:Glow  id="unglowImage"  duration="1000"  alphaFrom="0.3"  alphaTo="1.0"
blurXFrom="50.0" blurXTo="0.0" blurYFrom="50.0" blurYTo="0.0" color="0xff0000"/>
        <mx:Glow  id="glowImage"  duration="1000"  alphaFrom="1.0"  alphaTo="0.3"
blurXFrom="0.0" blurXTo="50.0" blurYFrom="0.0" blurYTo="50.0" color="0x990000"/>
        <s:HTTPService id="getXML" url="../XMLData/airpollutantcon.xml"
        resultFormat="e4x" result="getXML_resultHandler(event)"
        fault="getXML_faultHandler(event)" />
    </fx:Declarations>
    <!--SQL 查询-->
    <fx:Script>
        <![CDATA[
//需要使用的命名空间
            import com.supermap.web.actions.*;
            import com.supermap.web.components.FeatureDataGrid;
            import com.supermap.web.core.Feature;
            import com.supermap.web.core.Point2D;
            import com.supermap.web.core.geometry.*;
            import com.supermap.web.core.styles.*;
            import com.supermap.web.events.DrawEvent;
            import com.supermap.web.iServerJava6R.FilterParameter;
            import com.supermap.web.iServerJava6R.Recordset;
            import com.supermap.web.iServerJava6R.measureServices.*;
            import com.supermap.web.iServerJava6R.queryServices.*;
            import com.supermap.web.iServerJava6R.serverTypes.*;
            import com.supermap.web.iServerJava6R.themeServices.*;
            import mx.collections.ArrayCollection;
            import mx.controls.Alert;
            import mx.events.FlexEvent;
            import mx.rpc.AsyncResponder;
            import mx.rpc.events.FaultEvent;
            import mx.rpc.events.ResultEvent;

            [Bindable]
            // 判断是否已制作专题图
            private var isTheme:Boolean = false;
            // 承载专题图的图层
private var themeLayer:TiledDynamicRESTLayer;
```

```
private var layerid:String;
//用于制作专题图的图层列表
private var layersForTheme:Array = ["省级行政区划","省会城市","气温","降水量"];

//REST 地图服务地址
private var restMapUrl_China400:String = "http://localhost:8090/iserver/
    services/map-China400/rest/maps/全国行政区划图";
public var cards:ArrayCollection = new ArrayCollection(
    [ {label:"省级行政区划单值图", data:1},
      {label:"天气预报矩阵标签图", data:2},
      {label:"高温预警范围图", data:3},
      {label:"降水量密度图", data:4},
      {label:"紫外线指数等级图",data:5},
      {label:"空气污染物浓度统计图",data:6},
      {label:"关联外部表制作专题图",data:7},
      {label:"内存数据制作专题图",data:8},
    ]
);
//存放 XML 数据内容的数组
public var idKeys:Array = new Array();
public var NOXValues:Array = new Array();
public var TSPValues:Array = new Array();
public var SO2Values:Array = new Array();
//专题图主面板菜单改变事件
function changeHandler(event:Event):void
{
    if(this.isTheme == true)
    {
        removeTheme();
    }
    if(ComboBox(event.target).selectedItem.label == "省级行政区划单值图")
    {
        titlewinThemeUnique.visible = true;
        titlewinThemeLabel.visible = false;
        titiewinThemeRange.visible = false;
        titlewinThemeDotDensity.visible = false;
        titlewinThemeGraduatedSymbol.visible = false;
        titlewinThemeGraduatedSymbolJoin.visible = false;
        titlewinThemeGraph.visible = false;
        titlewinThemeGraphRAM.visible = false;
    }else if(ComboBox(event.target).selectedItem.label == "天气预报矩阵标签图")
    {
        titlewinThemeUnique.visible = false;
        titlewinThemeLabel.visible = true;
        titiewinThemeRange.visible = false;
        titlewinThemeDotDensity.visible = false;
        titlewinThemeGraduatedSymbol.visible = false;
        titlewinThemeGraduatedSymbolJoin.visible = false;
        titlewinThemeGraph.visible = false;
        titlewinThemeGraphRAM.visible = false;
    }else if(ComboBox(event.target).selectedItem.label == "高温预警范围图")
```

```
    {
        titlewinThemeUnique.visible = false;
        titlewinThemeLabel.visible = false;
        titiewinThemeRange.visible = true;
        titlewinThemeDotDensity.visible = false;
        titlewinThemeGraduatedSymbol.visible = false;
        titlewinThemeGraduatedSymbolJoin.visible = false;
        titlewinThemeGraph.visible = false;
        titlewinThemeGraphRAM.visible = false;
    }else if(ComboBox(event.target).selectedItem.label == "降水量密度图")
    {
        titlewinThemeUnique.visible = false;
        titlewinThemeLabel.visible = false;
        titiewinThemeRange.visible = false;
        titlewinThemeDotDensity.visible = true;
        titlewinThemeGraduatedSymbol.visible = false;
        titlewinThemeGraduatedSymbolJoin.visible = false;
        titlewinThemeGraph.visible = false;
        titlewinThemeGraphRAM.visible = false;
    }else if(ComboBox(event.target).selectedItem.label == "紫外线指数等级图")
    {
        titlewinThemeUnique.visible = false;
        titlewinThemeLabel.visible = false;
        titiewinThemeRange.visible = false;
        titlewinThemeDotDensity.visible = false;
        titlewinThemeGraduatedSymbol.visible = true;
        titlewinThemeGraduatedSymbolJoin.visible = false;
        titlewinThemeGraph.visible = false;
        titlewinThemeGraphRAM.visible = false;
    }else if(ComboBox(event.target).selectedItem.label == "空气污染物浓度统计图")
    {
        titlewinThemeUnique.visible = false;
        titlewinThemeLabel.visible = false;
        titiewinThemeRange.visible = false;
        titlewinThemeDotDensity.visible = false;
        titlewinThemeGraduatedSymbol.visible = false;
        titlewinThemeGraph.visible = true;
        titlewinThemeGraduatedSymbolJoin.visible = false;
        titlewinThemeGraphRAM.visible = false;
    }else if(ComboBox(event.target).selectedItem.label == "关联外部表制作专题图")
    {
        titlewinThemeUnique.visible = false;
        titlewinThemeLabel.visible = false;
        titiewinThemeRange.visible = false;
        titlewinThemeDotDensity.visible = false;
        titlewinThemeGraduatedSymbol.visible = false;
        titlewinThemeGraph.visible = false;
        titlewinThemeGraduatedSymbolJoin.visible = true;
        titlewinThemeGraphRAM.visible = false;
    }else if(ComboBox(event.target).selectedItem.label == "内存数据制作专题图")
    {
```

```
                        titlewinThemeUnique.visible = false;
                        titlewinThemeLabel.visible = false;
                        titlewinThemeRange.visible = false;
                        titlewinThemeDotDensity.visible = false;
                        titlewinThemeGraduatedSymbol.visible = false;
                        titlewinThemeGraduatedSymbolJoin.visible = false;
                        titlewinThemeGraph.visible = false;
                        titlewinThemeGraphRAM.visible = true;
                    }
                }
                //拉框放大
                protected function zoominAction_clickHandler(event:MouseEvent):void
                {
                    var zoominAction:ZoomIn = new ZoomIn(map);
                    map.action = zoominAction ;
                }
                //拉框缩小
                protected function zoomoutAction_clickHandler(event:MouseEvent):void
                {
                    var zoomoutAction:ZoomOut = new ZoomOut(map);
                    map.action = zoomoutAction;
                }
                //全图显示
                protected function viewentire_clickHandler(event:MouseEvent):void
                {
                    map.viewEntire();
                }
                //平移
                protected function pan_clickHandler(event:MouseEvent):void
                {
                    var pan:Pan = new Pan(map);
                    map.action = pan;
                }
            ]]>
    </fx:Script>
<!--添加地图及辅助控件-->
    <s:Panel fontFamily="Times New Roman" width="100%" height="100%" fontSize="24"
title="SuperMap iServer Java 6R &amp; SuperMap iClient 6R for Flex" chromeColor="#696767"
color="#FAF6F6">
        <iClient:Map id="map" scales="{[1/20300000,1/10150000,1/5075000,1/2537500,
                1/1268750,1/634375,1/317187]}">
            <iServer6R:TiledDynamicRESTLayer url="{this.restMapUrl_China400}"/>
            <iClient:FeaturesLayer id="featuresLayer" />
        </iClient:Map>
        <iClient:Compass id="compass" map="{this.map}" left="25" top="11"/>
        <iClient:ZoomSlider id="zoomslider" map="{this.map}" left="45" top="83" />
        <iClient:ScaleBar id="scalebar" map="{this.map}" left="30" bottom="45"/>
    </s:Panel>
<!--SuperMap Logo 图片-->
    <mx:Image  id="logo"  source = "@Embed('assets/logo.png')"  right="15"  top="0"
height="30" width="120"/>
```

```
<!--地图浏览菜单条-->
<mx:ControlBar id="ct" horizontalAlign="left" verticalAlign="top"
backgroundAlpha="0.30" top="40" left="109">
        <mx:Image source="@Embed('assets/mapView/zoomin.PNG')"
mouseDownEffect="{glowImage}" mouseUpEffect="{unglowImage}" toolTip="拉框放大"
click="zoominAction_clickHandler(event)" />
        <mx:Image source="@Embed('assets/mapView/zoomout.PNG')"
mouseDownEffect="{glowImage}" mouseUpEffect="{unglowImage}" toolTip="拉框缩小"
click="zoomoutAction_clickHandler(event)"/>
        <mx:Image source="@Embed('assets/mapView/full.PNG')"
mouseDownEffect="{glowImage}" mouseUpEffect="{unglowImage}" toolTip="全图"
click="viewentire_clickHandler(event)" />
        <mx:Image source="@Embed('assets/mapView/pan.PNG')"
mouseDownEffect="{glowImage}" mouseUpEffect="{unglowImage}" toolTip="平移"
click="pan_clickHandler(event)" />
    </mx:ControlBar>
<!--专题图主面板-->
    <s:Panel id="theme" title="气象资讯专题图" fontFamily="宋体" fontSize="13" right="270"
top="35" backgroundColor="#454343" backgroundAlpha="0.48" width="169">
        <s:HGroup>
            <mx:ComboBox id="themeCombobox" dataProvider="{cards}" change="changeHandler(event)"
fontFamily=" 宋 体 "  fontSize="12"  width="167"      contentBackgroundColor="#ACABAB"
focusColor="#000000" selectionColor="#FFFFFF" buttonMode="true"/>
        </s:HGroup>
    </s:Panel>
<!--单值专题图设置面板-->
    <s:Panel id="titlwinThemeUnique" title=" 省 级 行 政 区 划 单 值 图 " fontFamily=" 宋体 "
fontSize="12"  right="5"  top="35"  backgroundColor="#454343"  backgroundAlpha="0.48"
width="248" visible="true">
        <s:VGroup gap="10" left="8" top="5" bottom="5" right="0">
            <s:HGroup width="234">
                <mx:Label text="制作专题图的图层: " width="118"/>
                <mx:Spacer width="2"/>
                <!--<mx:ComboBox id="layerForThemeUnique" dataProvider="{layersForTheme}"
change="onThemeLayerChange(event)" width="123"/>-->
                <mx:TextInput id="layerForThemeUnique" text="省级行政区划" width="96"
editable="false"/>
            </s:HGroup>
            <s:HGroup>
                <mx:Label text="专题变量: " width="100"/>
                <mx:Spacer width="3"/>
                <!--<mx:ComboBox  id="fieldForThemeUnique" dataProvider="行政区划代码"
width="140"/>-->
                <mx:TextInput id="fieldForThemeUnique" text="行政区划代码" width="113"
editable="false"/>
            </s:HGroup>
            <s:HGroup gap="10" width="238" height="100%" horizontalAlign="center">
                <mx:Button label="生成专题图" id="themeUnique"
click="themeUnique_clickHandler(event)"/>
                <mx:Button label="移除专题图" id="removeThemeUnique"
click="removeTheme()"/>
```

```
            </s:HGroup>
          </s:VGroup>
      </s:Panel>
      <!--标签专题图设置面板-->
      <s:Panel id="titlewinThemeLabel" title=" 天 气 预 报 矩 阵 标 签 图 " fontFamily=" 宋 体 "
fontSize="12" right="5" top="35" backgroundColor="#454343" backgroundAlpha="0.48"
visible="false" width="248">
          <s:VGroup gap="10" left="1" top="5" bottom="5" right="5">
            <s:HGroup gap="3">
                <mx:Label text="制作专题图的图层: " width="118"/>
                <mx:Spacer width="2"/>
                <mx:TextInput id="layerForThemeLabel" text=" 省 会 城 市 " width="108"
editable="false"/>
            </s:HGroup>
            <s:HGroup>
                <mx:Label text="专题变量: " width="100"/>
                <mx:Spacer width="3"/>
                <mx:TextInput id="fieldForThemeLabel" text="天气预报信息" width="119"
editable="false"/>
            </s:HGroup>
            <s:HGroup gap="10" width="100%" height="100%" horizontalAlign="center">
                <mx:Button label=" 生 成 专 题 图 " id="themeLabel" click="themeLabel_
clickHandler(event)"/>
                <mx:Button label="移除专题图" id="removeThemeLabel" click= "removeTheme()"/>
            </s:HGroup>
          </s:VGroup>
      </s:Panel>
      <!--范围分段专题图设置面板-->
      <s:Panel id="titiewinThemeRange" title=" 高 温 预 警 范 围 图 " fontFamily=" 宋 体 "
fontSize="12" right="5" top="35" backgroundColor="#454343" backgroundAlpha="0.48"
visible="false" width="247">
          <s:VGroup gap="10" left="8" top="5" bottom="5" right="7">
            <s:HGroup>
                <mx:Label text="制作专题图的图层: " width="118"/>
                <mx:Spacer width="2"/>
                <mx:TextInput id="layerForThemeRange" text="全国气温分布" width="96"
editable="false"/>
            </s:HGroup>
            <s:HGroup gap="8">
                <mx:Label text="专题变量: " width="100"/>
                <mx:Spacer width="3"/>
                <mx:TextInput id="fieldForThemeRange" text=" 气 温 " width="109"
editable="false"/>
            </s:HGroup>
            <s:HGroup gap="10" width="231" height="100%" horizontalAlign="center">
                <mx:Button label=" 生 成 专 题 图 " id="themeRange" click="themeRange_
clickHandler(event)" toolTip="themeRange"/>
                <mx:Button label="移除专题图" id="removeThemeRange" click= "removeTheme()"/>
            </s:HGroup>
          </s:VGroup>
      </s:Panel>
```

```
<!--点密度专题图设置面板-->
    <s:Panel id="titlewinThemeDotDensity" title="降水量密度图" fontFamily="宋体"
fontSize="12" right="5" top="35" backgroundColor="#454343" backgroundAlpha="0.48"
visible="false">
        <s:VGroup gap="10" left="5" top="5" bottom="5" right="5">
            <s:HGroup>
                <mx:Label text="制作专题图的图层：" width="118"/>
                <mx:Spacer width="2"/>
                <mx:TextInput id="layerForThemeDotDensity" text="全国降水量分布"
width="96" editable="false"/>
            </s:HGroup>
            <s:HGroup width="232">
                <mx:Label text="专题变量：" width="100"/>
                <mx:Spacer width="3"/>
                <mx:TextInput id="fieldForThemeDotDensity" text="降水量" width="113"
editable="false"/>
            </s:HGroup>
            <s:HGroup gap="10" width="100%" height="100%" horizontalAlign="center">
                <mx:Button label="生成专题图" id="themeDotDensity"
click="themeDotDensity_clickHandler(event)"/>
                <mx:Button label="移除专题图" id="removeThemeDotDensity"
click="removeTheme()"/>
            </s:HGroup>
        </s:VGroup>
    </s:Panel>
    <!--等级符号专题图设置面板-->
    <s:Panel id="titlewinThemeGraduatedSymbol" title="紫外线指数等级图" fontFamily="宋体"
fontSize="12" right="5" top="35" backgroundColor="#454343" backgroundAlpha="0.48"
visible="false" width="247" toolTip="连接外部表做专题图">
        <s:VGroup gap="10" left="5" top="5" bottom="5" right="5">
            <s:HGroup>
                <mx:Label text="制作专题图的图层：" width="118"/>
                <mx:Spacer width="2"/>
                <mx:TextInput id="layerForThemeGraduatedSymbol" text="省会城市"
width="96" editable="false"/>
            </s:HGroup>
            <s:HGroup>
                <mx:Label text="专题变量：" width="100"/>
                <mx:Spacer width="3"/>
                <mx:TextInput id="fieldForThemeGraduatedSymbol" text="紫外线指数"
width="113" editable="false"/>
            </s:HGroup>
            <s:HGroup gap="10" width="100%" height="100%" horizontalAlign="center">
                <mx:Button label="生成专题图" id="themeGraduatedSymbol"
click="themeGraduatedSymbol_clickHandler(event)"/>
                <mx:Button label="移除专题图" id="removeThemeGraduatedSymbol"
click="removeTheme()"/>
            </s:HGroup>
        </s:VGroup>
    </s:Panel>
    <!--统计专题图设置面板-->
```

```
        <s:Panel id="titlewinThemeGraph" title="空气污染物浓度统计图" fontFamily="宋体"
fontSize="12" right="5" top="35" backgroundColor="#454343" backgroundAlpha="0.48"
visible="false" toolTip="内存数据做专题图" width="257">
            <s:VGroup gap="10" left="5" top="5" bottom="5" right="0">
                <s:HGroup>
                    <s:Label text="制作专题图的图层: " width="118"/>
                    <mx:Spacer width="2"/>
                    <s:TextInput id="layerForThemeGraph" text="省会城市" width="112"
editable="false"/>
                </s:HGroup>
                <s:HGroup width="247">
                    <s:Label text="专题变量: " width="65"/>
                    <s:TextInput id="fieldForThemeGraph" text="二氧化硫、氮氧化物、悬浮颗粒物
" width="171" editable="false"/>
                </s:HGroup>
                <s:HGroup gap="10" width="100%" height="100%" horizontalAlign="center">
                    <s:Button label="生成专题图" id="themeGraph" click="themeGraph_
clickHandler(event)"/>
                    <s:Button label="移除专题图" id="removeThemeGraph"
click= "removeTheme()"/>
                </s:HGroup>
            </s:VGroup>
        </s:Panel>
        <!--关联外部表制作专题图设置面板-->
        <s:Panel id="titlewinThemeGraduatedSymbolJoin" title="关联外部表制作专题图"
fontFamily="宋体" fontSize="12" right="5" top="35" backgroundColor="#454343"
backgroundAlpha="0.48" visible="false" width="247" toolTip="连接外部表做专题图">
            <s:VGroup gap="10" left="5" top="5" bottom="5" right="5">
                <s:HGroup>
                    <mx:Label text="制作专题图的图层: " width="118"/>
                    <mx:Spacer width="2"/>
                    <mx:TextInput id="layerForThemeGraduatedSymbolJoin" text="省会城市"
width="96" editable="false"/>
                </s:HGroup>
                <s:HGroup>
                    <mx:Label text="连接外部表: " width="100"/>
                    <mx:Spacer width="3"/>
                    <mx:TextInput id="tableJoin" text="UVTable" width="113" editable="false"/>
                </s:HGroup>
                <s:HGroup gap="10" width="100%" height="100%" horizontalAlign="center">
                    <mx:Button label="生成专题图" id="themeGraduatedSymbolJoin"
click= "themeGraduatedSymbol_join_clickHandler(event)"/>
                    <mx:Button label="移除专题图" id="removeThemeGraduatedSymbolJoin"
click="removeTheme()"/>
                </s:HGroup>
            </s:VGroup>
        </s:Panel>
        <!--内存数据制作专题图设置面板-->
        <s:Panel id="titlewinThemeGraphRAM" title="内存数据制作专题图" fontFamily="宋体"
fontSize="12" right="5" top="35" backgroundColor="#454343" backgroundAlpha="0.48"
```

```
visible="false" width="247" toolTip="连接外部表做专题图">
        <s:VGroup gap="10" left="5" top="5" bottom="5" right="0">
            <s:HGroup>
                <s:Label text="制作专题图的图层: " width="118"/>
                <mx:Spacer width="2"/>
                <s:TextInput id="layerForThemeGraphJoin" text="省会城市" width="112"
editable="false"/>
            </s:HGroup>
            <s:HGroup width="247">
                <s:Label text="XML 数据: " width="65"/>
                <s:TextInput id="dataForThemeGraph" text="二氧化硫、氮氧化物、悬浮颗粒物"
width="171" editable="false"/>
            </s:HGroup>
            <s:HGroup gap="10" width="100%" height="100%" horizontalAlign="center">
                <!--<s:Button label="生成专题图" id="themeGraph" click="themeGraph_
RAMData_clickHandler(event)"/>-->
                <s:Button label="生成专题图" id="themeGraph_RAMData" click="themeGraph_
RAMData_clickHandler(event)"/>
                <s:Button label="移除专题图" id="removeThemeGraphRAM"
click="removeTheme()"/>
            </s:HGroup>
        </s:VGroup>
    </s:Panel>
</s:Application>
```

5.5 省级行政区划单值图

本节将实现对全国省级行政区划制作单值专题图。首先设置 ThemeParameters(专题图参数),
包括 ThemeUnique(单值专题图对象)及其子项 ThemeUniqueItem 等,然后通过
ThemeService.processAsync()向服务端提交制作单值专题图的请求,待服务端成功处理并返
回 ThemeResult(专题图结果)后对其进行解析,获得结果资源 ID,将其赋值于新创建的
TiledDynamicRESTLayer 或 DynamicRESTLayer 图层的 layersID 属性,再将此新图层加载
到 Map 地图控件中,就能够显示省级行政区划单值专题图。若想将该专题图移除,需先设
置 RemoveThemeParameters(移除专题图参数)的 id 属性,即要移除的专题图资源的 ID,然
后通过 RemoveThemeService.processAsync()向服务端提交移除该专题图的请求,待服务端
成功处理并返回 RemoveThemeResult(移除专题图结果)后,若 RemoveThemeResult.succeed
属性为 true,则从 Map 地图控件移除该专题图图层,从而将其成功删除。

5.5.1 代码实现

在"省级行政区划单值图"面板中"生成专题图"按钮的单击事件 themeUnique_clickHandler
(event)中添加如下代码,请求制作专题图。

```
private function themeUnique_clickHandler(event:MouseEvent):void
{
```

```
//定义单值专题图子项，填充为蓝色
var itemBlue:ThemeUniqueItem= new ThemeUniqueItem();
itemBlue.unique = "1";
var styleBlue:ServerStyle = new ServerStyle();
styleBlue.fillForeColor = new ServerColor(199, 207, 247);
styleBlue.lineWidth = 0.05;
itemBlue.style = styleBlue;
//定义单值专题图子项，填充为黄色
var itemYellow:ThemeUniqueItem= new ThemeUniqueItem();
itemYellow.unique = "2";
var styleYellow:ServerStyle = new ServerStyle();
styleYellow.fillForeColor = new ServerColor(247, 231, 197);
styleYellow.lineWidth = 0.05;
itemYellow.style = styleYellow;
//定义单值专题图子项，填充为橙色
var itemOrange:ThemeUniqueItem= new ThemeUniqueItem();
itemOrange.unique = "3";
var styleOrange:ServerStyle = new ServerStyle();
styleOrange.fillForeColor = new ServerColor(247, 209, 197);
styleOrange.lineWidth = 0.05;
itemOrange.style = styleOrange;
//定义单值专题图子项，填充为淡紫色
var itemLilac:ThemeUniqueItem= new ThemeUniqueItem();
itemLilac.unique = "4";
var styleLilac:ServerStyle = new ServerStyle();
styleLilac.fillForeColor = new ServerColor(237, 197, 247);
styleLilac.lineWidth = 0.05;
itemLilac.style = styleLilac;
//定义单值专题图对象
var themeUnique:ThemeUnique = new ThemeUnique();
themeUnique.uniqueExpression = "Code";
themeUnique.items = [itemBlue,itemLilac,itemOrange,itemYellow];
//定义获取专题图时所需参数
var themeParameters:ThemeParameters = new ThemeParameters();
themeParameters.themes = [themeUnique];
themeParameters.dataSourceName = "china400";
themeParameters.datasetName ="Provinces_R";
//获取专题图，其中 restMapUrl_China400 为 SuperMap iServer Java REST 地图服务地址
var  themeservice:ThemeService  =  new  ThemeService(this.restMapUrl_China400);
themeservice.processAsync(themeParameters,new
AsyncResponder(this.displayThemeResult, this.themeError, null));
}
```

在成功完成请求时的调用函数 displayThemeResult 中添加如下代码，获得结果资源 ID，并将其赋值给新图层显示专题图。

```
private function displayThemeResult(themeResult:ThemeResult, mark:Object):void
{    this.isTheme = true;
    // themeLayer 为新创建的 TiledDynamicRESTLayer 图层
    themeLayer = new TiledDynamicRESTLayer();
    //设置不使用服务端缓存，以便专题图数据及时更新
```

```
        themeLayer.enableServerCaching = false;
        themeLayer.url = this.restMapUrl_China400;
        //设置专题图图片背景透明
        themeLayer.transparent = true;
        // themeLayer.layersID 为结果资源 ID
        themeLayer.layersID = themeResult.resourceInfo.newResourceID;
        // 保存结果资源 ID 于 layerid 中
        layerid = themeResult.resourceInfo.newResourceID;
        this.map.addLayer(themeLayer);
}
```

在"移除专题图"按钮的单击事件 removeTheme()中添加如下代码，请求删除该专题图。

```
private function removeTheme():void
{
var themeRemove:RemoveThemeService = new RemoveThemeService(this.restMapUrl_China400);
    var themeRemoveParam:RemoveThemeParameters = new RemoveThemeParameters();
    themeRemoveParam.id = layerid; //layerid 为保存的结果资源 ID
    themeRemove.processAsync(themeRemoveParam,new     AsyncResponder(this.deleteTheme,
deleteThemeError, null));
}
```

在成功完成删除请求时的调用函数 deleteTheme 中添加如下代码，删除专题图。

```
private function deleteTheme(themeResult:RemoveThemeResult,mark:Object = null):void
{
    this.isTheme = false;
    if(themeResult.succeed = "true" && themeLayer)
    {
        this.map.removeLayer(themeLayer);
    }
}
```

📝**重要提示**　获取服务端返回的(删除)专题图结果有两种方式：一种是使用
AsyncResponder 类，一种是通过监听 ThemeEvent.PROCESS_COMPLETE
事件。本节采用的是第一种。另外要设置专题图图层
TiledDynamicRESTLayer 或 DynamicRESTLayer 的 enableServerCaching 属
性为 false(不使用服务端缓存)，便于数据及时更新。上述提示内容适用于
SuperMap iClient for Flex 的所有专题图类型。

📝**提示**　代码中只列出了主要部分，其他代码详见 5.4 节中界面设计及辅助代码。

5.5.2　运行效果

运行程序，在"气象资讯专题图"面板中选择"省级行政区划单值图"，单击其右侧面板
中的"生成专题图"按钮，运行效果如图 5-2 所示。

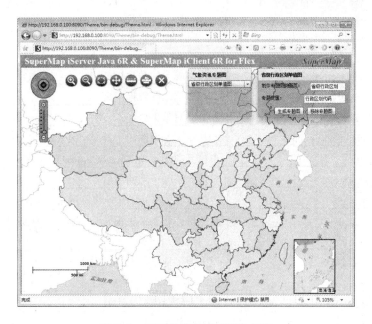

图 5-2　全国省级行政区划单值图

单击"移除专题图"按钮，运行效果如图 5-3 所示。

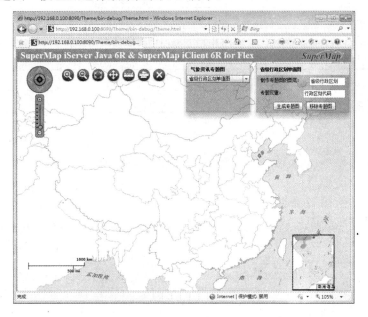

图 5-3　移除全国省级行政区划单值图

5.5.3　接口说明

本节所用接口如表 5-9 所示，前文已经说明的接口本节将不再赘述。

表5-9 接口说明

接 口	功 能
ThemeParameters.datasetName	制作专题图的数据集名称
ThemeParameters.dataSourceName	制作专题图的数据源名称
ThemeParameters.Themes	专题图对象集合，本节中为 ThemeUnique 数组
ThemeUnique. uniqueExpression	制作单值专题图的字段或字段表达式
ThemeUnique. items	单值专题图子项(ThemeUniqueItem)类数组
ThemeUniqueItem. unique	单值专题图子项的单值
ThemeUniqueItem. style	单值专题图子项的显示风格(ServerStyle)对象
ServerStyle.fillForeColor	填充颜色。当填充模式为渐变填充时为填充起始颜色，默认为红色
ThemeService.processAsync()	根据服务地址与服务端完成异步通信，提交制作专题图的请求
ThemeResult.ResourceInfo. newResourceID	获得专题图结果资源 ID
TiledDynamicRESTLayer.layersID	设置专题图资源 ID
TiledDynamicRESTLayer. transparent	指定图片背景透明
Map.addLayer()	添加专题图图层至地图控件中
RemoveThemeParameters. id	要移除的专题图资源的 ID
RemoveThemeService. processAsync()	根据服务地址与服务端完成异步通信，提交移除专题图的请求
RemoveThemeResult. succeed	删除专题图是否成功
Map.removeLayer()	从地图控件中移除专题图图层

5.6 天气预报矩阵标签图

本节将实现根据全国省会城市某天的天气预报信息制作矩阵标签专题图。首先设置 ThemeParameters(专题图参数)，包括 ThemeLabel(标签专题图对象)、LabelThemeCell 及 LabelImageCell(矩阵标签元素)、ThemeLabelText(标签文本风格)等，然后通过 ThemeService.processAsync()向服务端提交制作矩阵标签专题图的请求，之后的处理流程同单值专题图(详见 5.5 节)。

5.6.1 代码实现

在"天气预报矩阵标签图"面板中"生成专题图"按钮的单击事件 themeLabel_clickHandler (event)中添加如下代码，请求制作专题图。

```
private function themeLabel_clickHandler(event:MouseEvent):void
{
    //定义专题图类型的矩阵标签元素 themeLabel1
```

```
var themeLabel1:LabelThemeCell = new LabelThemeCell();
with(themeLabel1)
{
    themeLabel = new ThemeLabel();
    with(themeLabel)
    {
        labelEexpression = "name";
        text = new ThemeLabelText();
        with(text)
        {
            uniformStyle = new ServerTextStyle()
            with(uniformStyle)
            {
                fontName = "黑体";
                fontHeight = 5;
                fontWidth = 4.5;
                fontWeight = 150;
                sizeFixed = true;
                //前景色
                foreColor = new ServerColor(81, 89, 85);
            }
        }
    }
    type = LabelMatrixCellType.THEME;
};
//定义专题图类型的矩阵标签元素themeLabel2
var themeLabel2:LabelThemeCell = new LabelThemeCell();
with(themeLabel2)
{
    themeLabel = new ThemeLabel();
    with(themeLabel)
    {
        labelEexpression = "Weather";
        text = new ThemeLabelText();
        with(text)
        {
            uniformStyle = new ServerTextStyle()
            with(uniformStyle)
            {
                fontName = "黑体";
                fontHeight = 3.5;
                fontWidth = 2;
                fontWeight = 150;
                sizeFixed = true;
                //前景色
                foreColor = new ServerColor(81,89,85);
            }
        }
    }
    type = LabelMatrixCellType.THEME;
};
```

```
//定义专题图类型的矩阵标签元素 themeLabel3
var themeLabel3:LabelThemeCell = new LabelThemeCell();
with(themeLabel3)
{
    themeLabel = new ThemeLabel();
    with(themeLabel)
    {
        labelEexpression = "Temperature";
        text = new ThemeLabelText();
        with(text)
        {
            uniformStyle = new ServerTextStyle()
            with(uniformStyle)
            {
                fontName = "黑体";
                fontHeight = 3.5;
                fontWidth = 2;
                fontWeight = 150;
                sizeFixed = true;
                //前景色
                foreColor = new ServerColor(81,89,85);
            }
        }
    }
    type = LabelMatrixCellType.THEME;
};
//定义图片类型的矩阵标签元素 imageCell1
var imageCell1:LabelImageCell = new LabelImageCell();
with(imageCell1)
{
    sizeFixed = true;
    pathField = "Path_1";
    type = LabelMatrixCellType.IMAGE;
};
//定义图片类型的矩阵标签元素 imageCell2
var imageCell2:LabelImageCell = new LabelImageCell();
with(imageCell2)
{
    sizeFixed = true;
    pathField = "Path_2";
    type = LabelMatrixCellType.IMAGE;
};
//定义标签专题图对象 themeLabel
var themeLabel:ThemeLabel = new ThemeLabel();
themeLabel.matrixCells = [new Array(themeLabel1),new Array(imageCell1,imageCell2),
    new Array(themeLabel2),new Array(themeLabel3)];
themeLabel.background = new ThemeLabelBackground();
themeLabel.background.labelBackShape = LabelBackShape.RECT;
themeLabel.background.backStyle.fillSymbolID = 1;
themeLabel.background.backStyle.lineSymbolID = 5;
//定义获取专题图时所需参数 themeParamters
```

```
var themeParamters:ThemeParameters = new ThemeParameters();
with(themeParamters)
{
    datasetName = "Capital_P";
    dataSourceName = "china400";
    themes = [themeLabel];
}
//获取专题图
var themeService:ThemeService = new ThemeService(restMapUrl_China400);
themeService.processAsync(themeParamters, new AsyncResponder(displayThemeResult,
themeError, null));
}
```

在成功完成请求时的调用函数 displayThemeResult 中添加的代码同单值专题图，详见 5.5.1 节。

另外，移除专题图的代码也同单值专题图，详见 5.5.1 节。

📝**重要提示**　除本节所用 LabelThemeCell 和 LabelImageCell 两种矩阵标签元素外，还可用
LabelSymbolCell(符号类型)。在标签专题图中，可以统一对标签的显示风格
和位置进行设置，也可以通过分段的方式，对单个或每个分段内的标签的风
格单独进行设置，本节采用统一标签模式。

📝**提示**　代码中只列出了主要部分，其他代码详见 5.4 节中界面设计及辅助代码。

5.6.2　运行效果

运行程序，在"气象资讯专题图"面板中选择"天气预报矩阵标签图"，单击其右侧面板
中的"生成专题图"按钮，运行效果如图 5-4 所示。

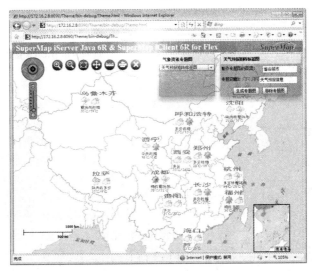

图 5-4　天气预报矩阵标签图

5.6.3 接口说明

本节所用主要接口如表5-10所示，前文已经说明的接口本节将不再赘述。

表5-10   接口说明

接　　口	功　　能
ThemeLabel.matrixCells	矩阵标签元素二维数组，数组中的每个对象即为一个矩阵标签元素
ThemeLabel.background	标签专题图中标签的背景显示样式(ThemeLabelBackground)
ThemeLabelBackground.labelBackShape	标签背景的形状，可以是矩形、圆角矩形、菱形、椭圆形、三角形和符号等
ThemeLabelBackground.backStyle	标签专题图中标签背景风格(ServerStyle)
ServerStyle.fillSymbolID	填充符号编码，即填充库中填充风格的 ID
ServerStyle.lineSymbolID	线状符号编码，即线型库中线型的 ID

5.7　高温预警范围图

本节将实现根据全国某天气温分布数据制作范围分段专题图。首先设置 ThemeParameters(专题图参数)，包括 ThemeRange(范围分段专题图对象)及其子项 ThemeRangeItem 等，然后通过 ThemeService.processAsync()向服务端提交制作范围分段专题图的请求，之后的处理流程同单值专题图(详见 5.5 节)。

5.7.1　代码实现

在"高温预警范围图"面板中"生成专题图"按钮的单击事件 themeRange_clickHandler(event)中添加如下代码，请求制作专题图。

```
function themeRange_clickHandler(event:MouseEvent):void
{
    //定义范围分段专题图子项 itemOrange
    var itemOrange:ThemeRangeItem = new ThemeRangeItem();
    itemOrange.start = 37;
    itemOrange.end = 12e+8;
    itemOrange.style = new ServerStyle();
    itemOrange.style.fillForeColor = new ServerColor(239, 120, 63);
    itemOrange.style.lineSymbolID = 5;
    //定义范围分段专题图子项 itemYellow
    var itemYellow:ThemeRangeItem = new ThemeRangeItem();
    itemYellow.start = 35;
```

```
        itemYellow.end = 37;
        itemYellow.style = new ServerStyle();
        itemYellow.style.fillForeColor = new ServerColor(237,182,107);
        itemYellow.style.lineSymbolID = 5;
        //定义范围分段专题图子项 itemBlue
        var itemBlue:ThemeRangeItem = new ThemeRangeItem();
        itemBlue.start = 30;
        itemBlue.end = 35;
        itemBlue.style = new ServerStyle();
        itemBlue.style.fillForeColor = new ServerColor(199,207,247);
        itemBlue.style.lineSymbolID = 5;
        //定义范围分段专题图子项 itemGreen
        var itemGreen:ThemeRangeItem = new ThemeRangeItem();
        itemGreen.start = 26;
        itemGreen.end = 30;
        itemGreen.style = new ServerStyle();
        itemGreen.style.fillForeColor = new ServerColor(197,247,235);
        itemGreen.style.lineSymbolID = 5;
        //定义范围分段专题图子项 itemWhite
        var itemWhite:ThemeRangeItem = new ThemeRangeItem();
        itemWhite.start = 0;
        itemWhite.end = 26;
        itemWhite.style = new ServerStyle();
        itemWhite.style.fillForeColor = new ServerColor(255,255,255);
        itemWhite.style.lineSymbolID = 5;
        //定义范围分段专题图对象 themeRange
        var themeRange:ThemeRange = new ThemeRange();
        themeRange.rangeExpression = "Temperature";
        themeRange.items = [itemWhite,itemGreen,itemBlue,itemYellow,itemOrange];
        //定义获取专题图时所需参数 themeParameters
        var themeParameters:ThemeParameters = new ThemeParameters();
        themeParameters.themes = [themeRange];
        themeParameters.datasetName = "Htemperature";
        themeParameters.dataSourceName = "china400";
        //获取专题图
        var themeService:ThemeService = new ThemeService(this.restMapUrl_China400);
        themeService.processAsync(themeParameters,new
AsyncResponder(this.displayThemeResult, this.themeError,"themeRange"));
}
```

在成功完成请求时的调用函数 displayThemeResult 中添加的代码同单值专题图,详见 5.5.1 节。

另外,移除专题图的代码也同单值专题图,详见 5.5.1 节。

重要提示　若设置了范围分段模式和分段数,则会自动计算每段的范围[start, end),故无需设置 ThemeRangeItem 的 start 和 end 属性;如果设置,结果会按设置的值对其进行分段。本节采用的是设置这两个属性。

提示　代码中只列出了主要部分,其他代码详见 5.4 节中界面设计及辅助代码。

5.7.2 运行效果

运行程序，在"气象资讯专题图"面板中选择"高温预警范围图"，单击其右侧面板中的"生成专题图"按钮，运行效果如图 5-5 所示。

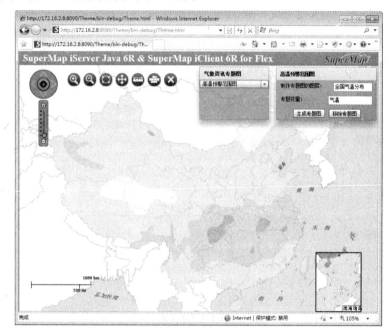

图 5-5 高温预警范围图

5.7.3 接口说明

本节所用主要接口如表 5-11 所示，前文已经说明的接口本节将不再赘述。

表 5-11 接口说明

接 口	功 能
ThemeRange.rangeExpression	制作范围分段专题图的字段或字段表达式，字段类型必须为数值型，字段表达式只能用于数值型的字段间的运算
ThemeRange.rangeMode	范围分段模式，包括等距离、平方根、标准差、对数、等计数分段法和自定义距离
ThemeRange.rangeParameter	分段参数，当分段模式为等距离、平方根、对数或等计数其中一种模式时，该参数用于设置分段个数；当分段模式为标准差时，该参数不起作用；当分段模式为自定义距离时，该参数用于设置自定义距离
ThemeRange.items	范围分段专题图子项(ThemeRangeItem)类数组

接 口	功 能
ThemeRangeItem.start ThemeRangeItem.end	范围分段专题图子项的起始值和终止值。若设置了范围分段模式和分段数，则自动计算每段的范围[start, end]，故无需设置[start, end]；如果设置，结果会按设置的值对分段结果进行调整
ThemeRangeItem.style	范围分段专题图子项的显示风格(ServerStyle)

5.8　降水量密度图

本节将实现根据全国某天降水量分布数据制作点密度专题图。首先设置 ThemeParameters(专题图参数)，包括 ThemeDotDensity(点密度专题图对象)、ServerStyle(符号显示样式)等，然后通过 ThemeService.processAsync()向服务端提交制作点密度专题图的请求，之后的处理流程同单值专题图(详见 5.5 节)。

5.8.1　代码实现

在"降水量密度图"面板中"生成专题图"按钮的单击事件 themeDotDensity_clickHandler(event)中添加如下代码，请求制作专题图。

```
function themeDotDensity_clickHandler(event:MouseEvent):void
{
    //定义点密度专题图对象 themeDotDensity
    var themeDotDensity:ThemeDotDensity = new ThemeDotDensity();
    themeDotDensity.dotExpression = "rainfall";
    themeDotDensity.value = 4.5;
    themeDotDensity.style = new ServerStyle();
    themeDotDensity.style.markerSize = 1.5;
    themeDotDensity.style.markerSymbolID = 0;
    themeDotDensity.style.lineColor = new ServerColor(149,238,151);
    //定义获取专题图所需参数 themeParamers
    var themeParamers:ThemeParameters = new ThemeParameters();
    themeParamers.themes = [themeDotDensity];
    themeParamers.dataSourceName = "china400";
    themeParamers.datasetName ="Rainfall";
    //获取专题图
    var themeservice:ThemeService = new ThemeService(this.restMapUrl_China400);
    themeservice.processAsync(themeParamers,new
AsyncResponder(this.displayThemeResult, themeError, null));
}
```

在成功完成请求时的调用函数 displayThemeResult 中添加的代码同单值专题图,详见 5.5.1 节。

另外，移除专题图的代码也同单值专题图，详见 5.5.1 节。

✎**重要提示** ThemeDotDensity 点密度专题图是 SuperMap 专题图中唯一仅支持面图层的专题图，其他任何图层均不能创建点密度专题图。其属性 value 是基准值，其单位同属性 dotExpression，该值大小要视具体数据而定，默认值为 200。

✎**提示** 代码中只列出了主要部分，其他代码详见 5.4 节中界面设计及辅助代码。

5.8.2 运行效果

运行程序，在"气象资讯专题图"面板中选择"降水量密度图"，单击其右侧面板中的"生成专题图"按钮，运行效果如图 5-6 所示。

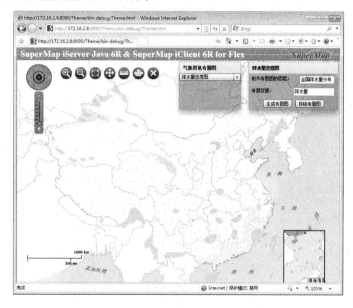

图 5-6　降水量密度图

5.8.3 接口说明

本节所用主要接口如表 5-12 所示，前文已经说明的接口本节将不再赘述。

表 5-12　接口说明

接　口	功　能
ThemeDotDensity.dotExpression	制作点密度专题图的字段或字段表达式，必须为数值型
ThemeDotDensity.value	专题图中每一个点所代表的数值，即基准值。单位同 dotExpression 属性，默认值为 200。点形状越大，点值就应该相应设置大一些
ThemeDotDensity.style	点密度专题图中用于渲染的符号显示样式(ServerStyle)

接　口	功　能
ServerStyle.markerSymbolID	设置点状符号的 ID，点状符号风格及其对应 ID 请使用 SuperMap Deskpro .NET 打开工作空间 China400.smwu 进行查看
ServerStyle.markerSize	设置点状符号的大小，单位为毫米，精度为 0.1，默认值为 1

5.9　紫外线指数等级图

本节将实现根据全国省会城市某天的紫外线指数制作等级符号专题图。首先设置 ThemeParameters(专题图参数)，包括 ThemeGraduatedSymbol(等级符号专题图对象)、 GraduatedMode(分级模式)和 ThemeGraduatedSymbolStyle(正负零值显示风格)等，然后通过 ThemeService.processAsync()向服务端提交制作等级符号专题图的请求，之后的处理流程同 单值专题图(详见 5.5 节)。

5.9.1　代码实现

在"紫外线指数等级图"面板中"生成专题图"按钮的单击事件 themeGraduatedSymbol_ clickHandler(event)中添加如下代码，请求制作专题图。

```
function themeGraduatedSymbol_clickHandler(event:MouseEvent):void
{
    //定义等级符号专题图对象 themeGraduatedSymbol
    var themeGraduatedSymbol:ThemeGraduatedSymbol = new ThemeGraduatedSymbol();
    themeGraduatedSymbol.expression = "UV";
    themeGraduatedSymbol.baseValue = 0.3;
    themeGraduatedSymbol.graduatedMode = GraduatedMode.CONSTANT;
    themeGraduatedSymbol.offset = new ThemeOffset();
    themeGraduatedSymbol.offset.offsetX = "-20";
    themeGraduatedSymbol.offset.offsetY = "-20";
    themeGraduatedSymbol.style = new ThemeGraduatedSymbolStyle();
    themeGraduatedSymbol.style.positiveStyle = new ServerStyle();
    themeGraduatedSymbol.style.positiveStyle.markerSize = 1.5;
    themeGraduatedSymbol.style.positiveStyle.markerSymbolID = 0;
    themeGraduatedSymbol.style.positiveStyle.lineColor = new ServerColor(255,165,0);
    //定义获取专题图所需参数 themeParameters
    var themeParameters:ThemeParameters = new ThemeParameters();
    themeParameters.themes = [themeGraduatedSymbol];
    themeParameters.dataSourceName = "china400";
    themeParameters.datasetName ="Capital_P";
    //获取专题图
    var themeservice:ThemeService = new ThemeService(this.restMapUrl_China400);
    themeservice.processAsync(themeParameters,new
AsyncResponder(this.displayThemeResult, themeError, null));
}
```

在成功完成请求时的调用函数 displayThemeResult 中添加的代码同单值专题图，详见 5.5.1 节。

另外，移除专题图的代码也同单值专题图，详见 5.5.1 节。

> **重要提示**　ThemeGraduatedSymbolStyle 可以设置正值、零值、负值对应的等级符号显示风格，本节所用数据均为正值。

> **提示**　代码中只列出了主要部分，其他代码详见 5.4 节中界面设计及辅助代码。

5.9.2　运行效果

运行程序，在"气象资讯专题图"面板中选择"紫外线指数等级图"，单击其右侧面板中的"生成专题图"按钮，运行效果如图 5-7 所示。

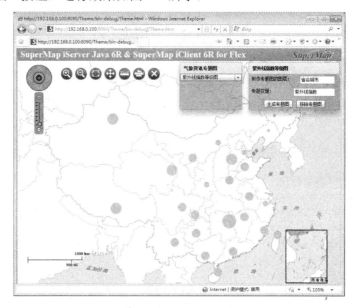

图 5-7　紫外线指数等级图

5.9.3　接口说明

本节所用主要接口如表 5-13 所示，前文已经说明的接口本节将不再赘述。

表 5-13　接口说明

接　口	功　能
ThemeGraduatedSymbol.expression	制作等级符号专题图的字段或字段表达式，必须为数值型
ThemeGraduatedSymbol.baseValue	等级符号专题图的基准值

续表

接　口	功　能
ThemeGraduatedSymbol.style	等级符号专题图中用于渲染的符号显示样式(ThemeGraduatedSymbolStyle)
ThemeGraduatedSymbolStyle.positiveStyle	正值的等级符号风格(ServerStyle)
ThemeGraduatedSymbolStyle.negativeStyle	负值的等级符号风格(ServerStyle)
ThemeGraduatedSymbolStyle.zeroStyle	零值的等级符号风格(ServerStyle)

5.10　空气污染物浓度统计图

本节将实现针对全国省会城市某天的空气污染浓度制作统计专题图。首先设置ThemeParameters(专题图参数)，包括 ThemeGraph(统计专题图)及其子项 ThemeGraphItem、ThemeGraphType(统计专题图类型)、ThemeGraphText(统计图文字标注风格)等，然后通过ThemeService.processAsync()向服务端提交制作统计专题图的请求，之后的处理流程同单值专题图(详见 5.5 节)。

5.10.1　代码实现

在"空气污染物浓度统计图"面板中"生成专题图"按钮的单击事件 themeGraph_clickHandler(event)中添加如下代码，请求制作专题图。

```
function themeGraph_clickHandler(event:MouseEvent):void
{
    //定义统计专题图子项 itemTSP、itemNOx、itemSO2
    var itemTSP:ThemeGraphItem = new ThemeGraphItem();
    itemTSP.caption = "悬浮颗粒物浓度";
    itemTSP.graphExpression = "TSP";
    var styleTSP:ServerStyle = new ServerStyle();
    styleTSP.fillForeColor = new ServerColor(255,192,203) ;
    styleTSP.lineSymbolID = 5;
    itemTSP.uniformStyle = styleTSP;
    //定义统计专题图子项 itemNOx
    var itemNOx:ThemeGraphItem = new ThemeGraphItem();
    itemNOx.caption = "氮氧化物浓度";
    itemNOx.graphExpression = "NOX";
    var styleNOx:ServerStyle = new ServerStyle();
    styleNOx.fillForeColor = new ServerColor(128,128,255);
    styleNOx.lineSymbolID = 5;
    itemNOx.uniformStyle = styleNOx;
    //定义统计专题图子项 itemSO2
    var itemSO2:ThemeGraphItem = new ThemeGraphItem();
    itemSO2.caption = "二氧化硫浓度";
```

```
itemSO2.graphExpression = "SO2";
var styleSO2:ServerStyle = new ServerStyle();
styleSO2.fillForeColor = new ServerColor(232,75,0);
styleSO2.lineSymbolID = 5;
itemSO2.uniformStyle = styleSO2;
//定义统计专题图对象 themeGraph
var themeGraph:ThemeGraph = new ThemeGraph();
themeGraph.items = [itemTSP,itemNOx,itemSO2];
themeGraph.barWidth = 0.4;
themeGraph.graduatedMode = GraduatedMode.CONSTANT;
themeGraph.graphText.graphTextDisplayed = true;
themeGraph.graphText.graphTextFormat = ThemeGraphTextFormat.VALUE;
themeGraph.graphText.graphTextStyle = new ServerTextStyle();
themeGraph.graphText.graphTextStyle.foreColor = new ServerColor(115,115,115);
themeGraph.graphText.graphTextStyle.fontName = "Times New Roman";
themeGraph.graphText.graphTextStyle.fontHeight =  8;
themeGraph.graphText.graphTextStyle.bold  = true;
themeGraph.graphType = ThemeGraphType.BAR3D;
//定义获取专题图时所需参数 themeParameters
var themeParameters:ThemeParameters = new ThemeParameters();
themeParameters.themes = [themeGraph];
themeParameters.dataSourceName = "china400";
themeParameters.datasetName ="Capital_P";
//获取专题图
var themeservice:ThemeService = new ThemeService(this.restMapUrl_China400);
themeservice.processAsync(themeParameters,new
AsyncResponder(this.displayThemeResult,themeError,null));
}
```

在成功完成请求时的调用函数 displayThemeResult 中添加的代码同单值专题图，详见 5.5.1 节。

另外，移除专题图的代码也同单值专题图，详见 5.5.1 节。

📝**重要提示**　themeGraph.graphType 统计图类型除本节所用三维柱状图外，还包括(三维)饼图、折线图、(三维)玫瑰图、环状图等。另外，可通过设置符号尺寸、坐标轴样式等风格对统计图进行修饰。

📝**提示**　代码中只列出了主要部分，其他代码详见 5.4 节中界面设计及辅助代码。

5.10.2　运行效果

运行程序，在"气象资讯专题图"面板中选择"空气污染物浓度统计图"，单击其右侧面板中的"生成专题图"按钮，运行效果如图 5-8 所示。

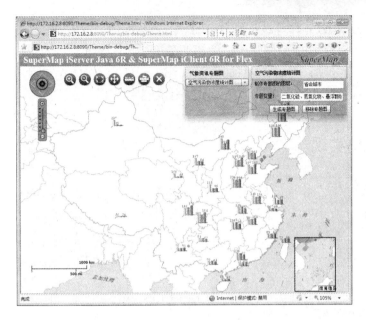

图 5-8 空气污染物浓度统计图

5.10.3 接口说明

本节所用主要接口如表 5-14 所示，前文已经说明的接口本节将不再赘述。

表 5-14 接口说明

接　口	功　能
ThemeGraph.graduatedMode	专题图分级模式 GraduatedMode，包括常数、对数和平方根
ThemeGraph.barWidth	柱状专题图中每一个柱的宽度，使用地图坐标单位，默认为 0
themeGraph.graphType	统计专题图类型
ThemeGraph.items	统计专题图子项(ThemeGraphItem)集合
ThemeGraphItem.graphExpression	设置统计专题图的专题变量，可以是一个字段或字段表达式
ThemeGraphItem.uniformStyle	设置统计专题图子项的显示风格(ServerStyle)
ThemeGraph.graphText	设置统计图上的文字是否可见、文本类型、文本显示风格的 ThemeGraphText 对象
ThemeGraphText.graphTextFormat	设置统计专题图文本显示格式(ThemeGraphTextFormat)
ThemeGraphText.graphTextStyle	设置统计图上的文字标注风格(ServerTextStyle)

5.11 关联外部表制作专题图

通常，用于制作专题图的数据都是 SuperMap 几何数据集的属性信息，例如 5.10 节中 ThemeGraduatedSymbol.expression 设置了数据集 Capital_P 的字段名 UV，即使用 UV 字段值所表示的紫外线指数制作等级符号专题图。若该数据作为业务信息专门存放在自创建的业务表(无空间几何信息)中，则需通过关联业务表获得该数据。在本示例中，将紫外线指数的数据存储在纯属性表 UVTable 中，该属性表保存在配套光盘\示范数据\China400\China400.smwu 的数据源 China400 中。

5.11.1　代码实现

在"关联外部表制作专题图"面板中"生成专题图"按钮的单击事件 themeGraduatedSymbol_join_clickHandler(event)中添加如下代码，请求制作专题图。

```
function themeGraduatedSymbol_join_clickHandler(event:MouseEvent):void
{
    //定义连接信息对象 joinItem
    var joinItem:JoinItem = new JoinItem();
    //Oracle自创建业务表名(无空间几何信息)
    joinItem.foreignTableName = "UVTable";
    //连接表达式,smid 和 id 为两表的连接字段
    joinItem.joinFilter = "Capital_P.smid = UVTable.id";
    //连接类型为内连接
    joinItem.joinType = "INNERJOIN";
    //定义等级符号专题图对象 themeGraduatedSymbol
    var themeGraduatedSymbol:ThemeGraduatedSymbol = new ThemeGraduatedSymbol();
    themeGraduatedSymbol.expression = " UVTable.UV";
    themeGraduatedSymbol.baseValue = 0.3;
    themeGraduatedSymbol.graduatedMode = GraduatedMode.CONSTANT;
    themeGraduatedSymbol.style = new ThemeGraduatedSymbolStyle();
    themeGraduatedSymbol.style.positiveStyle = new ServerStyle();
    themeGraduatedSymbol.style.positiveStyle.markerSize = 1.5;
    themeGraduatedSymbol.style.positiveStyle.markerSymbolID = 0;
    themeGraduatedSymbol.style.positiveStyle.lineColor = new ServerColor(255,165,0);
    //定义获取专题图所需参数 themeParameters
    var themeParameters:ThemeParameters = new ThemeParameters();
    themeParameters.themes = [themeGraduatedSymbol];
    //外部表连接信息
    themeParameters.joinItems = [[joinItem]];
    themeParameters.dataSourceName = "china400";
    themeParameters.datasetName ="Capital_P";
    //获取专题图
    var themeservice:ThemeService = new ThemeService(this.restMapUrl_China400);
    themeservice.processAsync(themeParameters,new
AsyncResponder(this.displayThemeResult, themeError, null));
}
```

在成功完成请求时的调用函数 displayThemeResult 中添加的代码同单值专题图，详见 5.5.1 节。

重要提示　a. ThemeParameters.joinItems 为二维数组，原因是通过 ThemeParameters.themes 可以设置多个专题图对象，而一个专题图对象如 ThemeGraduatedSymbol 可同时关联多张外部表。

　　　　　　b. JoinItem.joinType 连接类型包括左连接和内连接，本节采用的是内连接。

　　　　　　c. 关联外部表制作专题图适用于 SuperMap iServer Java 提供的所有专题图。

提示　代码中只列出了主要部分，其他代码详见 5.4 节中界面设计及辅助代码。

5.11.2　运行效果

运行程序，在"气象资讯专题图"面板中选择"关联外部表制作专题图"，单击其右侧面板中的"生成专题图"按钮，运行效果如图 5-9 所示。

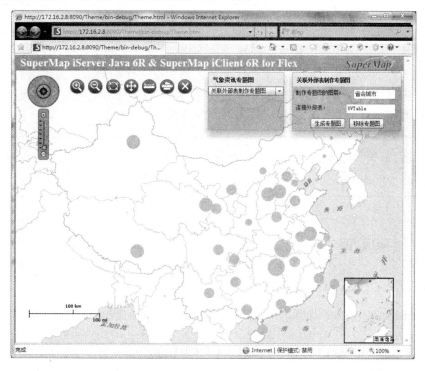

图 5-9　关联外部表制作专题图

5.11.3　接口说明

本节所用主要接口如表 5-15 所示，前文已经说明的接口本节将不再赘述。

表 5-15 接口说明

接 口	功 能
ThemeParameters. joinItems	外部表的连接信息(JoinItem)数组，二维数组
JoinItem.foreignTableName	外部表的名称
JoinItem. joinFilter	设置矢量数据集与外部表之间的连接表达式
JoinItem. joinType	两个表之间的连接类型(JoinType)
JoinType.INNER_JOIN	内连接，只有两个表中都有相关的记录才加入查询结果集
JoinType.LEFT_JOIN	左连接，左边表中所有相关记录进入查询结果集，右边表中无相关的记录字段显示为空

5.12　内存数据制作专题图

用于制作专题图的数据一般除 SuperMap 工作空间中的属性信息和外部业务表外，还可能是第三方数据，如经多次查询和复杂计算的复合信息、XML 文件之类，这种情况可以利用内存数据制作专题图。内存数据是从存储介质角度相对文件和数据库型数据而言的，其本质无异于一般属性数据。本节将以 5.10 节的功能为例，将空气污染物数据来源更换为 XML 文件，实现使用内存数据制作空气污染物浓度统计图。

 本节所用 XML 文件为配套光盘\示范程序\第 5 章\XMLData\ airpollutantcon.xml。

5.12.1　代码实现

使用 HTTPService 请求获取 XML 文件。

```
<s:HTTPService id="getXML" url="../XMLData/ airpollutantcon.xml "
                resultFormat="e4x" result="getXML_resultHandler(event)"
                fault="getXML_faultHandler(event)" />
```

在 Application 组件的 createComplete 事件中分派执行 HTTPService 请求。

```
Protected function application1_creationCompleteHandler(event:FlexEvent):void
{
    getXML.send();//发送 HTTPService 请求
}
```

在成功请求后的分派事件中解析 XML 文件，获取所需内存数据，此处也为内存数组。

```
function getXML_resultHandler(event:ResultEvent):void
{
```

```
    if(event.result is XML)
    {
        //解析 XML 文件
        var xml:XML= XML(event.result);
        //对象 id 键数组
        idKeys = (xml.ids.value as XMLList).toString().split(",");
        //NOX(氮氧化物)值数组
        NOXValues = (xml.NOX.value as XMLList).toString().split(",");
        //TSP(悬浮颗粒物)值数组
        TSPValues = (xml.TSP.value as XMLList).toString().split(",");
        //SO2(二氧化硫)值数组
        SO2Values = (xml.SO2.value as XMLList).toString().split(",");
    }else
    {
        Alert.show("请检查文件格式是否为 XML");
    }
}
```

在"内存数据制作专题图"面板中"生成专题图"按钮的单击事件 themeGraph_RAMData_clickHandler(event)中添加如下代码,请求制作专题图。

```
function themeGraph_RAMData_clickHandler(event:MouseEvent):void
{
    //定义统计专题图子项 itemTSP
    var itemTSP:ThemeGraphItem = new ThemeGraphItem();
    itemTSP.caption = "悬浮颗粒物浓度";
    //制作内存数据专题图时的值数组
    itemTSP.memoryDoubleValues = TSPValues;
    var styleTSP:ServerStyle = new ServerStyle();
    styleTSP.fillForeColor = new ServerColor(190,227,241);
    styleTSP.lineSymbolID = 5;
    itemTSP.uniformStyle = styleTSP;
    //定义统计专题图子项 itemNOx
    var itemNOx:ThemeGraphItem = new ThemeGraphItem();
    itemNOx.caption = "氮氧化物浓度";
    //制作内存数据专题图时的值数组
    itemNOx.memoryDoubleValues = NOXValues;
    var styleNOx:ServerStyle = new ServerStyle();
    styleNOx.fillForeColor = new ServerColor(214,195,156);
    styleNOx.lineSymbolID = 5;
    itemNOx.uniformStyle = styleNOx;
    //定义统计专题图子项 itemSO2
    var itemSO2:ThemeGraphItem = new ThemeGraphItem();
    itemSO2.caption = "二氧化硫浓度";
    //制作内存数据专题图时的值数组
    itemSO2.memoryDoubleValues = SO2Values;
    var styleSO2:ServerStyle = new ServerStyle();
    styleSO2.fillForeColor = new ServerColor(250,184,241);
    styleSO2.lineSymbolID = 5;
    itemSO2.uniformStyle = styleSO2;
```

```
//定义统计专题图 themeGraph
var themeGraph:ThemeGraph = new ThemeGraph();
themeGraph.items = [itemTSP,itemNOx,itemSO2];
//内存数据制作专题图时的键数组
themeGraph.memoryKeys = idKeys;
themeGraph.barWidth = 0.4;
themeGraph.graduatedMode = GraduatedMode.CONSTANT;
themeGraph.graphText.graphTextDisplayed = true;
themeGraph.graphText.graphTextFormat = ThemeGraphTextFormat.VALUE;
themeGraph.graphText.graphTextStyle = new ServerTextStyle();
themeGraph.graphText.graphTextStyle.foreColor = new ServerColor(115,115,115);
themeGraph.graphText.graphTextStyle.fontName = "Times New Roman";
themeGraph.graphText.graphTextStyle.fontHeight =  8;
themeGraph.graphText.graphTextStyle.bold  = true;
themeGraph.graphType = ThemeGraphType.BAR3D;
//定义获取专题图时所需参数 themeParameters
var themeParameters:ThemeParameters = new ThemeParameters();
themeParameters.themes = [themeGraph];
themeParameters.dataSourceName = "china400";
themeParameters.datasetName ="Capital_P";
//获取专题图
var themeservice:ThemeService = new ThemeService(this.restMapUrl_China400);
themeservice.processAsync(themeParameters,new
    AsyncResponder(this.displayThemeResult,themeError,null));
}
```

在成功完成请求时的调用函数 displayThemeResult 中添加的代码同单值专题图，详见 5.5.1 节。

另外，移除专题图的代码也同单值专题图，详见 5.5.1 节。

📝**重要提示**　ThemeGraph.memoryKeys 键列表内的数值代表 SmID 值，与 ThemeGraphItem
类中的值列表即 ThemeGraphItem.memoryDoubleValues 要关联起来应用，键
列表中数值的个数必须要与值列表的数值个数一致，值列表中的值将代替原
来的专题值来制作统计专题图。

📝**提示**　代码中只列出了主要部分，其他代码详见 5.4 节中界面设计及辅助代码。

5.12.2　运行效果

运行程序，在"气象资讯专题图"面板中选择"内存数据制作专题图"，单击其右侧面板
中的"生成专题图"按钮，运行效果如图 5-10 所示。

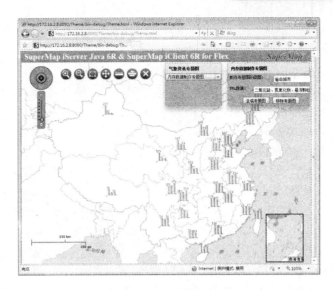

图 5-10　内存数据制作专题图

5.12.3　接口说明

本节所用主要接口如表 5-16 所示，前文已经说明的接口本节将不再赘述。

表 5-16　接口说明

接　口	功　能
ThemeGraph.memoryKeys	制作统计图的对象 ID 数组，默认为空，表示对指定数据集中的所有对象制作统计图表。若该属性不为空，则只针对数组中指定的对象制作统计图表
ThemeGraphItem.memoryDoubleValues	制作专题图时的值数组，若 ThemeGraph.memoryKeys 属性不为空，则 memoryDoubleValues 数组中所存储的值与 ThemeGraph.memoryKeys 是一一对应的

5.13　快速参考

目　标	内　容
省级行政区划单值图	根据行政区编码来渲染全国省级行政区对象的显示风格。首先设置 ThemeParameters(专题图参数)，包括 ThemeUnique(单值专题图对象)及其子项 ThemeUniqueItem 等，然后通过 ThemeService.processAsync()向服务端提交制作单值专题图的请求，待服务端成功处理并返回 ThemeResult(专题图结果)后对其进行解析，获得结果资源 ID，将其赋值于新创建的 TiledDynamicRESTLayer 或 DynamicRESTLayer 图层的 layersID 属性，再将此新图层加载到 Map 地图控件中，则显示省级行政区划单值专题图

目　标	内　容
天气预报矩阵标签图	在地图上用省会名称和天气情况针对各省会对象制作矩阵标签专题图。首先设置 ThemeParameters(专题图参数),包括 ThemeLabel(标签专题图对象)、LabelThemeCell 及 LabelImageCell(矩阵标签元素)、ThemeLabelText(标签文本风格)等,然后通过 ThemeService.processAsync()向服务端提交制作矩阵标签专题图的请求,之后的处理流程同省级行政区划单值图
高温预警范围图	对全国气温分布进行分段后不同区间用颜色差异来进行渲染,从而对高温地区发出预警信号。 首先设置 ThemeParameters(专题图参数),包括 ThemeRange(范围分段专题图对象)及其子项 ThemeRangeItem 等,然后通过 ThemeService.processAsync()向服务端提交制作范围分段专题图的请求,之后的处理流程同省级行政区划单值图
降水量密度图	用点的密集程度来表示全国范围内的降水量情况。首先设置 ThemeParameters(专题图参数),包括 ThemeDotDensity(点密度专题图对象)、ServerStyle(符号显示样式)等,然后通过 ThemeService.processAsync()向服务端提交制作点密度专题图的请求,之后的处理流程同省级行政区划单值图
紫外线指数等级图	用符号的大小来表示全国省会城市紫外线强弱。首先设置 ThemeParameters(专题图参数),包括 ThemeGraduatedSymbol(等级符号专题图对象)、GraduatedMode(分级模式)、ThemeGraduatedSymbolStyle(正负零值显示风格)等,然后通过 ThemeService.processAsync()向服务端提交制作等级符号专题图的请求,之后的处理流程同省级行政区划单值图
空气污染物浓度统计图	对省会城市主要污染物浓度进行统计对比。首先设置 ThemeParameters(专题图参数),包括 ThemeGraph(统计专题图)及其子项 ThemeGraphItem、ThemeGraphType(统计专题图类型)、ThemeGraphText(统计图文字标注风格)等,然后通过 ThemeService.processAsync()向服务端提交制作统计专题图的请求,之后的处理流程同省级行政区划单值图
关联外部表制作专题图	使用外部表数据制作等级符号专题图。步骤同 5.9 节,但与其不同的是用于制作专题图的数据是纯属性表,通过连接信息类 JoinItem 设置关联信息
内存数据制作专题图	使用内存数组制作统计专题图。步骤同 5.10 节,但与其不同的是用于制作专题图的数据通过读取 XML 文件获得

5.14　本 章 小 结

本章主要讲述了如何使用 SuperMap iClient for Flex 提供的专题图接口获取 SuperMap iServer Java REST 地图服务,针对案例需求制作不同类型的专题图,包括单值、标签、范围分段、点密度、等级符号、统计以及与普通数据来源不同的外部表和内存数据方式的专题图。通过案例分析与实现阐述了各种专题图功能的主要接口和开发思路。

练习题 通过 SuperMap iServer Java 服务管理器创建 REST 地图服务(可使用示范工作空间数据或自己的数据),实现关联外部表制作统计专题图的功能。

第6章 空间分析

空间分析是地理信息系统的重要组成部分，包括缓冲区分析、叠加分析、表面分析等功能。

缓冲区分析是在基本空间要素周围建立具有一定宽度的邻近区域，如确定街道拓宽的范围、放射源影响的范围等。

叠加分析是通过对空间数据的加工或分析，提取需要的新的空间几何信息，同时还可以对数据的各种属性信息进行处理，如用于分析土地使用性质变化、地块轮廓变化、地籍权属关系变化等。

通过对数据进行表面分析，能够挖掘原始数据所包含的信息，使某些细节明显化，易于分析，主要包括等值线和等值面的提取等。分析的数据内容一般为高程、温度、降水、污染或大气压力等。

本章通过模拟实际应用案例并对其进行分析，讲解不同空间分析功能的开发，同时对 SuperMap iClient for Flex 相关接口进行说明。

本章主要内容：
- 缓冲区分析的实现过程及主要接口
- 叠加分析的实现过程及主要接口
- 表面分析的实现过程及主要接口

6.1 案例说明

在社会生产生活中，经常会遇到一些分析决策问题：例如在进行道路修建时，需要直观看到道路拓宽的范围，以便修建工作顺利进行；再如，采集了全国地形数据，但只想了解某一行政区内的地形分布情况，便于对该区内的农、林业发展做出规划；此外，希望通过全国平均气温采样点来判断某区域气温变化，包括温差大小、受纬度或海洋等的影响情况，还可推断该区域属哪种地形，如盆地或山地等，从而对社会生产生活起到一定的指导作用。

6.2 数据准备

本章采用全国 1∶400 万地图数据作为演示数据，与第 5 章所用数据一致，详见 5.2 节，但除表 5-1 中所列数据外，本章重点使用公路、地形分布、气温分布等数据，具体说明如表 6-1 所示。

表 6-1　数据说明

数据名称	数据内容	数据类型
Road_L	全国主要公路	线
LandForm	全国地形，以海拔数据为参考	面
Tmp	全国气温，以日均温度为参考	点
clipRegion	全国各省合并面，用于对等温线结果做裁剪	面

提示　本章所用数据仅供演示、学习使用。

本章所要实现的空间分析功能需要获取 SuperMap iServer Java GIS 服务器提供的 REST 空间分析服务，因此，需要先将 China400.smwu 工作空间发布为 REST 空间分析服务，发布方法请参考第 2 章。本章示例通过获取 REST 地图服务进行地图的显示，因此可以直接使用第 5 章中创建的该套数据的 REST 地图服务。

本章所有示例程序的代码位于配套光盘\示范程序\第 6 章中，在创建了 REST 空间分析服务后，请先将 SpatialAnalyst.mxml 代码中第 33、35 行的地图服务和空间分析服务地址进行替换，即替换如下代码：

```
private var restMapUrl_chinaLandForm:String = "http://localhost:8090/
iserver/services/map-China400/rest/maps/全国行政区划图";

private var spatialAnalystUrl:String = "http://localhost:8090/
iserver/services/spatialAnalysis-China400/restjsr/spatialanalyst";
```

6.3　案例分析

对本章案例进行需求分析，所涉及的决策问题可通过对相关数据做空间分析得以解决，分析结果可以直观在地图上进行展现，从而提供辅助决策。

(1)　确定道路拓宽范围可以通过对道路做缓冲区分析来实现。详见 6.5 节。

(2)　某行政区的地形分布可以通过叠加分析来实现，用此行政区域对全国地形数据做裁剪后可得到该区的地形分布。详见 6.6 节。

(3)　根据气温采样点来分析与其相关的指标可以通过表面分析中的提取等值线即等温线来实现。详见 6.7 节。

SuperMap iClient for Flex 提供了对接 SuperMap iServer Java 空间分析 REST 服务的接口，包括缓冲区分析、叠加分析、表面分析等。主要类分别如表 6-2、表 6-3、表 6-4 和表 6-5 所示。

表 6-2　缓冲区分析通用参数类

主 要 类	功能描述
BufferSetting	缓冲区分析通用参数设置类，包括左缓冲距离、右缓冲距离、端点类型、圆头缓冲圆弧处线段的个数
BufferDistance	缓冲区分析的缓冲距离类，距离可以是数值，也可以是数值型的字段表达式
BufferEndType	缓冲区端点枚举类型，分为圆头缓冲和平头缓冲

表 6-3　缓冲区分析类

主 要 类	功能描述
DatasetBufferAnalystService	数据集缓冲区分析服务类，对数据集中符合条件的要素做缓冲区分析
DatasetBufferAnalystParameters	数据集缓冲区分析参数类，指定要做缓冲区分析的数据集、过滤条件等参数
DatasetBufferAnalystResult	数据集缓冲区分析服务结果数据类，包含了缓冲区分析的结果记录集
GeometryBufferAnalystService	几何对象缓冲区分析服务类，对指定的某个几何对象做缓冲区分析
GeometryBufferAnalystParameters	几何对象缓冲区分析参数类，指定要做缓冲区分析的几何对象、缓冲区参数等
GeometryBufferAnalystResult	几何对象缓冲区分析服务结果数据类，包含了缓冲区分析的结果几何对象

表 6-4　叠加分析类

主 要 类	功能描述
DatasetOverlayAnalystService	数据集叠加分析服务类，通过对两个数据集或两个几何对象进行的一系列集合运算，产生新数据集或几何对象
DatasetOverlayAnalystParameters	数据集叠加分析参数类，指定源数据集、叠加数据集和结果数据集的字段选择等
DatasetOverlayAnalystResult	数据集叠加分析服务结果数据类，包含了数据集叠加分析的结果记录集
OverlayOperationType	叠加操作枚举类型，提供了叠加分析的运作方式，如裁剪、擦除、同一、合并等

表 6-5　表面分析类

主 要 类	功能描述
SurfaceAnalystService	表面分析服务类，指通过对数据集或几何对象进行分析，从中挖掘原始数据所包含的隐藏信息，如等值线、等值面
SurfaceAnalystParameters	表面分析参数类，设置提取等值线/面的提取方法及中间结果的分辨率等

续表

主 要 类	功能描述
SurfaceAnalystParametersSetting	表面分析参数设置类，包括提取等值线/面的基准值、等值距、光滑度、光滑方法等
SurfaceAnalystResult	表面分析服务结果数据类，包含了等值线/面提取的结果记录集
SurfaceAnalystMethod	表面分析类型枚举类，包括等值线、等值面提取两种
SmoothMethod	光滑方法枚举类，包括 B 样条法和磨角法

6.4　界　面　设　计

采用 Adobe Flash Builder 4 进行界面设计和功能开发，交互界面如图 6-1 所示。该界面布局同 4.4 节所述类似，此处不再赘述。其中"空间分析"面板中包含 ComboBox(组合框)，点击不同分析子项时，其右侧面板会出现相应功能选项，实现案例中的空间分析功能。

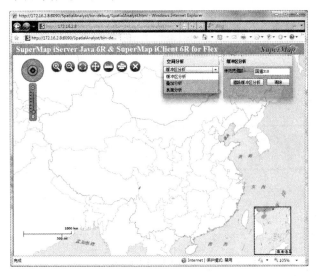

图 6-1　空间分析界面

界面设计及辅助代码如下：

```
<?xml version="1.0" encoding="utf-8"?>
<s:Application xmlns:fx="http://ns.adobe.com/mxml/2009"
               xmlns:s="library://ns.adobe.com/flex/spark"
               xmlns:mx="library://ns.adobe.com/flex/mx"
               xmlns:iClient="http://www.supermap.com/iclient/2010"
               xmlns:iServer6R="http://www.supermap.com/iserverjava/2010"
               width="100%" height="100%">
    <fx:Declarations>
        <!-- 点击按钮时的发光效果-->
        <mx:Glow  id="unglowImage"  duration="1000"  alphaFrom="0.3"  alphaTo="1.0"
blurXFrom="50.0" blurXTo="0.0" blurYFrom="50.0" blurYTo="0.0" color="0xff0000"/>
        <mx:Glow    id="glowImage"    duration="1000"    alphaFrom="1.0"    alphaTo="0.3"
```

```
blurXFrom="0.0" blurXTo="50.0" blurYFrom="0.0" blurYTo="50.0" color="0x990000"/>
    </fx:Declarations>
    <fx:Script>
        <![CDATA[
            //需要使用的命名空间
            import com.supermap.web.actions.*;
            import com.supermap.web.components.FeatureDataGrid;
            import com.supermap.web.core.Feature;
            import com.supermap.web.core.Point2D;
            import com.supermap.web.core.geometry.*;
            import com.supermap.web.core.styles.*;
            import com.supermap.web.events.DrawEvent;
            import com.supermap.web.iServerJava6R.FilterParameter;
            import com.supermap.web.iServerJava6R.Recordset;
            import com.supermap.web.iServerJava6R.measureServices.*;
            import com.supermap.web.iServerJava6R.queryServices.*;
            import com.supermap.web.iServerJava6R.spatialAnalystServices.*;
            import mx.collections.ArrayCollection;
            import mx.controls.Alert;
            import mx.events.CloseEvent;
            import mx.rpc.AsyncResponder;
            //REST 地图服务地址
            private var restMapUrl_chinaLandForm:String  =  "http://localhost:8090/
iserver/services/map-China400/rest/maps/全国行政区划图";
            //空间分析 REST 服务地址
            private var spatialAnalystUrl:String = "http://localhost:8090/iserver/
services/spatialAnalysis-China400/restjsr/spatialanalyst";
            [Bindable]
            private var geoRegion:GeoRegion;
            public var cards:ArrayCollection = new ArrayCollection(
                [   {label:"缓冲区分析", data:1},
                    {label:"叠加分析", data:2},
                    {label:"表面分析", data:3}]
            );
            //空间分析主面板菜单改变事件
            function changeHandler(event:Event):void
            {
                featuresLayer.clear();
                if(ComboBox(event.target).selectedItem.label == "缓冲区分析")
                {
                    titlewinBufferAnalyst.visible = true;
                    titlewinOverlayAnalyst.visible = false;
                    titiewinSurfaceAnalyst.visible = false;
                }else if(ComboBox(event.target).selectedItem.label == "叠加分析")
                {
                    titlewinBufferAnalyst.visible = false;
                    titlewinOverlayAnalyst.visible = true;
                    titiewinSurfaceAnalyst.visible = false;

                }else if(ComboBox(event.target).selectedItem.label == "表面分析")
                {
```

```
                        titlewinBufferAnalyst.visible = false;
                        titlewinOverlayAnalyst.visible = false;
                        titiewinSurfaceAnalyst.visible = true;
                    }
                }
                //拉框放大
                protected function zoominAction_clickHandler(event:MouseEvent):void
                {
                    var zoominAction:ZoomIn = new ZoomIn(map);
                    map.action = zoominAction ;
                }
                //拉框缩小
                protected function zoomoutAction_clickHandler(event:MouseEvent):void
                {
                    var zoomoutAction:ZoomOut = new ZoomOut(map);
                    map.action = zoomoutAction ;
                }
                //全图显示
                protected function viewentire_clickHandler(event:MouseEvent):void
                {
                    map.viewEntire();
                }
                //平移
                protected function pan_clickHandler(event:MouseEvent):void
                {
                    var pan:Pan = new Pan(map);
                    map.action = pan;
                }
            ]]>
        </fx:Script>
<!--添加地图及辅助控件-->
        <s:Panel fontFamily="Times New Roman" width="100%" height="100%" fontSize="24"
title="SuperMap iServer Java 6R &amp; SuperMap iClient 6R for Flex" chromeColor="#696767"
color="#FAF6F6">
            <iClient:Map id="map" scales=
"{[1/20300000,1/10150000,1/5075000,1/2537500,1/1268750,1/634375,1/317187]}" >
                <iServer6R:TiledDynamicRESTLayer url="{this.restMapUrl_chinaLandForm}"/>
                    <iClient:FeaturesLayer id="featuresLayer" />
            </iClient:Map>
            <iClient:Compass id="compass" map="{this.map}" left="25" top="11"/>
            <iClient:ZoomSlider id="zoomslider" map="{this.map}" left="45" top="83" />
            <iClient:ScaleBar id="scalebar" map="{this.map}" left="30" bottom="45"/>
        </s:Panel>
        <!--SuperMap Logo 图片-->
        <mx:Image id="logo" source = "@Embed('assets/logo.png')" right="15" top="0"
height="30" width="120"/>
        <!--地图浏览菜单条-->
        <mx:ControlBar id="ct" horizontalAlign="left" verticalAlign="top"
backgroundAlpha="0.30" top="40" left="109">
            <mx:Image source="@Embed('assets/mapView/zoomin.PNG')"
mouseDownEffect="{glowImage}" mouseUpEffect="{unglowImage}" toolTip="拉框放大"
```

```
click="zoominAction_clickHandler(event)" />
        <mx:Image source="@Embed('assets/mapView/zoomout.PNG')"
mouseDownEffect="{glowImage}" mouseUpEffect="{unglowImage}" toolTip="拉框缩小"
click="zoomoutAction_clickHandler(event)"/>
        <mx:Image source="@Embed('assets/mapView/full.PNG')"
mouseDownEffect="{glowImage}" mouseUpEffect="{unglowImage}" toolTip="全图"
click="viewentire_clickHandler(event)" />
        <mx:Image source="@Embed('assets/mapView/pan.PNG')"
mouseDownEffect="{glowImage}" mouseUpEffect="{unglowImage}" toolTip="平移"
click="pan_clickHandler(event)" />
    </mx:ControlBar>
    <!--空间分析主面板-->
    <s:Panel id="networkAnalyst" title="空间分析" fontFamily="宋体" fontSize="13"
right="261" top="35" backgroundColor="#454343" backgroundAlpha="0.48" width="169">
        <s:HGroup>
            <mx:ComboBox id="networkAnalystCombobox" dataProvider="{cards}"
change="changeHandler(event)" fontFamily="宋体" fontSize="12" width="167"
contentBackgroundColor="#ACABAB" focusColor="#000000" selectionColor="#FFFFFF"
buttonMode="true"/>
        </s:HGroup>
    </s:Panel>
    <!--缓冲区分析设置面板-->
    <s:Panel id="titlewinBufferAnalyst" title="缓冲区分析" fontFamily="宋体"
fontSize="12" right="36" top="35" backgroundColor="#454343" backgroundAlpha="0.48"
width="212" visible="true">
        <s:VGroup gap="10" left="0" top="5" bottom="5" right="10">
            <s:HGroup width="215">
                <mx:Label text="待拓宽道路：" width="80"/>
                <mx:Spacer width="0.5"/>
                <mx:TextInput id="Road_code" text="国道318" width="110" editable="false"/>
            </s:HGroup>
            <s:HGroup gap="10" width="221" height="100%" horizontalAlign="center">
                <mx:Button label="道路缓冲区分析" id="bufferAnalyst"
click="bufferAnalyst_clickHandler(event)"/>
                <mx:Button label="清除" id="clear1" click="clear_clickHandler(event)"/>
            </s:HGroup>
        </s:VGroup>
    </s:Panel>
    <!--叠加分析设置面板-->
    <s:Panel id="titlewinOverlayAnalyst" title="叠加分析" fontFamily="宋体" fontSize="12"
right="5" top="35" backgroundColor="#454343" backgroundAlpha="0.48" visible="false"
width="248">
        <s:VGroup gap="10" left="1" top="5" bottom="5" right="5">
            <s:HGroup>
                <mx:Label text="源数据：" width="90"/>
                <mx:TextInput id="sourceDataset" text="全国地形图" width="130"
editable="false"/>
            </s:HGroup>
            <s:HGroup>
                <mx:Label text="叠加数据：" width="90"/>
                <mx:TextInput id="operateDataset" text="四川行政区" width="130"
```

```
editable="false"/>
            </s:HGroup>
            <s:HGroup>
                <mx:Label text="叠加操作类型: " width="90"/>
                <mx:TextInput id="operation" text="裁剪" width="130" editable="false"/>
            </s:HGroup>
            <s:HGroup>
                <mx:Label text="叠加分析结果: " width="90"/>
                <mx:TextInput id="result" text="四川地形图" width="130" editable="false"/>
            </s:HGroup>
            <s:HGroup gap="31" width="238" height="100%" horizontalAlign="center">
                <mx:Button label="叠加分析" id="overlayAnalyst"
click="overlayAnalyst_clickHandler(event)"/>
                <mx:Button label="清除" id="clear2" click="clear_clickHandler(event)"/>
            </s:HGroup>
        </s:VGroup>
    </s:Panel>
    <!--表面分析设置面板-->
    <s:Panel id="titiewinSurfaceAnalyst" title="表面分析" fontFamily="宋体" fontSize="12"
right="5" top="35" backgroundColor="#454343" backgroundAlpha="0.48" visible="false"
width="248">
        <s:VGroup gap="10" left="1" top="5" bottom="5" right="5">
            <s:HGroup>
                <mx:Label text="分析数据: " width="80"/>
                <mx:TextInput id="data" text="全国气温分布" width="120" editable="false"/>
            </s:HGroup>
            <s:HGroup>
                <mx:Label text="分析类型: " width="80"/>
                <mx:TextInput id="mode" text="等值线提取" width="120" editable="false"/>
            </s:HGroup>
            <s:HGroup gap="50" width="238" height="100%" horizontalAlign="center">
                <mx:Button label="制作等温线" id="surfaceAnalyst"
click="surfaceAnalyst_clickHandler(event)"/>
                <mx:Button label="清除" id="clear3" click="clear_clickHandler(event)"/>
            </s:HGroup>
        </s:VGroup>
    </s:Panel>
</s:Application>
```

6.5 缓冲区分析

缓冲区分析是根据指定的距离在点、线或多边形实体周围自动建立一定宽度的区域范围的
分析方法。例如，在环境治理时，常在污染的河流周围划出一定宽度的范围表示受到污染
的区域；又如，在飞机场常根据健康需要在周围划出一定范围的区域作为非居住区等。根
据缓冲对象的几何形态又可分为点、线和多边形实体的缓冲区分析。

SuperMap iClient for Flex 提供了两种缓冲区分析，即数据集缓冲区分析和几何对象缓冲区

分析，区别是对缓冲区对象的指定方式不同，前者是指定数据集和过滤条件参数，后者是指定几何对象参数，不过一般情况下后者需要通过查询功能来获得几何对象，指定参数原理和前者类似。

本节将使用数据集缓冲区分析，确定案例中道路拓宽的范围，其中，缓冲对象为国道318，缓冲距离即拓宽范围。首先设置 DatasetBufferAnalystParameters(数据集缓冲区分析参数类)，包括要做缓冲区分析的数据集、过滤条件等参数。然后通过 DatasetBufferAnalystService.processAsync()向服务端提交数据集缓冲区分析的请求，待服务端成功处理并返回 DatasetBufferAnalystResult(数据集缓冲区分析服务结果)后对其进行解析，获得分析结果对象并将其展现在地图中，即可直观看到道路拓宽范围。

6.5.1　代码实现

在"缓冲区分析"面板中"道路缓冲区分析"按钮的单击事件 bufferAnalyst_clickHandler(event) 中添加如下代码，提交对道路进行缓冲区分析的请求。

```
protected function bufferAnalyst_clickHandler(event):void
{
    //缓冲距离
    var bufferDistance:BufferDistance = new BufferDistance();
    bufferDistance.value = 2000;
    //定义缓冲区分析通用参数
    var bufferSetting:BufferSetting = new BufferSetting();
    //左缓冲距离
    bufferSetting.leftDistance = bufferDistance;
    //右缓冲距离
    bufferSetting.rightDistance = bufferDistance;
    //缓冲端点类型为圆头
    bufferSetting.endType = BufferEndType.ROUND;
    //圆头缓冲圆弧处线段的个数
    bufferSetting.semicircleLineSegment = 12;
    //缓冲过滤条件
    var filterParameter:FilterParameter = new FilterParameter();
    //指定缓冲区对象
    filterParameter.attributeFilter = "SmID=1571";
    //数据集缓冲区分析参数设置
    var datasetBufferAnalystParameters:DatasetBufferAnalystParameters = new
DatasetBufferAnalystParameters();
    //缓冲区分析通用参数
    datasetBufferAnalystParameters.bufferSetting = bufferSetting;
    //数据集中几何对象的过滤条件
    datasetBufferAnalystParameters.filterQueryParameter = filterParameter;
    //缓冲对象所在图层名称，此处为公路图层
    datasetBufferAnalystParameters.dataset = "Road_L@china400";
    //执行数据集缓冲区分析
    var datasetBufferAnalystService:DatasetBufferAnalystService = new DatasetBufferAnalystService
        (this.spatialAnalystUrl);
```

```
datasetBufferAnalystService.processAsync(datasetBufferAnalystParameters, new AsyncResponder
    (this.displayDatasetBufferAnalystResult,this.datasetBufferAnalystErrors,null));
}
```

在成功完成请求时的调用函数 displayDatasetBufferAnalystResult 中添加如下代码，获得分析结果对象。

```
protected function displayDatasetBufferAnalystResult
(datasetBufferAnalystResult:DatasetBufferAnalystResult,mark:Object = null):void
{
    if(datasetBufferAnalystResult.succeed){
        //将缓冲区分析结果即国道拓宽范围对象展现到要素图层中
this.featuresLayer.addFeature(datasetBufferAnalystResult.recordset.features[0] as Feature);
    }
}
```

> **重要提示** 空间分析服务中的缓冲区分析有别于数据服务中的缓冲区查询，虽然两者都涉及缓冲区对象，但前者侧重获得缓冲区分析结果对象并将其展示出来，而后者侧重查询缓冲区范围内的目标地物。

> **提示** 代码中只列出了主要部分，其他代码详见 6.4 节中界面设计及辅助代码。

6.5.2 运行效果

运行程序，在"空间分析"面板中选择"缓冲区分析"，单击其右侧面板中的"道路缓冲区分析"按钮，运行效果如图 6-2 所示。

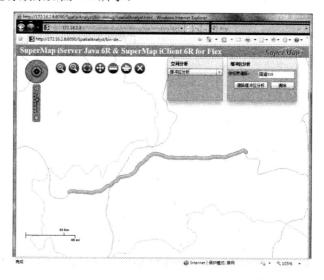

图 6-2 缓冲区分析

6.5.3　接口说明

本节所用接口如表 6-6 所示，前文已经说明的接口本节将不再赘述。

表 6-6　接口说明

接　口	功　能
DatasetBufferAnalystParameters.dataset	数据集的标识，即图层名称
DatasetBufferAnalystParameters.filterQueryParameter	数据集中几何对象的过滤条件(FilterParameter)
DatasetBufferAnalystParameters.bufferSetting	缓冲区分析通用参数(BufferSetting)，包括左缓冲距离、右缓冲距离、端点类型、圆头缓冲圆弧处线段的个数
BufferSetting.leftDistance	左侧缓冲距离(BufferDistance)
BufferSetting.rightDistance	右侧缓冲距离(BufferDistance)
BufferSetting.endType	缓冲区分析的端点类型(BufferEndType)
BufferSetting.semicircleLineSegment	圆头缓冲圆弧处线段的个数，即用多少个线段来模拟一个半圆
BufferDistance.value	以数值作为缓冲区分析的距离值
BufferEndType.ROUND	圆头缓冲
DatasetBufferAnalystService.processAsync()	根据数据集缓冲区分析服务地址与服务端完成异步通信，即发送分析参数并获取分析结果
DatasetBufferAnalystResult.recordset	数据集缓冲区分析的结果记录集

6.6　叠 加 分 析

叠加分析是指在统一空间参考系统下，通过对两个数据集进行一系列集合运算，产生新数据集的过程，是 GIS 中的一项非常重要的空间分析功能。在矢量叠加分析中，至少涉及三个数据集：其中一个数据集的类型可以是点、线、面等，被称为源数据集(在 SuperMap GIS 中称为第一数据集)；另一个数据集是面数据集，被称为叠加数据集(在 SuperMap GIS 中称为第二数据集)；还有一个数据集就是叠加结果数据集，包括叠加后数据的几何信息和属性信息。

SuperMap iClient for Flex 提供两种叠加分析，即数据集叠加分析和几何对象叠加分析，区别是对叠加对象的指定方式不同，前者是指定数据集和过滤条件参数，后者是指定几何对象参数，不过一般情况下后者需要通过查询功能来获得几何对象，指定参数原理和前者类似。

本节使用数据集叠加分析获得某行政区的地形分布，其中，以四川行政区为例，全国地形为源数据集，全国行政区划为操作数据集，指定四川省行政区，使用裁剪叠加模式获得四川省地形数据。首先设置 DatasetOverlayAnalystParameters(数据集叠加分析参数)，包括源数据集、操作数据集及各自的空间对象过滤条件、叠加操作类型等。然后通过 DatasetOverlayAnalystService.processAsync()向服务端提交数据集叠加分析的请求，待服务端成功处理并返回 DatasetOverlayAnalystResult 后对其进行解析，获得分析结果对象并将其展现在地图中，即可直观看到四川省地形分布。

6.6.1 代码实现

在"叠加分析"面板中"叠加分析"按钮的单击事件 overlayAnalyst_clickHandler(event)中添加如下代码，提交对全国地形数据进行叠加分析的请求。

```
protected function overlayAnalyst_clickHandler(event:MouseEvent):void
{
this.featuresLayer.clear();
    //定义数据集叠加分析参数
    var operateDatasetFilter:FilterParameter = new FilterParameter();
    //指定四川行政区几何对象
    operateDatasetFilter.attributeFilter = "name like '%四川%'";
    var datasetOverlayAnalystParameters:DatasetOverlayAnalystParameters = new
DatasetOverlayAnalystParameters();
    //全国行政区划图层作为叠加操作数据
    datasetOverlayAnalystParameters.operateDataset = "Provinces_R@china400";
    //全国地形图作为源数据
    datasetOverlayAnalystParameters.sourceDataset = "LandForm@china400";
    //叠加操作类型为裁剪
    datasetOverlayAnalystParameters.operation = "CLIP";
    //叠加操作数据集中空间对象的过滤条件
    datasetOverlayAnalystParameters.operateDatasetFilter = operateDatasetFilter;
    //执行叠加操作分析
    var datasetOverlayAnalystService:DatasetOverlayAnalystService = new
DatasetOverlayAnalystService(spatialAnalystUrl);
    datasetOverlayAnalystService.processAsync(datasetOverlayAnalystParameters,new
AsyncResponder(this.displayOverlayAnalystResult,this.overlayErrors,"overLay"));
}
```

在成功完成请求时的调用函数 displayOverlayAnalystResult 中添加如下代码，获得分析结果对象。

```
protected function displayOverlayAnalystResult
(overlayAnalystResult:DatasetOverlayAnalystResult,mark:Object = null):void
{
    if(overlayAnalystResult.succeed){
        //将叠加分析结果即四川地形对象展现到要素图层中
        this.featuresLayer.features = overlayAnalystResult.recordset.features;
    }
}
```

✍**重要提示**　SuperMap GIS 提供了 7 种类型的矢量叠加操作类型：裁剪、擦除、合并、相交、同一、对称差和更新。每种操作对数据类型有一定要求，但都统一要求叠加操作数据集为面数据集。

✍**提示**　代码中只列出了主要部分，其他代码详见 6.4 节中界面设计及辅助代码。

6.6.2　运行效果

运行程序，在"空间分析"面板中选择"叠加分析"，单击其右侧面板中的"叠加分析"按钮，运行效果如图 6-3 所示。

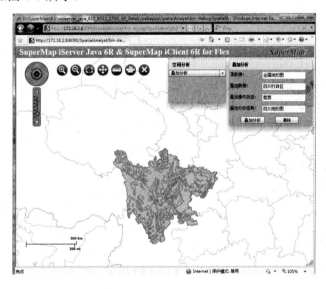

图 6-3　叠加分析

6.6.3　接口说明

本节所用主要接口如表 6-7 所示，前文已经说明的接口本节将不再赘述。

表 6-7　接口说明

接　口	功　能
DatasetOverlayAnalystParameters.operateDataset	叠加分析中操作数据集的标识，即图层名称
DatasetOverlayAnalystParameters.sourceDataset	叠加分析中源数据集(即被操作数据集)的标识，即图层名称
DatasetOverlayAnalystParameters.operation	叠加操作类型(OverlayOperationType)
OverlayOperationType.CLIP	操作对象裁剪被操作对象

接　口	功　能
DatasetOverlayAnalystParameters.operateDatasetFilter	操作数据集中空间对象的过滤条件(FilterParameter)
DatasetOverlayAnalystParameters.sourceDatasetFilter	源数据集中空间对象过滤条件(FilterParameter)
DatasetOverlayAnalystService.processAsync()	根据数据集叠加分析服务地址与服务端完成异步通信，即发送分析参数并获取分析结果
DatasetOverlayAnalystResult.recordset	数据集叠加分析的结果记录集(Recordset)

6.7　表　面　分　析

表面分析是指通过对数据集或几何对象进行分析，从中挖掘原始数据所包含的隐藏信息，从而有助于对数据进行深入分析，其中最常用的是等值线、等值面的提取。

等值线是将相邻的具有相同值的点(诸如高程、温度、降水、污染或大气压力)连接起来的线，其分布反映了表面上值的变化，等值线分布越密集的地方，表示表面值的变化越剧烈。等值面是由相邻的等值线封闭组成的面，其变化可以很直观地表示出相邻等值线之间的变化，诸如高程、温度、降水、污染或大气压力等用等值面来表示是非常直观、有效的。等值面分布的效果与等值线的分布相同，也是反映了表面上的变化：等值面分布越密集的地方，表示表面值有较大的变化，反之则表示表面值变化较小；等值面越窄的地方，表示表面值有较大的变化，反之则表示表面值变化较小。

SuperMap iClient for Flex 提供了两种表面分析，即数据集表面分析和几何对象表面分析，区别是对等值线提取对象的指定方式不同，前者是指定点数据集和过滤条件参数，后者是指定几何对象参数，不过一般情况下后者需要通过查询功能来获得几何对象，所以指定参数原理和前者类似。如无特殊要求，可使用前者直接传递参数。

本节将实现根据全国平均气温采样点来分析与其相关的指标，从点数据集中提取等值线的功能，其中，全国平均气温分布点作为分析数据。首先设置 DatasetSurfaceAnalystParameters(数据集表面分析参数)，包括分析数据集标识、中间结果即栅格数据集的分辨率、提取等值线的字段名及其他所需参数如基准值、等值距、光滑度等。然后通过SurfaceAnalystService.processAsync()向服务端提交数据集表面分析的请求,待服务端成功处理并返回 SurfaceAnalystResult(表面分析服务结果)数据后对其进行解析,获得分析结果对象并将其展现于地图中，可直观看到等温线图。

6.7.1　代码实现

在提取等值线之前，先查询获得对等值线提取结果进行裁剪的全国面对象，此步骤可以省略，不过等值线会超过全国范围而影响美观，为此，通过 SQL 查询获得全国面对象geoRegion，代码如下，有关地图查询的详细内容参见第 4 章。

在"表面分析"面板中"制作等温线"按钮的单击事件 surfaceAnalyst_clickHandler(event)中添加如下代码，提交查询获得全国面对象的请求，然后在成功完成请求的调用函数中再提交制作等值线的请求。

```
protected function surfaceAnalyst_clickHandler(event:MouseEvent):void
{
    /*在表面分析之前先查询获得全国面对象，以对表面分析结果即等值线进行裁剪*/
    //定义 SQL 查询参数
    var queryBySQLParameter:QueryBySQLParameters = new QueryBySQLParameters();
    var filterParameter:FilterParameter = new FilterParameter();
    //全国面对象所在图层，该对象用于裁剪等值线结果数据集
    filterParameter.name = "clipRegion@china400";
    queryBySQLParameter.filterParameters = [filterParameter];
    // 执行 SQL 查询
    var queryByDistanceService:QueryBySQLService = new QueryBySQLService(this.restMapUrl_
chinaLandForm);
    queryByDistanceService.processAsync(queryBySQLParameter, new
AsyncResponder(this.executeGetClipRegionAndSurfaceAnalyst,
    this.executeError, null));
}
```

在成功完成查询时的调用函数 executeGetClipRegionAndSurfaceAnalyst 中添加如下代码，获得全国面对象并提交制作等温线的请求。

```
protected function executeGetClipRegionAndSurfaceAnalyst(queryResult:QueryResult,
mark:Object = null):void
{
    //解析查询结果获得全国面对象，以对表面分析结果即等值线进行裁剪
    geoRegion = ((queryResult.recordsets[0] as Recordset).features[0] as Feature).
geometry as GeoRegion;
    //定义表面分析参数设置类，包括重采样容限、光滑度、光滑方法、基准值、间隔等
    var surfaceAnalystParamsSetting:SurfaceAnalystParametersSetting = new
SurfaceAnalystParametersSetting();
    //裁剪面对象 geoRegion，若注释掉该行，则分析结果为未裁剪
    surfaceAnalystParamsSetting.clipRegion = geoRegion;
    //重采样容限
    surfaceAnalystParamsSetting.resampleTolerance = 0.3;
    //光滑处理所使用的方法为 B 样条法
    surfaceAnalystParamsSetting.smoothMethod = SmoothMethod.BSPLINE;
    //等值线基准值
    surfaceAnalystParamsSetting.datumValue = -5;
    //等值距
        surfaceAnalystParamsSetting.interval = 3;
    //等值线边界线的光滑度
        surfaceAnalystParamsSetting.smoothness = 3;
```

```
        //定义数据集表面分析——等值线提取参数类，包括数据集名称、中间值分辨率、Z 值、表面分析类型等
        var datasetSurfaceAnalystParameters:DatasetSurfaceAnalystParameters = new
DatasetSurfaceAnalystParameters();
        //等值线提取数据集标识，此处为气温分布点图层
        datasetSurfaceAnalystParameters.dataset = "Tmp@china400";
        //中间结果(栅格数据集)的分辨率
    datasetSurfaceAnalystParameters.resolution = 3000;
        //用于提取等值线的字段名称,此处为平均温度
        datasetSurfaceAnalystParameters.zValueFieldName = "AVG_TMP";
        //表面分析类型为等值线提取
        datasetSurfaceAnalystParameters.surfaceAnalystMethod = SurfaceAnalystMethod.ISOLINE;
        datasetSurfaceAnalystParameters.surfaceAnalystParametersSetting = surfaceAnalystParamsSetting;
        //执行表面分析——等值线提取
        var surfaceAnalystService:SurfaceAnalystService = new
SurfaceAnalystService(this.spatialAnalystUrl);
        surfaceAnalystService.processAsync(datasetSurfaceAnalystParameters, new
AsyncResponder(this.displaySurfaceAnalystResult, this.surfaceAnalystErrors, null));
}
```

在成功完成请求时的调用函数 displaySurfaceAnalystResult 中添加如下代码。

```
protected function displaySurfaceAnalystResult(surfaceAnalystResult:
    SurfaceAnalystResult,mark:Object=null):void
{
    if(surfaceAnalystResult.succeed){
        //将表面分析结果即等温线展示到要素图层中
        this.featuresLayer.features = surfaceAnalystResult.recordset.features;
    }
}
```

> 📝**重要提示** 从点记录集中提取等值线的原理是先对点数据集中的点数据进行插值分析，得到栅格数据集(方法实现的中间结果)，然后从栅格数据集中提取等值线，所以代码中需要设置中间结果(栅格数据集)的分辨率，即DatasetSurfaceAnalystParameters.resolution。

> 📝**提示** 代码中只列出了主要部分，其他代码详见 6.4 节中界面设计及辅助代码。

6.7.2 运行效果

运行程序，在"空间分析"面板中选择"表面分析"，单击其右侧面板中的"制作等温线"按钮，运行效果如图 6-4 所示。

若去掉代码 surfaceAnalystParamsSetting.clipRegion = geoRegion;，即不对分析结果做裁剪则运行结果如图 6-5 所示。

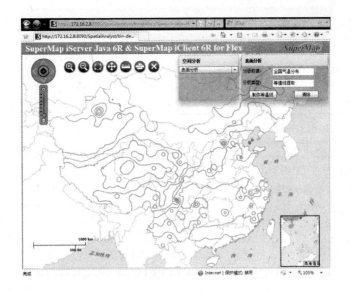

图 6-4　表面分析

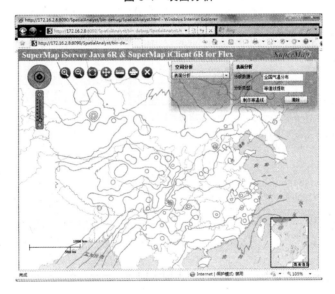

图 6-5　表面分析(结果未裁剪)

6.7.3　接口说明

本节所用主要接口如表 6-8 所示，前文已经说明的接口本节将不再赘述。

表 6-8　接口说明

接　口	功　能
DatasetSurfaceAnalystParameters.dataset	提取等值线的数据集的标识，即图层名称
DatasetSurfaceAnalystParameters.resolution	指定中间结果(栅格数据集)的分辨率

接　口	功　能
DatasetSurfaceAnalystParameters.zValueFieldName	提取等值线时，将使用该字段中的值，对点记录集中的点数据进行插值分析，得到栅格数据集(中间结果)，接着从栅格数据集提取等值线
DatasetSurfaceAnalystParameters.surfaceAnalystMethod	表面分析类型(SurfaceAnalystMethod)，包括等值线、等值面提取两种
SurfaceAnalystMethod.ISOLINE	等值线提取
DatasetSurfaceAnalystParameters surfaceAnalystParametersSetting	表面分析所需要的参数 (SurfaceAnalystParametersSetting)
SurfaceAnalystParametersSetting.clipRegion	裁剪面对象
SurfaceAnalystParametersSetting.datumValue	等值线的基准值
SurfaceAnalystParametersSetting.interval	等值距，即两条等值线之间的间隔值。设置等值距时，要参照用于提取操作的字段的最大和最小值，不可以超过两者之差
SurfaceAnalystParametersSetting.resampleTolerance	重采样容限，容限值越大，采样结果数据越简化。当分析结果出现交叉时，可通过调整重采样容限为较小的值来处理
SurfaceAnalystParametersSetting.smoothMethod	光滑处理所使用的方法(SmoothMethod)
SmoothMethod.BSPLINE	B 样条法，等值线会以每四个控制点为单位进行光滑，经过第一个和第四个控制点，在第二和第三个控制点附近拟合
SurfaceAnalystParametersSetting.smoothness	等值线边界线的光滑度，随着光滑度的增加，提取的等值线越光滑
SurfaceAnalystService.processAsync()	根据表面分析服务地址与服务端完成异步通信，即发送分析参数并获取分析结果
SurfaceAnalystResult.recordset	等值线提取分析的结果记录集

6.8　快　速　参　考

目　标	内　容
缓冲区分析	对道路进行数据集缓冲区分析，实现道路拓宽范围的确定。首先设置 DatasetBufferAnalystParameters(数据集缓冲区分析参数类)，包括要制作缓冲区分析的数据集、过滤条件等参数。然后通过 DatasetBufferAnalystService.processAsync()向服务端提交数据集缓冲区分析的请求，待服务端成功处理并返回 DatasetBufferAnalystResult(数据集缓冲区分析服务结果)后对其进行解析，获得分析结果对象并将其展现于地图中，可直观看到道路拓宽范围

续表

目 标	内 容
叠加分析	使用四川省行政区对全国地形数据进行裁剪模式的叠加分析。首先设置 DatasetOverlayAnalystParameters(数据集叠加分析参数),包括源数据集、操作数据集及各自的控件对象过滤条件、叠加操作类型等。然后通过 DatasetOverlayAnalystService. processAsync()向服务端提交数据集叠加分析的请求,待服务端成功处理并返回 DatasetOverlayAnalystResult(数据集叠加分析服务结果)后对其进行解析,获得分析结果对象并将其展现于地图中,可直观看到四川省地形分布
表面分析	对全国气温采样点进行等值线提取。首先设置 DatasetSurfaceAnalystParameters(数据集表面分析参数),包括分析数据集标识、中间结果即栅格数据集的分辨率、提取等值线的字段名及其他所需参数如基准值、等值距、光滑度等。然后通过 SurfaceAnalystService.processAsync()向服务端提交数据集表面分析的请求,待服务端成功处理并返回 SurfaceAnalystResult(表面分析服务结果)数据后对其进行解析,获得分析结果对象并将其展现于地图中,可直观地看到等温线图

6.9 本 章 小 结

本章主要讲述了如何使用 SuperMap iClient for Flex 提供的空间分析接口获取 SuperMap iServer Java 空间分析 REST 服务,针对案例需求实现不同类型的空间分析功能,包括缓冲区分析、叠加分析和表面分析。除本章所实现的功能外,每个分析功能还可用不同的参数传递实现,如几何对象方式的缓冲区分析、叠加分析和表面分析等,其开发思路和本节所实现的功能类似。通过案例分析与实现阐述了空间分析功能的主要接口和开发思路。

练习题 通过 SuperMap iServer Java 服务管理器创建空间分析 REST 服务(可使用示范工作空间数据或自己的数据),实现缓冲区分析功能。

第7章 网络分析

日常生活中，很多基础设施如交通、物流、通信管网等都可视为一个网络系统。网络系统是指由许多相互连接的线段构成的网状系统，网络模型就是对现实世界中网络系统的抽象表达。其中，线状物被抽象为线段，在网络中称为弧段；点状物被抽象为点，在网络中称为结点。在网络模型中，资源和信息能够从一个结点到达另一个结点。

网络分析就是在网络模型上通过分析解决实际问题的过程，包括路径分析、最近设施分析、物流配送分析、服务区分析、选址分区分析等。目前，网络分析已广泛应用于电子导航、交通旅游、城市规划管理、物流运输及电力、通信等管网管线的布局设计和查询分析中。

本章通过模拟实际应用案例并对其进行分析，讲解不同网络分析功能的开发，同时对 SuperMap iClient for Flex 相关接口进行说明。

本章主要内容：
- 最佳路径分析的实现过程及主要接口
- 最近设施分析的实现过程及主要接口
- 物流配送分析的实现过程及主要接口
- 服务区分析的实现过程及主要接口

7.1 案例说明

在实践中可能用到网络分析的情况有多种：在城市交通网站中，希望获得从起点到终点路程最短的驾车路线，当然可以在中途停留后继续前行；再如，某地发生交通事故后，获得一定范围内从事故点到达最近的医院的行驶路线；另外，超市物流运输过程中会有多个配送中心和配送目的地，按照哪种行驶线路可以使配送总花费达到最小；此外，一些公共设施如邮局、公园的服务范围又如何进行评估等。

7.2 数据准备

本章采用长春市区图作为演示数据，该数据由 1∶17000 纸图屏幕数字化采集，可供交通、旅游使用。该数据的内容包括行政单位、交通(如道路线、网等)、公共设施(如学校、医院、公园等)、居民区、水系、植被和其他企事业单位，具体所用数据如表 7-1 所示。

工作空间文件为配套光盘\示范数据\ Changchun\Changchun.smwu，该工作空间中有一幅地图"长春市区图"。本章功能实现中所用道路网数据 RoadNet 是在桌面软件 SuperMap Deskpro 中由道路线数据集 RoadNet_Line 拓扑处理而成的。

表 7-1　数据说明

数据名称	数据内容	数据类型
School	学校	点
Hospital	医院	点
Park	公园	点
ResidentialPoint	居民小区	点
RoadNet_Line	道路线	线
RoadNet	道路网	网络
District	行政区名称	文本
WaterPoly	水系	面
Vegetable	植被	面

提示　本章所用长春数据仅供演示、学习使用。

本章所要实现的网络分析功能需要获取 SuperMap iServer Java 提供的 REST 交通网络分析服务，因此，需要先将 Changchun.smwu 工作空间发布为 REST 交通网络分析服务。在 2.3 节中详细介绍了将 Changchun.smwu 工作空间发布为 REST 交通网络分析服务的步骤，这里不再赘述。本章示例通过获取 REST 地图服务进行地图的显示，因此还需要将该套数据发布为 REST 地图服务。

本章所有示例程序的代码位于配套光盘\示范程序\第 7 章中，在创建了 REST 地图服务、交通网络分析服务后，请先将 NetworkAnalyst.mxml 代码中第 41、43 行的地图服务和交通网络分析服务地址进行替换，即替换如下代码：

```
private var restMapUrl_Changchun:String = "http://localhost:8090/
iserver/services/map-Changchun/rest/maps/长春市区图";
```

```
private var netWorkAnalystUrl:String = "http://localhost:8090/ise
rver/services/transportationanalyst-sample/rest/networkanalyst/Ro
adNet@Changchun";
```

7.3 案例分析

交通网可以被抽象为交通网络模型。其中,道路被抽象为网络中的弧段;道路交叉口被抽象为网络中的结点;从起点出发抵达目的地需要的花费被抽象为网络阻力;此外,在道路交叉口处转弯进入另一条道路时的抉择问题可以用转向表来模拟现实转向问题,转向表记录了在遵守交通规则下,各种通过路口的方式所需要的耗费。使用上述模型要素在已建立的网络模型上运用相应的分析功能解决实际问题,包括以下四项内容。

● 从起点到终点路程最短的驾车路线可以通过路径分析中的最佳路径分析来实现。详见7.5 节。

● 获得离交通事故点到达最近的医院的行驶路线可以通过最近设施分析来实现。详见7.6 节。

● 获得超市物流配送费用最小的行驶路线可以通过多旅行商分析即物流配送分析来实现。详见 7.7 节。

● 公共设施如公园的园区服务范围评估可以通过服务区分析来实现。详见 7.8 节。

SuperMap iClient for Flex 提供了对接 SuperMap iServer Java 交通网络分析 REST 服务的接口,包括最佳路径分析、最近设施分析、旅行商分析、多旅行商分析、服务区分析、选址分区分析等。主要类分别如表 7-2、表 7-3、表 7-4、表 7-5、表 7-6 和表 7-7 所示。

表 7-2 交通网络分析通用参数类

主 要 类	功能描述
TransportationAnalystParameter	交通网络分析所需通用参数类,包括障碍边、障碍点、权值字段信息的名称标识、转向权值字段信息以及分析结果参数
TransportationAnalystResultSetting	交通网络分析结果参数类,包括是否返回弧段、是否返回结点、是否返回行驶导引等

表 7-3 交通网络分析结果类

主 要 类	功能描述
Path	交通网络分析结果路径类,获取交通网络分析结果路径的信息,包括当前路径经过的结点、弧段、该路径的路由、行驶导引、耗费等信息
Route	路由对象类,一系列有序的带有属性值 M 的 x, y 坐标对,其中 M 值为该结点的距离属性(到已知点的距离)
PathGuideItem	行驶导引子项类,每个行驶引导子项可以表示一个弧段、一个结点或一个站点,记录了在当前地点的转弯情况、行驶方向、耗费等信息

表7-4　最佳路径分析类

主 要 类	功能描述
FindPathService	最佳路径分析服务类，在网络中寻找遍历所有结点的阻抗最小的路径。阻抗是指从一点到另一点的耗费，实际应用中可将距离、时间、花费等作为阻抗条件
FindPathParameters	最佳路径分析参数类，设置最佳路径分析时所需的参数，包括途径结点、通用参数等
FindPathResult	最佳路径分析结果类，从服务端获取的最佳路径分析结果，从中可以获取一条或多条结果路径(Path)

表7-5　最近设施分析类

主 要 类	功能描述
FindClosestFacilitiesService	最近设施分析服务类，查找从一个事件点到多个设施点(或从设施点到事件点)以最小耗费能到达的最佳路径和最佳设施
FindClosestFacilitiesParameters	最近设施分析参数类，设置最近设施分析所需参数，包括事件点、设施点、交通网络通用参数、分析半径等
FindClosestFacilitiesResult	最近设施分析服务结果类，即事件点到最近设施点之间的路径

表7-6　物流配送分析类

主 要 类	功能描述
FindMTSPPathsService	多旅行商分析服务类，即物流配送分析服务类，给定多个配送中心和多个配送目的地，查找经济有效的配送路径，并给出相应的行走路线
FindMTSPPathsParameters	多旅行商分析参数类，设置多旅行商分析所需的参数，包括配送中心点集合、配送目标点集合、配送模式、交通网络通用参数等信息
FindMTSPPathsResult	多旅行商分析服务结果类，从配送中心点依次向各个配送目标点配送物资的最佳路径

表7-7　服务区分析类

主 要 类	功能描述
FindServiceAreasService	服务区分析服务类，以指定服务站点为中心，在一定服务范围内查找网络上服务站点能够提供服务的区域范围
FindServiceAreasParameters	服务区分析参数类，设置服务区分析所需参数，如服务中心点(可多选)、中心点输入类型、中心点服务半径等信息
FindServiceAreasResult	服务区分析结果类，存储服务区分析结果

交通网络分析通用参数既可以在服务端创建服务提供者时设置，也可以通过客户端接口设置，但后者优先级大于前者。

7.4 界 面 设 计

采用 Adobe Flash Builder 4 进行界面设计和功能开发，交互界面如图 7-1 所示。该界面布局同 4.4 节类似，此处不再重复。其中"网络分析"面板中包含 ComboBox，点击不同分析子项时，其右侧面板会出现相应功能的选项，实现案例中的网络分析功能。

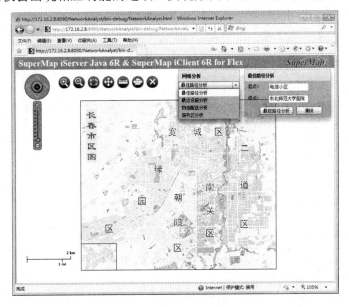

图 7-1 网络分析界面

界面设计及辅助代码如下：

```xml
<?xml version="1.0" encoding="utf-8"?>
<s:Application xmlns:fx="http://ns.adobe.com/mxml/2009"
            xmlns:s="library://ns.adobe.com/flex/spark"
            xmlns:mx="library://ns.adobe.com/flex/mx"
            xmlns:iClient="http://www.supermap.com/iclient/2010"
            xmlns:iServer6R="http://www.supermap.com/iserverjava/2010"
            width="100%" height="100%" creationComplete="initApplication()"
            >
    <fx:Declarations>
        <!--点击按钮时的发光效果-->
        <mx:Glow  id="unglowImage"  duration="1000"  alphaFrom="0.3"  alphaTo="1.0"
blurXFrom="50.0" blurXTo="0.0" blurYFrom="50.0" blurYTo="0.0" color="0xff0000"/>
        <mx:Glow  id="glowImage"  duration="1000"  alphaFrom="1.0"  alphaTo="0.3"
blurXFrom="0.0" blurXTo="50.0" blurYFrom="0.0" blurYTo="50.0" color="0x990000"/>
    </fx:Declarations>
    <fx:Script>
        <![CDATA[
            //需要使用的命名空间
            import com.supermap.web.actions.*;
            import com.supermap.web.components.FeatureDataGrid;
```

```
import com.supermap.web.core.Feature;
import com.supermap.web.core.Point2D;
import com.supermap.web.core.geometry.*;
import com.supermap.web.core.styles.*;
import com.supermap.web.events.DrawEvent;
import com.supermap.web.iServerJava6R.FilterParameter;
import com.supermap.web.iServerJava6R.Recordset;
import com.supermap.web.iServerJava6R.measureServices.*;
import com.supermap.web.iServerJava6R.networkAnalystServices.*;
import com.supermap.web.iServerJava6R.queryServices.*;
import mx.collections.ArrayCollection;
import mx.controls.Alert;
import mx.events.CloseEvent;
import mx.events.DragEvent;
import mx.events.FlexEvent;
import mx.rpc.AsyncResponder;
import mx.rpc.events.FaultEvent;
import mx.rpc.events.ResultEvent;
import spark.components.TextArea;


[Bindable]
//REST 地图服务地址
private var restMapUrl_Changchun:String = "http://localhost:8090/iserver/
services/map-Changchun/rest/maps/长春市区图";
//交通网络分析 REST 服务地址
private var netWorkAnalystUrl:String = "http://localhost:8090/iserver/
services/transportationanalyst-sample/rest/networkanalyst/RoadNet@Changchun";
//定义交通网络分析通用参数 transportationAnalystParameter
var transportationAnalystParameter:TransportationAnalystParameter = new
TransportationAnalystParameter();
//分析站点数组
private var stops:Array = new Array();
//设施点数组
private var facilityPoints:Array = [];
//事件点
private var eventPoint:Point2D;
//配送中心点数组
private var sendCenters:Array = [];
//服务中心点数组
private var serviceCenters:Array = [];
public var cards:ArrayCollection = new ArrayCollection(
        [ {label:"最佳路径分析", data:1},
          {label:"最近设施分析", data:2},
          {label:"物流配送分析", data:3},
          {label:"服务区分析", data:4}]
);
//网络分析主面板菜单改变事件
function changeHandler(event:Event):void
{
        featuresLayer.clear();
        this.resultWindow.visible = false;
```

```
            if(ComboBox(event.target).selectedItem.label == "最佳路径分析")
            {
                titlewinFindPath.visible = true;
                titlewinFindClosestFacilities.visible = false;
                titiewinFindMTSPPath.visible = false;
                titlewinFindServiceAreas.visible = false;
            }else if(ComboBox(event.target).selectedItem.label == "最近设施分析")
            {
                titlewinFindPath.visible = false;
                titlewinFindClosestFacilities.visible = true;
                titiewinFindMTSPPath.visible = false;
                titlewinFindServiceAreas.visible = false;
            }else if(ComboBox(event.target).selectedItem.label == "物流配送分析")
            {
                titlewinFindPath.visible = false;
                titlewinFindClosestFacilities.visible = false;
                titiewinFindMTSPPath.visible = true;
                titlewinFindServiceAreas.visible = false;
            }else if(ComboBox(event.target).selectedItem.label == "服务区分析")
            {
                titlewinFindPath.visible = false;
                titlewinFindClosestFacilities.visible = false;
                titiewinFindMTSPPath.visible = false;
                titlewinFindServiceAreas.visible = true;
            }
        }
        //网络分析通用参数初始化设置
        protected function initApplication():void
        {
        //交通网络分析结果参数 transportationAnalystResultSetting
            var transportationAnalystResultSetting:TransportationAnalystResultSetting
 = new TransportationAnalystResultSetting();
            //返回结点要素集合
            transportationAnalystResultSetting.returnNodeFeatures = true;
            //返回结点几何信息
            transportationAnalystResultSetting.returnNodeGeometry = true;
            //返回弧段要素集合
            transportationAnalystResultSetting.returnEdgeFeatures = true;
            //返回弧段几何信息
            transportationAnalystResultSetting.returnEdgeGeometry = true;
            //返回行驶导引集合
            transportationAnalystResultSetting.returnPathGuides = true;
            //返回路由对象集合
            transportationAnalystResultSetting.returnRoutes = true;
            //设置分析结果的返回内容
        transportationAnalystParameter.resultSetting =transportationAnalystResultSetting;
            //服务端发布的权重字段名称 length,可在服务管理器查看交通网络分析服务提供者的权值信息
            transportationAnalystParameter.weightFieldName = "length";
            //服务端发布的转向权重字段的名称 TurnCost,可在服务管理器查看交通网络分析服务提供
            //者的转向信息
            transportationAnalystParameter.turnWeightField = "TurnCost";
```

```
        }
        //拉框放大
        protected function zoominAction_clickHandler(event:MouseEvent):void
        {
            var zoominAction:ZoomIn = new ZoomIn(map);
            map.action = zoominAction ;
        }
        //拉框缩小
        protected function zoomoutAction_clickHandler(event:MouseEvent):void
        {
            // TODO Auto-generated method stub
            var zoomoutAction:ZoomOut = new ZoomOut(map);
            map.action = zoomoutAction ;
        }
        //全图显示
        protected function viewentire_clickHandler(event:MouseEvent):void
        {
            map.viewEntire();
        }
        //平移
        protected function pan_clickHandler(event:MouseEvent):void
        {
            var pan:Pan = new Pan(map);
            map.action = pan;
        }
    ]]>
</fx:Script>
<!--添加地图及辅助控件-->
<s:Panel fontFamily="Times New Roman" width="100%" height="100%" fontSize="24"
title="SuperMap iServer Java 6R &amp; SuperMap iClient 6R for Flex" chromeColor="#696767"
color="#FAF6F6">
    <iClient:Map id="map" scales="{[1/50000, 1/20000, 1/8000, 1/5000, 1/3500,1/2000,
1/800, 1/500, 1/200]}">
        <iServer6R:TiledDynamicRESTLayer url="{this.restMapUrl_Changchun}"/>
        <iClient:FeaturesLayer id="featuresLayer" />
    </iClient:Map>
    <iClient:Compass id="compass" map="{this.map}" left="25" top="11"/>
    <iClient:ZoomSlider id="zoomslider" map="{this.map}" left="45" top="83" />
    <iClient:ScaleBar id="scalebar" map="{this.map}" left="30" bottom="45"/>
</s:Panel>
<!--SuperMap Logo 图片-->
<mx:Image id="logo" source = "@Embed('assets/logo.png')" right="15" top="0"
    height="30" width="120"/>
<!--地图浏览菜单条-->
<mx:ControlBar id="ct" horizontalAlign="left" verticalAlign="top"
    backgroundAlpha="0.30" top="40" left="109">
    <mx:Image source="@Embed('assets/mapView/zoomin.PNG')"
        mouseDownEffect="{glowImage}" mouseUpEffect="{unglowImage}"
        toolTip="拉框放大" click="zoominAction_clickHandler(event)" />
    <mx:Image source="@Embed('assets/mapView/zoomout.PNG')"
        mouseDownEffect="{glowImage}" mouseUpEffect="{unglowImage}"
```

```
                toolTip="拉框缩小" click="zoomoutAction_clickHandler(event)"/>
        <mx:Image source="@Embed('assets/mapView/full.PNG')"
            mouseDownEffect="{glowImage}" mouseUpEffect="{unglowImage}"
            toolTip="全图" click="viewentire_clickHandler(event)" />
        <mx:Image source="@Embed('assets/mapView/pan.PNG')"
            mouseDownEffect="{glowImage}" mouseUpEffect="{unglowImage}"
            toolTip="平移" click="pan_clickHandler(event)" />
    </mx:ControlBar>
    <!--网络分析主菜单设置面板-->
    <s:Panel id="networkAnalyst" title="网 络 分 析 " fontFamily="宋 体" fontSize="13"
right="261" top="35" backgroundColor="#454343" backgroundAlpha="0.48" width="169">
        <s:HGroup>
            <mx:ComboBox id="networkAnalystCombobox" dataProvider="{cards}"
                change= "changeHandler(event)" fontFamily="宋体" fontSize="12"
                width="167" contentBackgroundColor="#ACABAB" focusColor="#000000"
                selectionColor="#FFFFFF" buttonMode="true"/>
        </s:HGroup>
    </s:Panel>
    <!--最佳路径分析设置面板-->
    <s:Panel id="titlewinFindPath" title="最佳路径分析" fontFamily="宋体" fontSize="12"
right="10" top="35" backgroundColor="#454343" backgroundAlpha="0.48" width="238"
visible="true">
        <s:VGroup gap="10" left="8" top="5" bottom="5" right="0">
            <s:HGroup width="234">
                <mx:Label text="起点: " width="45"/>
                <mx:Spacer width="0.5"/>
                <mx:TextInput id="start" text="电信小区" width="110" editable="false"/>
            </s:HGroup>
            <s:HGroup>
                <mx:Label text="终点: " width="44"/>
                <mx:Spacer width="0.5"/>
                <mx:TextInput id="end" text="东北师范大学医院" width="110" editable="false"/>
            </s:HGroup>
            <s:HGroup gap="10" width="238" height="100%" horizontalAlign="center">
                <mx:Button label="最短路径分析" id="findPath"
                    click="getStopsForFindPath_clickHandler(event)"/>
                <mx:Button label="清除" id="clear1" click="clear_clickHandler(event)"/>
            </s:HGroup>
        </s:VGroup>
    </s:Panel>
    <!--最近设施分析设置面板-->
    <s:Panel id="titlewinFindClosestFacilities" title="最近设施分析" fontFamily="宋体"
fontSize="12" right="5" top="35" backgroundColor="#454343" backgroundAlpha="0.48"
visible="false" width="248">
        <s:VGroup gap="10" left="1" top="5" bottom="5" right="5">
            <s:HGroup>
                <mx:Label text="事故地点: " width="65"/>
                <mx:TextInput id="event" text="电信小区" width="160" editable="false"/>
            </s:HGroup>
            <s:HGroup>
                <mx:Label text="医院地点: " width="65"/>
```

```
                <mx:TextInput id="facilities" text="电信小区附近的若干个医院" width="160"
editable="false"/>
            </s:HGroup>
            <s:HGroup>
                <mx:Label text="方向: " width="65"/>
                <mx:TextInput id="direction" text="从事故点到医院" width="160"
editable="false"/>
            </s:HGroup>
            <s:HGroup gap="10" width="238" height="100%" horizontalAlign="center">
                <mx:Button label="选择事故地点" id="getEvent"
click="getEvent_clickHandler(event)" toolTip="鼠标在地图上单击选择"/>
                <mx:Button label="选择医院地点" id="getFacilities"
                    click= "getFacilities_clickHandler(event)"
                    toolTip="鼠标在地图上单击选择"/>
            </s:HGroup>
            <s:HGroup gap="31" width="238" height="100%" horizontalAlign="center">
                <mx:Button label="最近医院查找" id="findClosestFacilities"
click="findClosestFacilities_clickHandler(event)"/>
                <mx:Button label="清除" id="clear2" click="clear_clickHandler(event)"/>
            </s:HGroup>
        </s:VGroup>
    </s:Panel>
    <!--物流配送分析设置面板-->
    <s:Panel id="titiewinFindMTSPPath" title="物流配送分析" fontFamily="宋体"
fontSize="12" right="5" top="35" backgroundColor="#454343" backgroundAlpha="0.48"
visible="false" width="248">
        <s:VGroup gap="10" left="1" top="5" bottom="5" right="5">
            <s:HGroup>
                <mx:Label text="配送中心点: " width="80"/>
                <mx:TextInput id="eventCenters" text="超市仓储中心" width="120" editable="false"/>
            </s:HGroup>
            <s:HGroup>
                <mx:Label text="配送目的地: " width="80"/>
                <mx:TextInput id="nodes" text="超市" width="120" editable="false"/>
            </s:HGroup>
            <s:HGroup>
                <mx:Label text="配送模式: " width="80"/>
                <mx:TextInput id="mode" text="总配送费用最小" width="120" editable="false"/>
            </s:HGroup>
            <s:HGroup gap="10" width="238" height="100%" horizontalAlign="center">
                <mx:Button label="选择配送中心点" id="getCenters"
click="getCenters_clickHandler(event)" toolTip="鼠标在地图上单击选择"/>
                <mx:Button label="选择配送目的地" id="getNodes"
click="getFacilities_clickHandler(event)" toolTip="鼠标在地图上单击选择"/>
            </s:HGroup>
            <s:HGroup gap="50" width="238" height="100%" horizontalAlign="center">
                <mx:Button label="物流配送分析" id="findMTSPPath"
click="findMTSPPath_clickHandler(event)" toolTip="themeRange"/>
                <mx:Button label="清除" id="clear3" click="clear_clickHandler(event)"/>
            </s:HGroup>
```

```
                    </s:VGroup>
                </s:Panel>
                <!--服务区分析设置面板-->
                <s:Panel id="titlewinFindServiceAreas" title="服务区分析" fontFamily="宋体"
fontSize="12"  right="10"  top="35"  backgroundColor="#454343"  backgroundAlpha="0.48"
visible= "false">
                    <s:VGroup gap="10" left="1" top="5" bottom="5" right="0">
                        <s:HGroup width="234">
                            <mx:Label text="服务中心点: " width="80"/>
                            <mx:TextInput id="serviceCenter" text="公园" width="100" editable= "false"/>
                        </s:HGroup>
                        <s:HGroup>
                            <mx:Label text="方向: " width="80"/>
                            <mx:TextInput id="directionService" text="从四周到公园" width="100"
editable="false"/>
                        </s:HGroup>
                        <s:HGroup gap="10" width="234" height="100%" horizontalAlign="center">
                            <mx:Button label="服务区分析" id="FindServiceAreas"
                                click="getParksForFindServiceAreas_clickHandler(event)"/>
                            <mx:Button label="清除" id="clear4" click="clear_clickHandler(event)"/>
                        </s:HGroup>
                    </s:VGroup>
                </s:Panel>
                <!--行驶导引描述信息结果显示窗口-->
                <mx:TitleWindow id="resultWindow" visible="false" left="200" right="500" bottom="10"
height="150"  minWidth="500"  minHeight="120"  title=" 行 驶 路 线 "  backgroundAlpha="0.5"
autoLayout="true" showCloseButton="true" close="resultWindow_colse(event)"
mouseDown="resultWindow_mousedown(event)" mouseUp="resultWindow_mouseup(event)">
                    <s:TextArea id="PathGuideArea" width="100%"/>
                </mx:TitleWindow>
            </s:Application>
```

7.5 最佳路径分析

路径分析是在网络模型上查找一条路径，使其顺序历经若干指定的路由点，并使总成本最小。SuperMap GIS 的路径分析提供两种分析方式，即最佳路径分析和旅行商分析。两者都是在网络中寻找遍历所有结点的最经济的路径，区别是在遍历网络所有结点的过程中对结点访问顺序的处理方式不同：最佳路径分析必须按照指定顺序对结点进行访问，而旅行商分析可以自己决定对结点的访问顺序。

所谓最佳路经，是求解网络中两点之间阻抗最小的路经，必须按照结点的选择顺序访问网络中的结点。"阻抗最小"有多种理解，如距离最短、时间最少、费用最低、风景最好、路况最佳、过桥最少、收费站最少等。

本节将实现的功能是获得案例中从起点到终点路程最短的驾车路线，其中，起点选为"电信小区"，终点选为"东北师范大学医院"。首先通过 SQL 查询获得电信小区和东北师范大学医院的坐标点作为分析站点，关于查询功能的实现请参见第 4 章，当然也可以通过绘制点操作在地图上较准确地单击获得两站点的坐标。然后设置最佳路径分析参数 FindPathParameters，包括交通网络分析通用参数，分析经过的结点等。之后再通过 FindPathService.processAsync()向服务端提交最短路径分析的请求，待服务端成功处理并返回最佳路径分析结果 FindPathResult 后对其进行解析，获得路由对象加以标注并显示驾车行驶导引。

7.5.1　代码实现

在进行最佳路径分析之前先统一设置交通网络分析通用参数 TransportationAnalystParameter 及结果参数 TransportationAnalystResultSetting。本节及后文的网络分析功能均将使用此设置。

```
protected function initApplication():void
{
    //定义交通网络分析结果参数 transportationAnalystResultSetting
    var  transportationAnalystResultSetting:TransportationAnalystResultSetting  =  new
TransportationAnalystResultSetting();
    //返回结点要素集合
    transportationAnalystResultSetting.returnNodeFeatures = true;
    //返回结点几何信息
    transportationAnalystResultSetting.returnNodeGeometry = true;
    //返回弧段要素集合
    transportationAnalystResultSetting.returnEdgeFeatures = true;
    //返回弧段几何信息
    transportationAnalystResultSetting.returnEdgeGeometry = true;
    //返回行驶导引集合
    transportationAnalystResultSetting.returnPathGuides = true;
    //返回路由对象集合
    transportationAnalystResultSetting.returnRoutes = true;
    //定义交通网络分析通用参数 TransportationAnalystParameter
    //设置分析结果的返回内容
    transportationAnalystParameter.resultSetting = transportationAnalystResultSetting;
    //服务端发布的权重字段名称 length,可在服务管理器查看交通网络分析服务提供者的权值信息
    transportationAnalystParameter.weightFieldName = "length";
    //服务端发布的转向权重字段的名称 TurnCost,可在服务管理器查看交通网络分析服务提供者的转向信息
    transportationAnalystParameter.turnWeightField = "TurnCost";
}
```

提示　在完成构建事件 creationComplete 中派发 initApplication()。

在"最佳路径分析"面板中"最短路径分析"按钮的单击事件 getStopsForFindPath_clickHandler(event)中添加如下代码，提交查询分析站点电信小区和东北师范大学医院的

请求。

```
protected function getStopsForFindPath_clickHandler(event:MouseEvent):void
{
    //定义 SQL 查询参数
    var queryBySQLParameter:QueryBySQLParameters = new QueryBySQLParameters();
    var filterParameterForResidential:FilterParameter = new FilterParameter();
    //居民小区图层
    filterParameterForResidential.name = "ResidentialPoint@Changchun";
    //起点电信小区
    filterParameterForResidential.attributeFilter = "NAME like '电信小区'";
    var filterParameterForHospital:FilterParameter = new FilterParameter();
    //医院图层
    filterParameterForHospital.name = "Hospital@Changchun";
    //终点东北师范大学医院
    filterParameterForHospital.attributeFilter = "name like '东北师范大学医院'";
    queryBySQLParameter.filterParameters =
[filterParameterForResidential,filterParameterForHospital];
    // 执行 SQL 查询
    var queryByDistanceService:QueryBySQLService = new
QueryBySQLService(restMapUrl_Changchun);
    queryByDistanceService.processAsync(queryBySQLParameter, new
AsyncResponder(this.executeFindPath, this.getTargetError, null));
}
```

在成功完成请求时的调用函数 executeFindPath 中添加如下代码，获得分析站点的坐标点，设置参数后，提交最短路径分析的请求。

```
protected function executeFindPath(queryResult:QueryResult, mark:Object = null):void
{
    if(queryResult == null)
    {
        Alert.show("分析站点结果为空");
        return;
    }
    var residential:Feature = null;
    var hospital:Feature = null;
    for(var i:Number=0;i<queryResult.recordsets.length;i++)
    {
        if((queryResult.recordsets[i] as Recordset).datasetName == "ResidentialPoint@ Changchun" )
            {
                //获得电信小区要素
                residential = (queryResult.recordsets[i] as Recordset).features[0];
                residential.style = new PictureMarkerStyle("../assets/起.png");
            }else
            {
                //获得东北师范大学医院要素
                hospital = (queryResult.recordsets[i] as Recordset).features[0];
```

```
                    hospital.style = new PictureMarkerStyle("../assets/终.png");
            }
    }
    //向途径站点数组中添加起点电信小区的坐标点
    stops.push((residential.geometry as Geometry).center);
    //向途径站点数组中添加终点东北师范大学医院的坐标点
    stops.push((hospital.geometry as Geometry).center);
    if(this.stops.length < 2)
    {
        Alert.show("请获取至少两个站点！","抱歉",4,this);
        return;
    }
    //定义最佳路径分析参数 findPathParameters
    var findPathParameters:FindPathParameters = new FindPathParameters();
    //设置交通网络分析通用参数
    findPathParameters.parameter = transportationAnalystParameter;
    //设置途径站点数组
    findPathParameters.nodes = stops;
    findPathParameters.isAnalyzeById = false;
    //执行最佳路径分析
    var findPathService:FindPathService = new FindPathService(this.netWorkAnalystUrl);
    findPathService.processAsync(findPathParameters,new
AsyncResponder(this.displayFindPathResult,excuteErrors,null));
    //将两站点在地图上进行标注
    featuresLayer.addFeature(residential);
    featuresLayer.addFeature(hospital);
}
```

在成功完成请求时的调用函数 displayFindPathResult 中添加如下代码。

```
protected function displayFindPathResult(findPathResult:FindPathResult,mark:Object =
null):void
{
    if(findPathResult.pathList == null)
    {
        Alert.show("查询结果为空", "抱歉", 4, this);
        return;
    }
    var pathList:Array = findPathResult.pathList;
    if(pathList && pathList.length > 0)
    {
        var temp:String = "";
        var lineStyle:PredefinedLineStyle = new
PredefinedLineStyle(PredefinedLineStyle.SYMBOL_SOLID,0x5064C8,0.6,6);
        var pathListLength:int = pathList.length;
        for(var i:int = 0;i<pathListLength;i++)
        {
```

```
                    //最佳路径分析结果路径
                    var path:Path = pathList[i] as Path;
                temp +="全程约"+String((((pathList[i] as Path).route.length)/1000).toFixed(2))
    +"公里，从电信小区出发，";
                    for (var j:int= 1;j<path.pathGuideItems.length -1;j++)
                    {
                        var pathGuideItem:PathGuideItem = path.pathGuideItems[j] as PathGuideItem;
                        temp +=pathGuideItem.description+"，";
                    }
                    temp +="到达东北师范大学医院。";
                    //将驾车行驶导引输出至文本框中
                    PathGuideArea.text = temp;
                    this.resultWindow.visible = true;
                    var  featureLine:Feature = new Feature();
                    //路由对应的线几何对象
                    featureLine.geometry = (pathList[i] as Path).route.line;
                    featureLine.style = lineStyle;
                    //将路由几何对象添加至要素图层进行展现
                    this.featuresLayer.addFeature(featureLine);
                }
            }
        this.map.viewBounds = ((pathList[0] as Path).route.line.bounds.expand(2));
        //清空分析站点数组
        this.stops = [];
}
```

重要提示　a.　网络分析模型参数的数据源名称、数据集名称、标识网络弧段和结点的 ID 字段名、标识网络弧段起止结点 ID 的字段名、权值信息以及转向表数据集都已在服务端进行了设置，通过在 SuperMap iServer Java 服务管理器中查看交通网络分析服务提供者可获得。其中，必设参数的详细信息请参考第 2 章中表 2-3，其他参数可选择性地设置。

    b.　最佳路径分析完成后，注意清空分析站点数组，避免出现后续分析站点不准确的情况。

    c.　最佳路径分析结果中一般只有一条结果路径，当有阻力相同的路径时也会出现多个路径结果。

7.5.2　运行效果

运行程序，在"网络分析"面板中选择"最佳路径分析"，单击其右侧面板中的"最短路径分析"按钮，运行效果如图 7-2 所示。

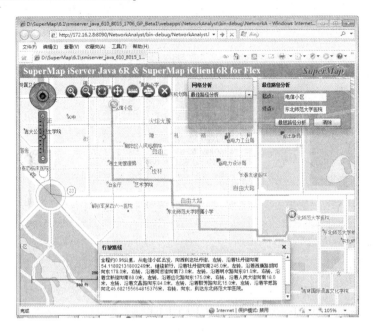

图 7-2　最佳路径分析

7.5.3　接口说明

本节所用接口如表 7-8 和表 7-9 所示，前文已经说明的接口本节将不再赘述。

表 7-8　通用参数接口说明

接　口	功　能
TransportationAnalystParameter	交通网络分析通用参数
TransportationAnalystParameter.turnWeightField	转向权重字段的名称，从服务端发布的可用转向权重字段中选择其一即可
TransportationAnalystParameter.weightFieldName	权重字段(也称作耗费字段、阻力字段)名称，从服务端发布的所有权重字段中的选择其一即可
TransportationAnalystParameter.resultSetting	设置分析结果的返回内容(TransportationAnalystResultSetting)
TransportationAnalystResultSetting.returnEdgeFeatures	分析结果是否返回弧段要素
TransportationAnalystResultSetting.returnEdgeGeometry	分析结果返回的弧段要素中是否包含几何信息
TransportationAnalystResultSetting.returnNodeFeatures	分析结果是否返回结点要素
TransportationAnalystResultSetting.returnNodeGeometry	分析结果返回的结点要素中是否包含几何信息
TransportationAnalystResultSetting.returnPathGuides	分析结果是否包含行驶导引(PathGuideItem)集合
PathGuideItem.description	行驶导引子项描述
TransportationAnalystResultSetting.returnRoutes	分析结果是否包含路由对象(Route)集合

续表

接　口	功　能
Route.line	路由对应的线几何对象，ServerGeometry 类型
Route.length	路由对象的长度，单位与数据集的单位相同

表 7-9　最佳路径分析接口说明

接　口	功　能
FindPathParameters.nodes	最佳路径分析经过的结点
FindPathParameters.parameter	交通网络分析通用参数
FindPathParameters.isAnalyzeById	最佳路径分析途经的结点(nodes)是否以 ID 的形式设置
FindPathService.processAsync()	将最佳路径分析参数传递给服务端，提交最佳路径分析请求，与服务端完成异步通信
FindPathResult.pathList	交通网络分析结果路径数组[Path]
Path.pathGuideItems	行驶导引数组。其中每个对象为一个行驶导引子项 PathGuideItem
Path.route	分析结果对应的路由对象 Route

7.6　最近设施分析

最近设施分析是为一个事件点查找以最小耗费能到达的一个或多个设施点，结果显示从事件点到设施点(或从设施点到事件点)的最佳路径、耗费以及行驶方向。另外，还可以设置搜索范围，超过该范围将不再进行查找。

● 设施点：最近设施分析的基本要素，也就是学校、超市、加油站等服务设施。

● 事件点：最近设施分析的基本要素，就是需要服务设施的事件位置。

本节将实现的功能是获得案例中离事故点到达最近的医院的行驶路径，其中，交通事故点是一个事件点，周边的医院作为设施点。在本例中首先通过绘制点交互操作 DrawPoint 获得事件点(如"电信小区")和设施点(如"省中医药临床医院"、"解放军第四六一医院"、"长春友谊医院"等)的坐标点，当然也可以通过查询功能获得。然后设置最近设施分析参数 FindClosestFacilitiesParameters，包括交通网络分析通用参数、事件点、设施点、查找方向是从事件点到设施点或是相反以及查找半径等。之后再通过 FindClosestFacilitiesService.processAsync()向服务端提交最近设施分析的请求，待服务端成功处理并返回最近设施分析服务结果 FindClosestFacilitiesResult 后对其进行解析，获得由事件点到达最近医院的路由对象加以标注并显示驾车行驶导引。

7.6.1　代码实现

在"最近设施分析"面板中"选择事故地点"按钮的单击事件 getEvent_clickHandler (event)

中添加如下代码，绘制事件点。

```
protected function getEvent_clickHandler(event:MouseEvent):void
{
    //绘制事件点于"电信小区"处
    var chooseEventActoin:DrawPoint = new DrawPoint(map);
    var markerStyle:PictureMarkerStyle = new PictureMarkerStyle("../assets/selectNode3.png");
    markerStyle.yOffset = 23;
    markerStyle.xOffset = 1;
    chooseEventActoin.style = markerStyle;
     //设置 Map 的 Action 操作
    map.action = chooseEventActoin;
    //绘制完成派发事件获得绘制点的坐标
    chooseEventActoin.addEventListener(DrawEvent.DRAW_END,addEventPointFeature);
}
```

绘制完成派发事件中获得绘制点的坐标，在 addEventPointFeature(event:DrawEvent)中添加如下代码。

```
protected function addEventPointFeature(event:DrawEvent):void
{
    if(event.feature.geometry is GeoPoint)
    {
        //绘制点几何对象
        var point:GeoPoint = event.feature.geometry as GeoPoint;
        //构建事件点坐标 eventPoint
        eventPoint = new Point2D(point.x, point.y);
    }
    this.featuresLayer.addFeature(event.feature);
}
```

在"最近设施分析"面板中"选择医院地点"按钮的单击事件 getFacilities_clickHandler(event)中添加如下代码，绘制设施点。

```
protected function getFacilities_clickHandler(event:MouseEvent):void
{
    //绘制设施点于周边几个医院处
    var chooseFacilitiesActoin:DrawPoint = new DrawPoint(map);
    var markerStyle:PictureMarkerStyle = new PictureMarkerStyle("../assets/selectNode.png");
    markerStyle.yOffset = 23;
    markerStyle.xOffset = 1;
    chooseFacilitiesActoin.style = markerStyle;
    //设置 Map 的 Action 操作
    map.action = chooseFacilitiesActoin;
    //绘制完成派发事件获得绘制点的坐标
    chooseFacilitiesActoin.addEventListener(DrawEvent.DRAW_END,
this.addEventChooseFacilitiesFeature);
}
```

绘制完成派发事件中获得绘制点的坐标，在 addEventChooseFacilitiesFeature (event:DrawEvent)中添加如下代码。

```
protected function addEventChooseFacilitiesFeature(event:DrawEvent):void
{
    if(event.feature.geometry is GeoPoint)
    {
        //绘制点几何对象
        var point:GeoPoint = event.feature.geometry as GeoPoint;
        //构建设施点坐标数组 facilityPoints
        facilityPoints.push(new Point2D(point.x, point.y));
    }
    featuresLayer.addFeature(event.feature);
}
```

在"最近设施分析"面板中"最近医院查找"按钮的单击事件 findClosestFacilities_clickHandler (event)中添加如下代码，提交最近设施分析请求。

```
protected function findClosestFacilities_clickHandler(event:MouseEvent):void
{
    //定义最近设施分析参数
    var findClosestFacilitiesParameters:FindClosestFacilitiesParameters = new
FindClosestFacilitiesParameters();
    //一个事件点 eventPoint
    findClosestFacilitiesParameters.event = this.eventPoint;
    //多个设施点 facilityPoints 数组
    findClosestFacilitiesParameters.facilities = this.facilityPoints;
    //期望返回的最近设施即医院个数
    findClosestFacilitiesParameters.expectFacilityCount = 1;
    //方向为从事件点到设施点
    findClosestFacilitiesParameters.fromEvent = true;
    //搜索范围半径，单位与交通网络分析通用参数中权重字段一致
    findClosestFacilitiesParameters.maxWeight = 8000;
    //交通网络分析通用参数
    findClosestFacilitiesParameters.parameter = transportationAnalystParameter;
    //执行最近设施分析
    var findClosestFacilitiesService:FindClosestFacilitiesService = new
FindClosestFacilitiesService(this.netWorkAnalystUrl);
    findClosestFacilitiesService.processAsync(findClosestFacilitiesParameters, new
AsyncResponder(this.displayFindClosestFacilitiesResult, excuteErrors, "ClosestFacilities"));
}
```

在成功完成请求时的调用函数 displayFindClosestFacilitiesResult 中添加如下代码。

```
protected function displayFindClosestFacilitiesResult
(findClosestFacilitiesResult:FindClosestFacilitiesResult,mark:Object = null):void
{
    var facilityPathList:Array = findClosestFacilitiesResult.facilityPathList;
    if(facilityPathList && facilityPathList.length > 0)
    {
        var temp:String = "";
        var lineStyle:PredefinedLineStyle = new PredefinedLineStyle
(PredefinedLineStyle.SYMBOL_SOLID,0x5064C8,0.6,6);
        var facilitypathListLength:int = facilityPathList.length;
        for(var i:int = 0;i<facilitypathListLength;i++)
```

```
        {
            //最近设施分析结果路径
            var closestfacilityPath:ClosestFacilityPath = facilityPathList[i] as
ClosestFacilityPath;
            temp +="到最近医院的行驶路线如下："+"\n"+"从事故地点出发, ";
            for (var j:int= 1;j<closestfacilityPath.pathGuideItems.length -1;j++)
            {
                //到达最近医院的每个行驶导引子项
                var pathGuideItem:PathGuideItem = closestfacilityPath.pathGuideItems[j]
as PathGuideItem;
                //行驶导引子项描述
                temp +=pathGuideItem.description+", ";
            }
            temp +="到达医院, 全程约"+String((((facilityPathList[i] as Path).route.length)/1000).
toFixed(2))+"公里。";
            //将到达最近医院的行驶导引输出至文本框中
            PathGuideArea.text = temp;
            this.resultWindow.visible = true;
            var  featureLine:Feature = new Feature();
            //路由对应的线几何对象
            featureLine.geometry = (facilityPathList[i] as Path).route.line;
            featureLine.style = lineStyle;
            //将路由几何对象添加至要素图层进行展现
            this.featuresLayer.addFeature(featureLine);
        }
    }
    this.eventPoint = null;
    this.facilityPoints = [];
}
```

📝**重要提示**　a. 若 FindClosestFacilitiesParameters.fromEvent = false，则分析方向为从设施点到事件点。由于存在从 A 点到 B 点与从 B 点到 A 点的耗费不一样的情况，因此起止点不同可能会得到不同的最优路线。

　　b. FindClosestFacilitiesParameters.expectFacilityCount 可设置返回多个最近设施，并非只有一个。

　　c. 最近设施分析与最近地物查找不同，两者虽然都是查找距离事件中心点最近的地物，但最近设施分析是在网络模型基础上进行，要求路程最短，结果侧重于到达最近目标的行驶路径；而最佳地物查找是距离查询中的最近距离模式，要求距离半径最短，结果侧重于目标地物。

📝**提示**　代码中只列出了主要部分，其他代码详见 7.4 节中界面设计及辅助代码。

7.6.2　运行效果

运行程序，在"网络分析"面板中选择"最近设施分析"，单击其右侧面板中的"最近医院查找"按钮，运行效果如图 7-3 所示。

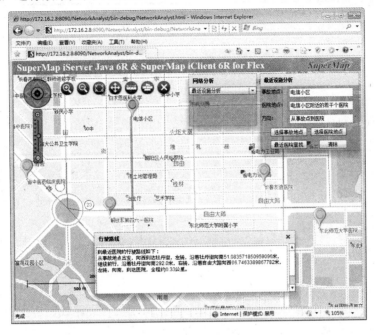

图 7-3　最近设施分析

7.6.3　接口说明

本节所用主要接口如表 7-10 所示，前文已经说明的接口本节将不再赘述。

表 7-10　接口说明

接　口	功　能
FindClosestFacilitiesParameters.event	事件点，一般为需要获得服务的事件位置
FindClosestFacilitiesParameters.facilities	设施点集合，一般为提供服务的服务设施位置
FindClosestFacilitiesParameters.expectFacilityCount	期望返回的最近设施个数，默认值为 1
FindClosestFacilitiesParameters.fromEvent	是否从事件点到设施点进行查找，默认值为 false
FindClosestFacilitiesParameters.maxWeight	查找半径。单位与该类中 parameter 字段(交通网络分析通用参数)中设置的权重字段一致。默认值为 0，表示查找全网络
FindClosestFacilitiesParameters.parameter	交通网络分析通用参数。TransportationAnalystParameter 类型
FindClosestFacilitiesService.processAsync()	将参数传递给服务端，提交最近设施分析请求，与服务端完成异步通信
FindClosestFacilitiesResult.facilityPathList	最近设施分析结果路径集合。ClosestFacilityPath 类型

接　口	功　能
ClosestFacilityPath.facility	最近设施点，最近设施分析参数如果指定设施点时使用 ID，则返回结果也为 ID；如果使用坐标值，则返回结果也为坐标值
ClosestFacilityPath.route	分析结果对应的路由对象 Route
ClosestFacilityPath.pathGuideItems	行驶导引数组。其中每个对象为一个行驶导引子项 PathGuideItem

7.7　物流配送分析

物流配送分析又称多旅行商分析，是指在网络数据集中，给定 M 个配送中心点和 N 个配送目的地(M、N 为大于零的整数，且 M、N 可以相等)，查找经济有效的配送路径，并给出相应的行走路线。

本节将实现的功能是获得案例中超市物流配送费用最小的行驶路线，解决如何合理分配各个货车的配送次序和送货路线，使配送总花费达到最小或每个配送中心的花费达到最小的问题。

在本例中首先通过绘制点交互操作 DrawPoint 获得多个配送中心和多个配送目的地的坐标点，当然也可以通过查询功能获得。然后设置多旅行商分析参数 FindMTSPPathsParameters，包括交通网络分析通用参数、配送中心集合、配送目标地集合、配送模式等。之后再通过 FindMTSPPathsService.processAsync()向服务端提交物流配送分析的请求，待服务端成功处理并返回分析服务结果 FindMTSPPathsResult 后对其进行解析，获得由配送中心依次向各个配送目的地配送货物的最佳路径。

7.7.1　代码实现

在"物流配送分析"面板中"选择配送中心点"按钮的单击事件 getCenters_clickHandler(event) 中添加如下代码，绘制配送中心点。

```
protected function getCenters_clickHandler(event:MouseEvent):void
{
    //绘制配送中心点
    var chooseCenterActoin:DrawPoint = new DrawPoint(map);
    var markerStyle:PictureMarkerStyle = new PictureMarkerStyle("../assets/selectNode3.png");
    markerStyle.yOffset = 23;
    markerStyle.xOffset = 1;
    chooseCenterActoin.style = markerStyle;
    //设置 Map 的 Action 操作
    map.action = chooseCenterActoin;
    //绘制完成派发事件获得绘制点的坐标
```

```
    chooseCenterActoin.addEventListener(DrawEvent.DRAW_END,this.addCenterPointFeature);
}
```

在绘制完成事件中获得绘制点的坐标，在 addCenterPointFeature (event:DrawEvent)中添加如下代码。

```
protected function addCenterPointFeature(event:DrawEvent):void
{
    if(event.feature.geometry is GeoPoint)
    {
        //绘制点几何对象
        var point:GeoPoint = event.feature.geometry as GeoPoint;
        //构建配送中心点坐标集合 sendCenters
        sendCenters.push(new Point2D(point.x, point.y));
    }
    this.featuresLayer.addFeature(event.feature);
}
```

在"物流配送分析"面板中"选择配送目的地"按钮的单击事件 getFacilities_clickHandler (event)中添加代码。由于可复用绘制设施点的代码，故这里不再列出，配送目的地集合仍为 this.facilityPoints。

在"物流配送分析"按钮的单击事件 findMTSPPath_clickHandler(event)中添加如下代码，提交物流配送分析请求。

```
protected function findMTSPPath_clickHandler(event:MouseEvent):void
{
    this.map.action = new Pan(map);
    //定义多旅行商分析参数
    var findMTSPPathsParameters:FindMTSPPathsParameters = new FindMTSPPathsParameters();
    //配送中心集合
    findMTSPPathsParameters.centers = this.sendCenters;
    //配送目标点集合
    findMTSPPathsParameters.nodes = this.facilityPoints;
    //配送模式为总耗费最小
    findMTSPPathsParameters.hasLeastTotalCost = true;
    //通过坐标指定配送中心和目的地
    findMTSPPathsParameters.isAnalyzeById = false;
    //交通网络分析通用参数
    findMTSPPathsParameters.parameter = transportationAnalystParameter;
    //执行多旅行商分析
    var findMTSPPathsService:FindMTSPPathsService = new
FindMTSPPathsService(this.netWorkAnalystUrl);
    findMTSPPathsService.processAsync(findMTSPPathsParameters, new
AsyncResponder(this.displayFindMTSPPathsResult, excuteErrors, null));
}
```

在成功完成请求时的调用函数 displayFindMTSPPathsResult 中添加如下代码。

```
protected function displayFindMTSPPathsResult(findMTSPPathsResult:FindMTSPPathsResult,
  mark:Object = null)
```

```
{
    var mtspPathList:Array = findMTSPPathsResult.mtspPathList;
    if(mtspPathList && mtspPathList.length > 0)
    {
        var temp:String = "";
      var lineStyle:PredefinedLineStyle = new PredefinedLineStyle(PredefinedLineStyle.
SYMBOL_SOLID,0x5064C8,0.6,6);
        var mtspPathListLength:int = mtspPathList.length;
        temp +="共有"+mtspPathListLength+"个配送方案,故有"+mtspPathListLength+"条行驶路线,
分别如下: "+"\n";

        for(var i:int = 0;i<mtspPathListLength;i++)
        {
            //多旅行商分析结果路径
             var mtspPath:MTSPPath = mtspPathList[i] as MTSPPath;
            temp +="第"+(i+1)+"条路线: 从第"+(i+1)+"个配送中心出发, ";
            for (var j:int= 1;j<mtspPath.pathGuideItems.length;j++)
            {
                //每个结果路径的行驶导引子项
                var pathGuideItem:PathGuideItem=mtspPath.pathGuideItems[j] as PathGuideItem;
                temp += pathGuideItem.description+",";

            }
            temp +="结束。"+"\n"+"\r";
            var featureLine:Feature = new Feature();
            //每个结果路径的路由对应的线几何对象
            featureLine.geometry = (mtspPathList[i] as Path).route.line;
            featureLine.style = lineStyle;
            //将路由几何对象添加至要素图层进行展现
            this.featuresLayer.addFeature(featureLine);
        }
        //将配送路线导引输出至文本框中
        PathGuideArea.text = temp;
        this.resultWindow.minWidth = 800;
        this.resultWindow.minHeight = 200;
        this.resultWindow.visible = true;
    }
    this.sendCenters = [];
    this.facilityPoints = [];
}
```

📝**重要提示**　SuperMap GIS 的物流配送提供了两种查找配送路线的方法: 一种是查找配送费用总和最小的路线, 另一种是查找每个配送中心的配送费用最小的路线。本节采用的是前者, 若 FindMTSPPathsParameters.hasLeastTotalCost = false 则配送模式为后者。

📝**提示**　代码中只列出了主要部分, 其他代码详见 7.4 节中界面设计及辅助代码。

7.7.2　运行效果

运行程序，在"网络分析"面板中选择"物流配送分析"，单击其右侧面板中的"物流配送分析"按钮，运行效果如图 7-4 所示。

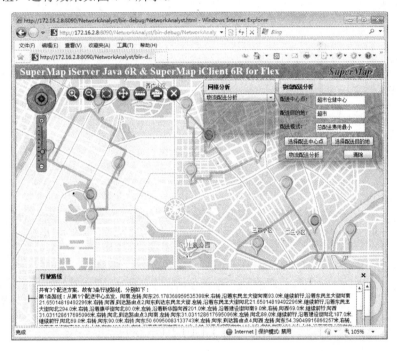

图 7-4　物流配送分析

7.7.3　接口说明

本节所用主要接口如表 7-11 所示，前文已经说明的接口本节将不再赘述。

表 7-11　接口说明

接　口	功　能
FindMTSPPathsParameters.centers	配送中心集合
FindMTSPPathsParameters.nodes	配送目标点集合
FindMTSPPathsParameters.hasLeastTotalCost	配送模式是否为总耗费最小方案，默认为 false，会使各个中心点花费相对平均，此时总花费不一定最小。若为 true，则按照总花费最小的模式进行配送，此时可能会出现某几个配送中心点配送的花费较多而其他配送中心点的花费很少的情况
FindMTSPPathsParameters.parameter	交通网络分析通用参数

续表

接 口	功 能
FindMTSPPathsService.processAsync()	将参数传递给服务端，提交物流配送分析请求，与服务端完成异步通信
FindMTSPPathsResult.mtspPathList	多旅行商分析结果路径数组，包含每个配送中心点依次向所负责的配送目标点配送物资的最佳路径(MTSPPath)。数组大小取决于配送中心点的个数
MTSPPath.center	该路径对应的配送中心点
MTSPPath.route	该路径对应的路由对象 Route
MTSPPath.pathGuideItems	该路径的行驶导引数组[PathGuideItem]

7.8　服务区分析

服务区分析是为网络上指定的服务中心点查找其服务范围。

本节将实现的功能是获得案例中公园的园区服务范围，将公园抽象为服务站点。首先通过 SQL 查询获得若干个公园作为服务站点，关于查询功能的实现请参见第 4 章，当然也可以通过绘制点操作在地图上较准确地单击获得公园坐标。然后设置服务区分析参数 FindServiceAreasParameters，包括交通网络分析通用参数、位置服务站中心点集合、服务半径集合、分析方向等。之后再通过 FindServiceAreasService.processAsync()向服务端提交服务区分析的请求，待服务端成功处理并返回分析结果 FindServiceAreasResult 后对其进行解析，获得服务区对象并展现在地图上。

7.8.1　代码实现

在"服务区分析"面板中"服务区分析"按钮的单击事件 getParksForFindServiceAreas_clickHandler(event)中添加如下代码，提交查询公园即服务中心点的请求。

```
protected function getParksForFindServiceAreas_clickHandler(event:MouseEvent):void
{
    //定义 SQL 查询参数
    var queryBySQLParameter:QueryBySQLParameters = new QueryBySQLParameters();
    var filterParameterForPark:FilterParameter = new FilterParameter();
    //公园图层
    filterParameterForPark.name = "Park@Changchun";
    filterParameterForPark.attributeFilter = "name like '%公园%'";
    queryBySQLParameter.filterParameters = [filterParameterForPark];
    // 执行 SQL 查询
    var queryByDistanceService:QueryBySQLService = new QueryBySQLService(restMapUrl_Changchun);
    queryByDistanceService.processAsync(queryBySQLParameter, new
AsyncResponder(this.executeFindServiceAreas, this.getTargetError, null));
}
```

在成功完成请求时的调用函数 executeFindServiceAreas 中添加如下代码，获得服务中心点的坐标点，设置参数后，提交服务区分析的请求。

```
protected function executeFindServiceAreas(queryResult:QueryResult,mark:Object = null):void
{
    var park:Feature = null;
    for(var i:Number=0;i<queryResult.recordsets.length;i++)
    {
        var recordset:Recordset = queryResult.recordsets[i] as Recordset;
        for(var j:Number=0;j<recordset.features.length;j++)
        {
            //获得公园要素
            park = recordset.features[j] as Feature;
            park.style = new PictureMarkerStyle("../assets/selectNode.png")
            //将公园坐标点添加至服务中心点数组中
            serviceCenters.push(new Point2D(park.geometry.center.x,park.geometry.center.y));
            //将公园标注于地图上
            featuresLayer.addFeature(park);
        }
    }
    if(this.serviceCenters.length < 1)
    {
        Alert.show("请获取至少一个服务中心点！","抱歉",4,this);
        return;
    }
    //定义服务区分析参数
    var findServiceAreasParameters:FindServiceAreasParameters = new FindServiceAreasParameters();
    //不从中心点开始分析，此为从四周到公园分析
    findServiceAreasParameters.isFromCenter = false;
    //对结果服务区进行互斥处理
    findServiceAreasParameters.isCenterMutuallyExclusive = true;
    //交通网络分析通用参数
    findServiceAreasParameters.parameter = transportationAnalystParameter;
    //服务中心点集合
    findServiceAreasParameters.centers = this.serviceCenters;
    //服务半径集合，此为距离半径，单位"米"
    findServiceAreasParameters.weights = [500,600,500,550];
    //通过点坐标指定服务中心点，此为公园坐标点
    findServiceAreasParameters.isAnalyzeById = false;
    //执行服务区分析
    var findServiceAreasService:FindServiceAreasService = new
FindServiceAreasService(this.netWorkAnalystUrl);
    findServiceAreasService.processAsync(findServiceAreasParameters, new
AsyncResponder(this.displayFindServiceAreasResult, excuteErrors, "FindServiceArea"));
}
```

在成功完成请求时的调用函数 displayFindServiceAreasResult 中添加如下代码。

```
protected function displayFindServiceAreasResult
(findServiceAreasResult:FindServiceAreasResult,mark:Object = null):void
{
```

```
    var serviceAreaList:Array = findServiceAreasResult.serviceAreaList;
    var borderLineStyle:PredefinedLineStyle = new
PredefinedLineStyle(PredefinedLineStyle.SYMBOL_SOLID,0xC1BFC1,1,2);
    for(var i:int = 0; i < serviceAreaList.length; i++)
    {
        //单个服务区对象
        var serviceArea:ServiceArea = serviceAreaList[i] as ServiceArea;
        var feature:Feature = new Feature(serviceArea.serviceRegion, new
PredefinedFillStyle(PredefinedFillStyle.SYMBOL_SOLID,0xa4ecf9, 0.5,borderLineStyle));
        //将各公园的服务范围标注于地图上
        this.featuresLayer.addFeature(feature);
    }
    this.serviceCenters = [];
}
```

📝**重要提示**　a.　通过 FindServiceAreasParameters.isFromCenter 设置分析方向是否从中心
　　　　　　　　点开始。从中心点开始分析，表示是一个服务中心向服务需求地提供服
　　　　　　　　务；不从中心点开始分析，是一个服务需求地主动到服务中心获得服务。

　　　　　　　b.　通过 FindServiceAreasParameters.isCenterMutuallyExclusive 对分析结果服
　　　　　　　　务区进行互斥处理，若分析出的服务区有重叠的部分，则通过设置该参
　　　　　　　　数进行互斥处理。

7.8.2　运行效果

运行程序，在"网络分析"面板中选择"服务区分析"，单击其右侧面板中的"服务区分
析"按钮，运行效果如图 7-5 所示。

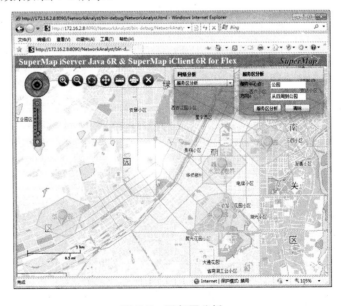

图 7-5　服务区分析

7.8.3　接口说明

本节所用主要接口如表 7-12 所示，前文已经说明的接口本节将不再赘述。

表 7-12　接口说明

接　口	功　能
FindServiceAreasParameters.centers	服务站中心点集合
FindServiceAreasParameters.isFromCenter	是否从中心点开始分析，默认为 false，表示不从中心点开始分析
FindServiceAreasParameters.isCenterMutuallyExclusive	是否对分析结果服务区进行互斥处理，默认为 false，表示不进行互斥处理
FindServiceAreasParameters.weights	服务中心点的服务半径集合，数组中的元素与中心点集合 (Centers) 中的点一一对应，其单位与 TransportationAnalystParameter.weightFieldName 属性一致
FindServiceAreasParameters.parameter	交通网络分析通用参数
FindServiceAreasService.processAsync()	将参数传递给服务端，提交服务区分析请求，与服务端完成异步通信
FindServiceAreasResult.serviceAreaList	服务区对象(ServiceArea)数组
ServiceArea.serviceRegion	中心点的服务区域，面对象 Geometry
ServiceArea.routes	分析结果对应的路由对象数组[Route]

7.9　快速参考

目　标	内　容
最佳路径分析	获得从起点"电信小区"到终点"东北师范大学医院"之间的路程最短的驾车路线。首先查询获得起点和终点作为分析站点。然后设置最佳路径分析参数 FindPathParameters，包括交通网络分析通用参数、分析经过的结点等。之后再通过 FindPathService.processAsync()向服务端提交最短路径分析的请求，待服务端成功处理并返回最佳路径分析结果 FindPathResult 后对其进行解析，将行驶路线展现在地图中并给出行驶导引信息
最近设施分析	获得从事故点到达最近的医院的行驶路径。首先通过绘制点获得事件点和设施点的坐标点。然后设置最近设施分析参数 FindClosestFacilitiesParameters，包括交通网络分析通用参数、事件点、设施点、查找方向(是从事件点到设施点或是相反以及查找半径)等。之后再通过 FindClosestFacilitiesService.processAsync()向服务端提交最近设施分析的请求，待服务端成功处理并返回最近设施分析服务结果 FindClosestFacilitiesResult 后对其进行解析，获得由事件点到达最近设施点的行驶路线，并将其展现在地图中，同时给出行驶导引信息

目　标	内　容
物流配送分析	又称多旅行商分析，获得超市物流配送费用最小的行驶路线，合理分配各个货车的配送次序和送货路线，使配送总花费达到最小或每个配送中心的花费达到最小。首先通过绘制点获得多个配送中心和多个配送目的地的坐标点。然后设置多旅行商分析参数 FindMTSPPathsParameters，包括交通网络分析通用参数、配送中心集合、配送目标地集合、配送模式等。之后再通过 FindMTSPPathsService.processAsync()向服务端提交物流配送分析的请求，待服务端成功处理并返回分析服务结果 FindMTSPPathsResult 后对其进行解析，获得由配送中心依次向各个配送目的地配送货物的最佳路径，并将其展现在地图中，同时给出行驶导引信息
服务区分析	获得公园的园区服务范围。首先通过查询获得若干个公园作为服务站点，然后设置服务区分析参数 FindServiceAreasParameters，包括交通网络分析通用参数、位置服务站中心点集合、服务半径集合、分析方向等，再通过 FindServiceAreasService.processAsync()向服务端提交服务区分析的请求，待服务端成功处理并返回分析结果 FindServiceAreasResult 后对其进行解析，获得园区服务范围并展现在地图上

7.10　本章小结

本章讲述了如何使用 SuperMap iClient for Flex 提供的网络分析接口获取 SuperMap iServer Java 交通网络分析 REST 服务，针对案例需求实现不同类型的网络分析功能，包括最佳路径分析、最近设施分析、物流配送分析和服务区分析。除本章所实现的功能外，网络分析还包含旅行商分析、选址分区分析等，其开发思路和其他功能类似，这里不再详述。

通过案例分析与实现阐述了网络分析功能的主要接口和开发思路。

练习题　通过 SuperMap iServer Java 服务管理器创建交通网络分析 REST 服务(可使用示范工作空间数据或自己的数据)，实现最佳路径分析功能。

第8章 数据管理

生活中的很多基础设施如基站、树木、线路、绿化区域等，都可以抽象为地图上的点、线、面等基本对象。对这些基础设施的管理就简化为地图上对点、线、面对象的管理。如工商局在地图上增加一个企业点来标识这个企业，并附加一些该企业的属性信息。这些点、线、面的管理在 GIS 项目中就是数据管理，包括点、线、面数据的增加、删除、修改及查询等。由于地图数据管理直观形象，现已经广泛应用到需要对基础设施管理的各个领域，如水、煤、气管线管理，工商企业管理，基站维护等。

本章主要内容：

● 添加地物
● 查询地物
● 修改地物
● 删除地物

8.1 案例说明

在信息量快速增长的时代，管理人员需要管理大量的图表以及图和表之间的关系，但是管理这些表格并不直观，尤其是针对那些和位置相关的信息。地图作为一种抽象信息表达方式，很适合作为载体来管理与位置相关的信息，而且直观形象。如工商单位的管理人员经常会处理各种与企业位置相关的信息，如录入、更改或删除企业位置及其属性数据，而且不同的管理人员会管理不同的片区，如果把这些操作都放在地图上，管理人员只需浏览其管理区域的数据并对其进行管理如增、删、改等，而更高级的管理人员则可以对整个区域内的企业进行各种统计分析，掌握其分布，从而提高工商管理工作的效率。

8.2 数据准备

数据管理主要针对矢量数据，本章采用长春数据作为示范数据，包括行政区域、道路等相关底图数据及企业兴趣点等数据集。工作空间文件见 SuperMap iServer Java 安装目录 \samples\data\NetworkAnalyst\Changchun.sxwu，该工作空间中有幅地图"长春市区图"，具体参考表 8-1。

表 8-1　数据说明

数据名称	数据内容	数据类型
Company	企业信息	点
底图数据	为企业数据的底图	点、线、面

📝提示　本章所用长春数据仅供演示、学习使用。实现数据管理功能需要调用 SuperMap iServer Java 的 REST 数据服务，此处 SuperMap iServer Java 已经默认发布长春数据的 REST 服务，地址如下：

- 地图服务

  http://localhost:8090/iserver/services/map-changchun/rest/maps/长春市区图

- 数据查询服务

  http://localhost:8090/iserver/services/data-changchun/rest/data/featureResults

- 数据编辑服务

  http://localhost:8090/iserver/services/data-changchun/rest/data/datasources/Changchun/datasets/Company/features

如果要发布自己的数据请参考 2.2.3 节内容，注意一定要发布两种服务：REST 地图服务及 REST 数据服务。如果要修改项目地图服务地址，可以修改配套光盘\示范程序\第 8 章\src\EditDataset.mxml 文件。

本章示例程序的代码位于配套光盘\示范程序\第 8 章。

8.3　案例分析

对本章案例进行需求分析，考虑用户操作习惯和增加企业位置及信息的流程，用户的操作会有：管理人员在管辖的片区内进行浏览，单击企业点来查看企业的位置及属性信息；通过输入或者根据企业的前后左右参考点位置在地图上添加企业位置信息及其属性信息；在地图上点击或者查询得到要修改或者删除的企业位置及其属性信息。功能需求的具体实现方法分析如下：

- 获取企业位置信息可以调用绘制点 DrawPoint，获取点击位置坐标信息然后添加到企业库中，详见 8.5 节。

- 浏览或者查看管理区的企业点信息，此操作也为修改及删除企业信息做铺垫，详见 8.6 节。

- 在查询结果中选择企业信息进行维护，详见 8.7 节。

- 在查询结果中选择企业信息进行删除，详见 8.8 节。

SuperMap iClient for Flex 提供了对接 SuperMap iServer Java 的数据服务接口，包括数据添加、删除、修改及查询等功能，主要类参考表 8-2、表 8-3 和表 8-4。

表 8-2　数据集编辑类

主 要 类	功能描述
EditFeaturesService	数据集编辑服务类
EditFeaturesParameters	数据集编辑参数类
EditFeaturesResult	数据集编辑结果类

表 8-3　数据集查询类

主 要 类	功能描述
GetFeaturesByGeometryService	数据集几何查询服务类
GetFeaturesByGeometryParameters	数据集几何查询参数类
GetFeaturesResult	数据集查询结果类

表 8-4　操作类

主 要 类	功能描述
DrawPoint	绘制点操作
DrawRectangle	绘制矩形操作

8.4　界 面 设 计

本章案例使用 Adobe Flash Builder 4.0 开发，界面设计如图 8-1 所示，左上角是导航控件及常用工具按钮，右上角是本章介绍的各个功能的演示，下文会一一详细介绍。

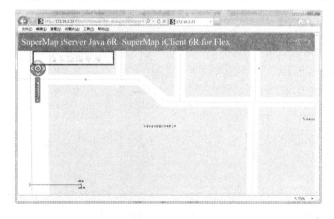

图 8-1　界面

具体代码请参考配套光盘\示范程序\第8章的范例项目。

界面及辅助代码如下:

```
<?xml version="1.0" encoding="utf-8"?>
<s:Application xmlns:fx="http://ns.adobe.com/mxml/2009"
               xmlns:s="library://ns.adobe.com/flex/spark"
               xmlns:mx="library://ns.adobe.com/flex/mx"
               xmlns:ic="http://www.supermap.com/iclient/2010"
               xmlns:isj6="http://www.supermap.com/iserverjava/2010"
               width="100%" height="100%">
    <fx:Script>
        <![CDATA[
            import com.supermap.web.actions.*;
            import com.supermap.web.core.*;
            import com.supermap.web.core.geometry.*;
            import com.supermap.web.core.styles.*;
            import com.supermap.web.events.*;
            import com.supermap.web.iServerJava6R.dataServices.*;
            import com.supermap.web.iServerJava6R.queryServices.SpatialQueryMode;
            import mx.controls.Alert;
            import mx.events.FlexEvent;
            import mx.rpc.AsyncResponder;
            import mx.rpc.events.FaultEvent;
            //判定是否选中状态
            private var isSelectedStatus:Boolean;
            //编辑对象的ID数组
            private var ids:Array = new Array();
            //单击操作按钮后的处理函数
            private var addEntityAction:DrawPoint;
            private var selEntityAction:DrawRectangle;
            private var editAction:Edit;
            [Bindable]
            private var mapUrl:String = "http://localhost:8090/iserver/services/
map-changchun/rest/maps/长春市区图";
            [Bindable]
            private var featureResultUrl:String = "http://localhost:8090/iserver/
services/data-changchun/rest/data/featureResults";
            [Bindable]
            private var editFeatureUrl:String = "http://localhost:8090/iserver/services/
data-changchun/rest/data/datasources/Changchun/datasets/Company/features";
            //平移
            private function panAction(event:MouseEvent):void
            {
                map.action = new Pan(map);
            }
            //清除要素图层
```

```
            private function clearFeature(event:MouseEvent):void
            {
                this.isSelectedStatus = false;
                this.fl.clear();
            }
        ]]>
    </fx:Script>
    <s:Group id="head" width="100%" height="80" left="0">
        <s:filters>
            <s:DropShadowFilter alpha="0.5" angle="90" distance="1.7" quality="2"/>
        </s:filters>
        <s:Path winding="nonZero" data="M0.5 35.5L0.5 4.5C0.5 2.29102 2.29102 0.5 4.5
0.5L730.5 0.5C732.709 0.5 734.5 2.29102 734.5 4.5L734.5 35.5" height="80" width="100%">
            <s:fill>
                <s:LinearGradient x="367.5" y="80" scaleX="80" rotation="-90">
                    <s:GradientEntry color="#696767" ratio="0"/>
                    <s:GradientEntry color="#696767" ratio="0.04"/>
                    <s:GradientEntry color="#696767" ratio="0.96"/>
                    <s:GradientEntry color="#696767" ratio="1"/>
                </s:LinearGradient>
            </s:fill>
        </s:Path>
    </s:Group>
    <ic:Map id="map" left="0" top="80" scales="{[1/25000,1/12500,1/6250,1/3125,1/2000,
1/1000,1/500]}">
        <isj6:TiledDynamicRESTLayer url="{this.mapUrl}" id="iServerLayer"
enableServerCaching="false" top="80"/>
        <ic:FeaturesLayer id="fl" top="80"/>
    </ic:Map>
    <ic:Compass id="compass" map="{this.map}" left="55" top="120"/>
    <ic:ZoomSlider id="zoomslider" map="{this.map}" left="74" top="192" />
    <ic:ScaleBar id="scalebar" map="{this.map}" left="55" bottom="25"/>
    <s:Label text="SuperMap iServer Java 6R SuperMap iClient 6R for Flex" left="15"
top="25" fontFamily="Times New Roman" color="#FAF6F6" fontSize="40"></s:Label>
    <mx:Image id="logo" source = "@Embed('assets/logo.png')" right="15" top="25"
height="30" width="120"/>
    <mx:ControlBar id="ct" horizontalAlign="right" verticalAlign="top"
backgroundAlpha="0.30" top="88" left="130">
        <mx:Image source = "@Embed('assets/addEntity.png')"
mouseDownEffect="{glowImage}" mouseUpEffect="{unglowImage}" toolTip="添加企业"
click="addEntity(event)" />
        <mx:Image source = "@Embed('assets/selectEntity.png')"
mouseDownEffect="{glowImage}" mouseUpEffect="{unglowImage}" toolTip="选择企业"
click="selectEntity(event)"/>
        <mx:Image source = "@Embed('assets/updateEntity.png')"
mouseDownEffect="{glowImage}" mouseUpEffect="{unglowImage}" toolTip="更新企业"
click="alterFeatures(event)"/>
        <mx:Image source = "@Embed('assets/deleteEntity.png')"
mouseDownEffect="{glowImage}" mouseUpEffect="{unglowImage}" toolTip="删除企业"
```

```
click="deleteEntity(event)"/>
        <mx:Image source = "@Embed('assets/pan.png')" mouseDownEffect="{glowImage}"
mouseUpEffect="{unglowImage}" toolTip="平移地图" click="panAction(event)" />
        <mx:Image source = "@Embed('assets/Clear.png')" mouseDownEffect="{glowImage}"
mouseUpEffect="{unglowImage}" toolTip="清除临时对象" click="clearFeature(event)" />
    </mx:ControlBar>
    <fx:Declarations>
        <!-- 将非可视元素(例如服务、值对象)放在此处 -->
        <mx:Glow id="unglowImage" duration="1000" alphaFrom="0.3" alphaTo="1.0"
blurXFrom="50.0" blurXTo="0.0" blurYFrom="50.0" blurYTo="0.0" color="0xff0000"/>
        <mx:Glow id="glowImage" duration="1000" alphaFrom="1.0" alphaTo="0.3"
blurXFrom="0.0" blurXTo="50.0" blurYFrom="0.0" blurYTo="50.0" color="0x990000"/>
    </fx:Declarations>
</s:Application>
```

8.5　数据添加

本节将实现对企业位置信息的添加功能。根据企业前后参照物在地图上利用鼠标添加企业点。开发思路是首先调用 DrawPoint 操作类获取鼠标添加的企业点(Feature)对象，然后设置 EditFeaturesParameters，包括将编辑类型 EditType 设置为 ADD，设置要添加的对象 Feature。其次通过 EditFeaturesService.processAsync()方法向服务端提交请求，最后根据服务端返回结果进入回调函数。如果进入完成回调函数，则调用 TiledDynamicRESTLayer 的 refresh()函数刷新图层；如果进入失败回调函数，则弹出提示。

8.5.1　代码实现

(1) 单击地图编辑面板中的 图标(此处设置当前地图对象的 Action 为 DrawPoint)，然后在 地图 窗体 参考 周边 地物 在 相应 位置 添加 企业 点。按 钮 单击 事件 addEntity(event:MouseEvent)具体代码如下。

```
//添加地物
private function addEntity(event:MouseEvent):void
{
    addEntityAction = new DrawPoint(map);
    map.action = addEntityAction;
    addEntityAction.addEventListener(DrawEvent.DRAW_END,onGeometryAdded);
}
```

(2) 在 DrawPoint 的绘制完成回调函数 onGeometryAdded(event:DrawEvent)中获得 Feature 对象，然后设置编辑参数 EditFeaturesParameters，调用添加地物服务 EditFeaturesService. processAsync()提交编辑请求，具体代码如下。

```
//添加地物回调函数
private function onGeometryAdded(event:DrawEvent):void
{
```

```
    //移除 addEntityAction 的查询完成事件
    addEntityAction.removeEventListener(DrawEvent.DRAW_END, onGeometryAdded);
    //设置选择完成后 map 对象的 action 为平移
    map.action = new Pan(map);
    //实例化编辑参数
    var addFeatureparam:EditFeaturesParameters = new EditFeaturesParameters();
    //设置编辑类型为 ADD
    addFeatureparam.editType = EditType.ADD;
    //设置要添加的企业点对象
    addFeatureparam.features = [event.feature];
    //与服务器交互
    var editFeaturesService:EditFeaturesService = new
EditFeaturesService(this.editFeatureUrl);
    editFeaturesService.processAsync(addFeatureparam, new
AsyncResponder(this.editComplete, excuteErros, "addEntity"));
    fl.addFeature(event.feature);
}
```

(3) 在编辑服务完成回调函数 editComplete(editRusult:EditFeaturesResult, mark:Object)中，刷新图层、清除 FeaturesLayer 上的地物。如果编辑服务请求处理失败，在失败回调函数 excuteErros(error:FaultEvent, mark:Object)中弹出警告窗体。具体代码如下。

```
//地物编辑成功时的回调函数
private function editComplete(editRusult:EditFeaturesResult, mark:Object):void
{
    //双击地物并提交编辑请求后，刷新图层并显示最新修改后的地图
    this.iServerLayer.refresh();
    //编辑动作完成后设置是否选择为 false，便于下次查询后编辑
    this.isSelectedStatus = false;
    //设置选择完成后 map 对象的 action 为平移
    map.action = new Pan(map);
    //清除临时层对象
    fl.clear();
}
//地物编辑失败时的回调函数
private function excuteErros(error:FaultEvent, mark:Object):void
{
    Alert.show("地物编辑失败","抱歉",4,this);
}
```

8.5.2 运行效果

单击🏠按钮，放大地图到企业点显示比例尺，然后鼠标在地图上的企业点位置单击，直接添加企业，单击后显示更新结果如图 8-2 所示。

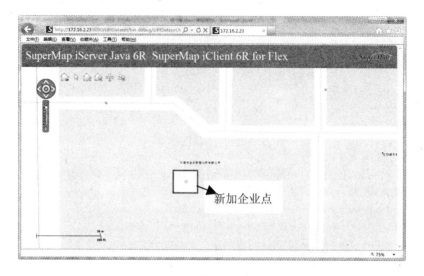

图 8-2　数据添加界面

8.5.3　接口说明

本节所用接口如表 8-5 所示。

表 8-5　接口说明

接　口	功　能
DrawPoint	绘制点 Action
DrawEvent.DRAW_END	绘制点结束事件，可以加响应事件
EditType.ADD	数据编辑参数类型，此处选择添加
TiledDynamicRESTLayer.Refresh()	图层刷新，保证当前地图是最新的

8.6　数据查询

本节将实现在地图上拉框查询某块区域内的企业点。首先通过 DrawRectangle 获取区域，然 后 设 置 GetFeaturesByGeometryParameters， 再 调 用 GetFeaturesByGeometryService. processAsync()方法提交查询请求，待服务器端处理完成并返回结果后对 GetFeaturesResult 解析，同时在地图上高亮显示。

8.6.1　代码实现

(1) 在地图编辑面板中单击▢按钮，然后在地图上拉框进行查询，按钮的单击事件 selectEntity(event:MouseEvent)中添加如下代码。

```
//选择地物
private function selectEntity(event:MouseEvent):void
{
    selEntityAction = new DrawRectangle(map);
    selEntityAction.addEventListener(DrawEvent.DRAW_END,onGeometrySelected);
    map.action = selEntityAction;
}
```

(2) 在绘制矩形回调函数 onGeometrySelected(event:DrawEvent) 中，构造查询参数 GetFeaturesByGeometryParameters，然后调用 GetFeaturesByGeometryService 服务的 processAsync()方法提交请求。具体代码如下。

```
//选择地物回调函数
private function onGeometrySelected(event:DrawEvent):void
{
    //移除 addEntityAction 的查询完成事件
    selEntityAction.removeEventListener(DrawEvent.DRAW_END, onGeometrySelected);
    //查询完成后就获得了可以编辑的企业点信息，故 isSelectedStatus 为 true
    this.isSelectedStatus = true;
    //设置地图当前 Action 为 Pan
    map.action = new Pan(map);
    //设置查询数据集及数据源
    var queryParams:Array = ["Changchun:Company"];
    //实例化查询参数
    var queryByGeometryParameters:GetFeaturesByGeometryParameters = new
GetFeaturesByGeometryParameters();
    queryByGeometryParameters.datasetNames = queryParams;
    //设置查询几何对象
    queryByGeometryParameters.geometry = event.feature.geometry;
    //设置空间查询模式为包含，即包含在查询几何对象中的所有对象
    queryByGeometryParameters.spatialQueryMode = SpatialQueryMode.CONTAIN;
        var geoSelService:GetFeaturesByGeometryService = new
GetFeaturesByGeometryService(this.featureResultUrl);
    geoSelService.processAsync(queryByGeometryParameters, new
AsyncResponder(this.dispalyQueryRecords, excuteErros, "selectEntity") );
}
```

(3) 在查询成功回调函数 dispalyQueryRecords(result:GetFeaturesResult, mark:Object = null) 中把查询结果高亮显示在 FeaturesLayer 上。具体代码如下。

```
//高亮显示查询结果
private function dispalyQueryRecords(result:GetFeaturesResult,mark:Object = null):void
{
    //清除上次查询高亮
    fl.clear();
    var features:Array = result.features;
    //判断查询结果是否为空
    if(features.length == 0)
    {
        Alert.show("选取的地物为空对象", "提示", 4, this);
        return;
```

```
        }
        else
        {
            ids.length = 0;
            //获取查询结果的 ID 数组
            for each(var feature:Feature in features)
            {
                ids.push(feature.attributes.SMID);
                //调用 FeaturesLayer 对象的 addFeature 方法高亮显示查询结果
                this.fl.addFeature(feature);
            }
        }
    }
```

8.6.2　运行效果

单击▭按钮，在地图上拉框选择，如图 8-3 所示，选中的企业点信息会高亮显示在地图上。

图 8-3　数据查询界面

8.6.3　接口说明

本节所用主要接口如表 8-6 所示。

表 8-6　接口说明

接　口	功　能
SpatialQueryMode.CONTAIN	空间查询模式，包含在所拉框区域内的地物
GetFeaturesByGeometryParameters.datasetNames	数据空间查询数据集名称

提示　a.　此处数据空间查询，查询对象是数据集，这是与前面第 4 章介绍的地图查询
　　　　　　功能的不同之处。数据空间查询多适用于数据维护，不针对特定地图而是针
　　　　　　对数据集记录的查询。
　　　　b.　前文中涉及的接口不再重复列出。

8.7　数　据　修　改

本节将实现的功能是修改特定企业信息。首先由 8.6 节介绍的查询方法获得要修改的企业信
息即 Feature 对象，然后调用 Edit 操作对象利用鼠标操作编辑 Feature 对象，其次在 Edit 操
作类完成事件 DrawEvent.DRAW_END 中设置参数 EditFeaturesParameters，包括要编辑类型
EditType.UPDATE、要修改的 Feature 对象，调用 EditFeaturesService.processAsync()方法向
服务端提交请求，最后根据服务器返回结果进入回调函数，如果进入完成回调函数则调用
TiledDynamicRESTLayer 的 refresh()函数刷新图层，如果进入失败回调函数则弹出提示。

8.7.1　代码实现

(1)　在 8.6 节介绍的选择操作完成后，已经选择了需要编辑的企业兴趣点信息，然后在地
图编辑面板中单击修改按钮🖌，触发事件 alterFeatures(event:MouseEvent)来设置 Map
容器当前的操作为 Edit 操作类，具体代码如下：

```
//修改地物
private function alterFeatures(event:MouseEvent):void
{
    //判断是否有查询到的要编辑的企业点信息
    if(this.isSelectedStatus == false)
    {
        Alert.show("请选择要编辑的地物！","提示",4,this);
        return;
    }
    //实例化 Edit 操作
    editAction = new Edit(map,fl);
    //实例化设置 Edit 操作的绘制完成事件为 DrawEvent.DRAW_END
    editAction.addEventListener(DrawEvent.DRAW_END,executeEdit);
    //设置当前 map 对象的 action 为 Edit
    map.action = editAction;
}
```

(2)　在 Edit 完成事件 executeEdit(event:DrawEvent)中设置编辑参数，然后调用
EditFeaturesService 服务类 processAsync()方法提交修改请求，具体代码如下：

```
//修改地物
private function executeEdit(event:DrawEvent):void
{
    editAction.removeEventListener(DrawEvent.DRAW_END, executeEdit);
    //判断是否有查询到的要编辑的对象
    if(this.isSelectedStatus == false)
```

```
        {
            Alert.show("请首先选择地物", "提示", 4, this);
            return;
        }
        //实例化编辑参数
        var editParams:EditFeaturesParameters = new EditFeaturesParameters();
        //设置编辑方式 UPDATE
        editParams.editType = EditType.UPDATE;
        //设置要编辑的企业点对象
        editParams.features = [event.feature];
        var editIDs:Array = new Array;
        //获取编辑的企业点 ID 值
        editParams.IDs = this.ids;
        var editService:EditFeaturesService = new EditFeaturesService(this.editFeatureUrl);
        //提交编辑请求
        editService.processAsync(editParams, new AsyncResponder(editComplete, excuteErros, null));
    }
```

(3) 修改请求提交后，在编辑完成回调函数 editComplete(editRusult:EditFeaturesResult, mark:Object)中，刷新图层，清除 FeaturesLayer 上的地物，具体代码请参考 8.5.1 节 editComplete(editRusult:EditFeaturesResult, mark:Object)及 excuteErros(error:FaultEvent, mark:Object)方法。

> **提示** 编辑完成后，双击地图其他区域完成编辑操作。

8.7.2 运行效果

对象选中之后，单击 按钮，然后单击选中的高亮对象，此时高亮区域变为正方形，如图 8-4 所示，此时利用鼠标将高亮的对象拖动到任意位置，然后双击地图高亮对象以外区域实现企业点数据修改。

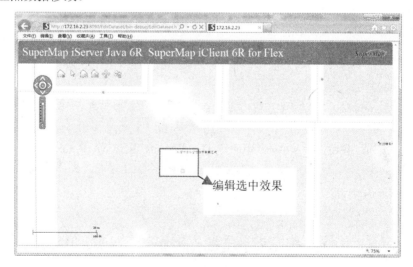

图 8-4 数据修改界面

8.7.3 接口说明

本节所用主要接口如表 8-7 所示。

表 8-7 接口说明

接 口	功 能
EditType.UPDATE	数据编辑参数类型，此处选择修改
TiledDynamicRESTLayer.Refresh()	地图刷新类
com.supermap.web.actions.Edit	编辑操作类
Edit(map:Map, featureLayer:FeaturesLayer)	Edit 构造函数，参数需要是当前 Map 对象及要编辑 Feature 对象所在的 FeaturesLayer 对象

8.8 数 据 删 除

本节将实现企业点删除操作，首先使用 8.6 节的查询方法获得要删除的企业对象 ID，然后设置 EditFeaturesParameters，包括 EditType.DELETE，再调用 EditFeaturesService.processAsync() 方法向服务端提交请求，最后根据服务器返回的结果进入回调函数。如果进入完成回调函数，则调用 TiledDynamicRESTLayer 的 refresh()函数刷新图层；如果进入失败回调函数，则弹出提示。

8.8.1 代码实现

(1) 在 8.6 节介绍的选择操作完成后，已经选择了需要编辑的企业兴趣点信息，然后在地图编辑面板中单击删除按钮，触发 deleteEntity(event:MouseEvent)事件，具体代码如下。

```
private function deleteEntity(event:MouseEvent):void
{
    //判断是否有查询到的要删除的企业点信息
    if(this.isSelectedStatus == false)
    {
        Alert.show("请首先选择地物", "提示", 4, this);
        return;
    }
    //实例化编辑参数
    var delParam:EditFeaturesParameters = new EditFeaturesParameters();
    //设置编辑类型为 DELETE
    delParam.editType = EditType.DELETE;
    //设置要编辑的对象 ID 数组
    delParam.IDs = this.ids;
    var editFeaturesService:EditFeaturesService = new
EditFeaturesService(this.editFeatureUrl);
```

```
    editFeaturesService.processAsync(delParam, new
AsyncResponder(this.editComplete, excuteErros, "deleteEntity"));
    }
```

(2) 删除请求提交后在完成回调函数 editComplete(editRusult:EditFeaturesResult, mark:Object)中，刷新图层，清除 FeaturesLayer 上的地物，具体代码请参考 8.5.1 节 editComplete(editRusult:EditFeaturesResult, mark:Object)及 excuteErros(excuteErros(error: FaultEvent, mark:Object))方法。

8.8.2　运行效果

选中要删除的企业点后，单击 按钮，即可删除企业信息点。图 8-5 所示为选中要删除的企业点的效果。

图 8-5　数据删除界面

8.8.3　接口说明

本节所用主要接口如表 8-8 所示。

表 8-8　接口说明

接　口	功　能
EditType.DELETE	数据编辑参数类型，此处选择删除

8.9　快　速　参　考

目　标	内　容
添加企业信息	首先通过 DrawPoint 绘制对象，然后调用 EditFeaturesService.processAsync()向服务端提交编辑请求，待服务器端完成并返回结果，然后刷新图层。新加企业点信息在地图上显示
查询企业信息	首先通过 DrawRectangle 绘制查询区域，然后构造数据几何查询参数 GetFeaturesByGeometryParameters，调用 GetFeaturesByGeometryService.processAsync()向服务端提交请求，最后对 GetFeaturesResult 进行解析，绘制到临时层 FeaturesLayer 上展示
修改企业信息	获取查询对象，然后调用 Edit 操作类编辑 Feature 对象，编辑后调用 EditFeaturesService.processAsync()向服务端提交修改请求，最后刷新图层，显示新的编辑对象
删除企业信息	获取查询对象，然后调用 EditFeaturesService.processAsync()向服务端提交删除请求，最后刷新图层，显示删除企业信息后的新地图

8.10　本　章　小　结

本章讲述了如何使用 SuperMap iClient for Flex 提供的数据管理接口调用 SuperMap iServer Java REST 地图服务进行数据管理，针对案例需求实现了数据的管理与维护功能，包括对企业信息的增加、删除、修改及查询等。

练习题　实现数据编辑时修改企业附属信息的功能。

第 9 章　富客户端的渲染

SuperMap iClient for Flex 具有图形展示能力和动态效果丰富及可扩展性强等优点，同时还能与各种多媒体信息完美融合，为用户提供了丰富的界面效果和更好的网络互动体验，依托于丰富的图形展示能力该软件已经在交通、通信、应急等行业广泛地应用。SuperMap iClient for Flex 软件提供了要素图层(FeaturesLayer)和元素图层(ElementsLayer)用于客户端渲染。本章将详细讲解如何通过这两个图层实现客户端要素标绘，开发界面友好和数据内容丰富的应用项目。

 本章涉及的示例程序源代码位于配书光盘\示范程序\第 9 章中。

本章主要内容：

● 矢量要素 Feature 对象在地图上的展示
● 可视化组件元素 Element 对象在地图上的展示
● 聚散显示的应用

9.1　绘制矢量要素

客户端上绘制点、线、面、文本等对象称为矢量要素绘制，通过矢量要素的绘制可以非常方便地实现车辆轨迹回放、GPS 监控等 GIS 应用功能。绘制矢量要素有两种方式：第一种，直接在已知坐标点绘制矢量要素；第二种，通过鼠标交互的方式绘制矢量要素。通过这两种方式的绘制使应用项目具有丰富的图形展示效果和更好的网络互动体验。本节将详细介绍两种矢量要素绘制方式。

9.1.1　矢量要素 Feature 对象

Feature 对象用来定义一个描述空间实体对象的地理要素，在富客户端开发中用来绘制客户端的点、线、面、文本对象。Feature 对象的结构如图 9-1 所示。Feature 具有三个重要特征：其一，它有自己的几何信息 Geometry，通过 Geometry 绘制不同形状对象；其二，它表示某一地物，因此有地物属性信息，可以通过 Feature 对象得到它所表示地物的属性，这样省去二次查询耗费的时间，提高开发效率；其三，它有自己的显示风格，可以通过不同的图片、颜色、形状来表示 Feature 对象的风格，用户还可以继承 Style 对象根据自己的需求开发出相应的风格样式。

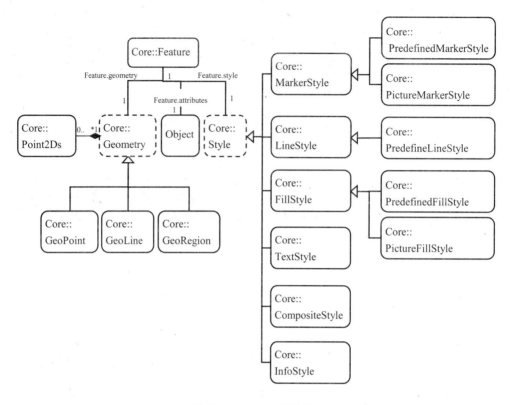

图 9-1　Feature 结构图

(SuperMap.Web.Core 命名空间，虚线框表示抽象基类，实线框表示可创建类)

9.1.2　直接绘制矢量要素 Feature 对象

直接在已知坐标点绘制矢量要素这种方式应用非常广泛，交通行业中的轨迹回放、GPS 车辆定位、将查询到的结果通过矢量要素在地图上展现等都可以利用这种方式实现。在地图的已知坐标点上绘制 Feature 对象主要包括绘制点、线、面、文本对象。无论绘制哪种类型的 Feature 对象，实现方法主要分为三步。首先在<fx:Declarations></fx:Declarations>标签里定义不同 Feature 对象的显示风格；其次在 Map 控件里加入 FeaturesLayer 图层对象；最后根据已知坐标点与 Feature 对象显示风格构造出 Feature 对象，将 Feature 对象添加到 FeaturesLayer 上实现 Feature 对象的绘制。

1. 界面设计

采用 Adobe Flash Builder 4 进行界面设计和功能开发，交互界面如图 9-2 所示。该界面主要由 Flex 布局容器 Panel 和 Flex 控件 Button 组成。主应用程序包含 SuperMap iClient for Flex 的地图控件 Map、罗盘控件 Compass、地图缩放条控件 ZoomSlider、比例尺控件 ScaleBar 等；其中"Feature 对象增删"面板中包含按钮，点击不同按钮时，实现案例中的添加 Feature

和删除 Feature 的功能。

图 9-2　直接绘制 Feature 对象的界面

界面代码如下:

```
<?xml version="1.0" encoding="utf-8"?>
<s:Application xmlns:fx="http://ns.adobe.com/mxml/2009"
               xmlns:s="library://ns.adobe.com/flex/spark"
               xmlns:mx="library://ns.adobe.com/flex/mx"
               xmlns:ic="http://www.supermap.com/iclient/2010"
               xmlns:is="http://www.supermap.com/iserverjava/2010"
               xmlns:flash="flash.text.*"
               width="100%" height="100%"
               creationComplete="initApp()">
    <!--分块动态图层-->
    <fx:Declarations>
    </fx:Declarations>
    <fx:Script>
        <![CDATA[
            [Bindable]
            private var restUrl:String;
            private function initApp():void
            {
                //REST 地图服务地址
restUrl="http://localhost:8090/iserver/services/map-world/rest/maps/World Map";
            }
        ]]>
    </fx:Script>
    <!--加载地图-->
    <ic:Map id="map" x="0" y="0" height="100%" width="100%" scales="{[1.25e-9, 2.5e-9,
5e-9, 1e-8, 2e-8, 4e-8, 8e-8, 1.6e-7, 3.205e-7, 6.4e-7]}">
        <is:TiledDynamicRESTLayer url="{restUrl}"/>
    </ic:Map>
```

```
            <s:Panel id="titlewin" title="Feature 对象增删" fontFamily="宋体" right="0"
fontSize="12" backgroundColor="#454343" backgroundAlpha="0.48" width="234">
                <s:Button x="9" y="22" label="添加 Feature" click="addFeature(event)"/>
                <s:Button x="129" y="21" label="删除 Feature" click="delFeature(event)"/>
            </s:Panel>
        <!--罗盘控件-->
        <ic:Compass map="{map}" left="10" top="10"/>
        <!--导航条控件-->
        <ic:ZoomSlider map="{map}" x="30" y="84"/>
        <!--比例尺控件-->
        <ic:ScaleBar map="{map}" bottom="30" left="20"/>
</s:Application>
```

2. 代码实现

下面将通过一个示例程序介绍绘制 Feature 对象的流程。该示例实现的功能是单击按钮后，直接在指定的位置绘制点、线、面。点对象通过红五星的符号进行显示，线对象以红色虚线的风格显示，面对象是一个矩形，以蓝色填充色来显示。

说明　本例地图服务使用 SuperMap iServer Java 默认提供的世界地图的 REST 服务，地址为 http://localhost:8090/iserver/services/map-world/rest/maps/World Map。

实现该示例的主要步骤如下。

(1) 定义点、线、面、文本风格样式，代码如下。

```
<fx:Declarations>
        <!--定义点要素的默认显示样式-->
        <!--样式1 点矢量要素的风格设置-->
        <ic:PredefinedMarkerStyle id="myMarkerStyle"
                                        alpha="1"
                                        color="0xFF0000"
                                        size="30"

    symbol="{PredefinedMarkerStyle.SYMBOL_STAR}"/>
        <!--样式2 图片作为点符号显示-->
        <ic:PictureMarkerStyle id="myPictureMarkerStyle"
                                        alpha="1"
                                        source="../assets/selectNode3.png"/>
        <!--定义线要素的默认显示样式-->
        <ic:PredefinedLineStyle id="myLineStyle"
                                        color="0xFF0111"
                                        alpha="1"
                                        weight="3"

    symbol="{PredefinedLineStyle.SYMBOL_DASHDOT}"/>
        <!-- 定义面要素的默认样式-->
        <ic:PredefinedFillStyle id="myFillStyle"
                                        alpha="0.5"
                                        color="0x00ff00"
```

```
                                symbol="{PredefinedFillStyle.SYMBOL_CROSS}"/>
    <!--定义文本默认样式-->
    <ic:TextStyle id="myTextStyle" color="0xFF0111" textFormat="{textFromat}"/>
    <flash:TextFormat id="textFromat"
                               bold="true"
                               size="40"/>
</fx:Declarations>
```

(2) 在 Map 控件中加入 FeaturesLayer，代码如下。

```
<ic:Map id="map" x="0" y="0" height="100%" width="100%" scales="{[1.25e-9, 2.5e-9,
5e-9, 1e-8, 2e-8, 4e-8, 8e-8, 1.6e-7, 3.205e-7, 6.4e-7]}">
    <is:TiledDynamicRESTLayer url="{restUrl}"/>
    <ic:FeaturesLayer id="featuresLayer"/>
</ic:Map>
```

(3) 根据已知坐标定义 GeoPoint、GeoLine、GeoRegion 对象，三个对象分别代表点、线、面的空间几何信息。通过 Geometery 对象与 Style 对象构造 Feature 对象，将 Feature 对象添加到 FeaturesLayer 图层上，代码如下。

```
protected function addFeature(event:MouseEvent):void
{
    //添加点要素
    var pointFeature :Feature = new Feature(new GeoPoint(40,40),myMarkerStyle);
    var pictureFeature :Feature = new Feature(new GeoPoint(40,-40), myPictureMarkerStyle);
    featuresLayer.addFeature(pointFeature);
    featuresLayer.addFeature(pictureFeature);
    //添加线要素
    var geoLine:GeoLine = new GeoLine();
    geoLine.addPart([new Point2D(-50,50), new Point2D(-50,-50), new Point2D(50,-50)]);
    var lineFeature:Feature = new Feature(geoLine, myLineStyle);
    featuresLayer.addFeature(lineFeature);
    //添加面要素
    var picGeoRegion:GeoRegion = new GeoRegion();
    picGeoRegion.addPart([new Point2D(20,-40), new Point2D(-40,-40), new
Point2D(-40,40), new Point2D(20,40)]);
    var regionFeature:Feature = new Feature(picGeoRegion, myFillStyle);
    featuresLayer.addFeature(regionFeature);
    //添加文本要素
    myTextStyle.text="中国";
    var textFeature:Feature = new Feature(new GeoPoint(105,35), myTextStyle);
    featuresLayer.addFeature(textFeature);
}
```

(4) 删除地图上的 Feature 对象，代码如下。

```
protected function delFeature(event:MouseEvent):void
{
    featuresLayer.clear();
}
```

本例的源代码文件为配套光盘\示范程序\第 9 章\src\applications\
AddFeatureByPoint.mxml。

3. 运行效果

运行程序，在"Feature 对象增删"面板中单击"添加 Feature"按钮，运行效果如图 9-3
所示。

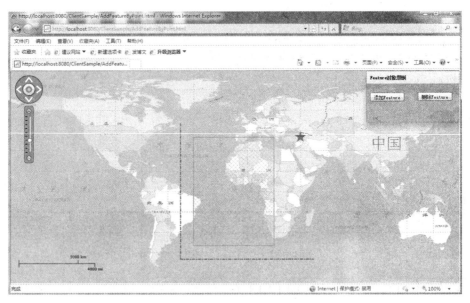

图 9-3　添加 Feature 对象展示图

4. 接口说明

绘制 Feature 对象使用的接口如表 9-1 所示。

表 9-1　接口说明

接　口	功　能
Feature	用来定义一个描述空间实体对象的地理要素。它包括地理要素的描述信息、空间几何信息(点、线、面、文本等)、属性信息和要素风格
FeaturesLayer.addFeature()	矢量要素图层添加矢量要素的方法
FeaturesLayer.clear()	清除当前图层中的所有矢量要素
PredefinedMarkerStyle	点要素风格设置类
PictureMarkerStyle	点要素图片显示风格
PredefinedLineStyle	线要素风格设置类
PredefinedFillStyle	面要素显示风格设置类
TextStyle	文本样式类

续表

接　口	功　能
GeoPoint	几何点对象，该对象用 *X*、*Y* 坐标对确定一个位置。可用来表示国家的首都、饭店、公交站点等点状地物
GeoLine	几何线对象，该对象可用来表示河流、道路、国家边界线等线状地物
GeoRegion	几何面对象，该对象可用来表示国家区域、地块、房屋等面状地物

9.1.3　鼠标交互绘制矢量要素 Feature 对象

通过鼠标在地图上以交互的方式绘制矢量要素对象也是绘制矢量要素常用的方式，应急行业的图形标绘大多使用这种方式来添加矢量要素对象；矩形查询和圆选查询等空间查询功能都是先通过鼠标绘制一个区域，然后根据绘制的区域作为空间查询的几何信息实施查询处理。通过鼠标交互绘制矢量要素的实现方法主要分为两个步骤。首先初始化鼠标绘制对象 DrawAction，DrawAction 是 DrawPoint、DrawLine、DrawPolygon 等相关绘图操作的基类，这里将绘图的对象统称为 DrawAction 对象。其次给每个 DrawAction 对象都添加 DrawEvent.Draw_END 事件，当鼠标完成矢量要素对象的绘制会触发 DrawEvent.DRAW_END，在这一事件中实现将鼠标绘制的 Feature 添加到矢量要素图层上，即调用 addFeature()方法，将得到的 Feature 对象添加到 FeaturesLayer 上。

1. 界面设计

采用 Adobe Flash Builder 4 进行界面设计和功能开发，交互界面如图 9-4 所示。该界面主要由 Flex 布局容器 Panel、controlBarContent、HGroup、controlBarLayout、BasicLayout 和 Flex 控件 Button 组成。其中主应用程序包含 SuperMap iClient for Flex 的地图控件 Map、罗盘控件 Compass、地图缩放条控件 ZoomSlider、比例尺控件 ScaleBar 等；容器 controlBarContent 中包含按钮(Button)，点击不同按钮时，实现案例中的鼠标绘制 Feature 和删除 Feature 功能。

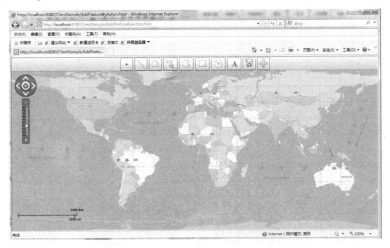

图 9-4　鼠标交互绘制 Feature 的界面

界面代码如下：

```
<?xml version="1.0" encoding="utf-8"?>
<s:Application xmlns:fx="http://ns.adobe.com/mxml/2009"
               xmlns:s="library://ns.adobe.com/flex/spark"
               xmlns:mx="library://ns.adobe.com/flex/mx"
               xmlns:ic="http://www.supermap.com/iclient/2010"
               xmlns:is="http://www.supermap.com/iserverjava/2010"
               xmlns:flash="flash.text.*"
               width="100%" height="100%"
               creationComplete="init()">
    <fx:Declarations>
    </fx:Declarations>
    <fx:Script>
        <![CDATA[
            [Bindable]
            private var restUrl:String;
            //初始化
            private function init():void{
                //REST 地图服务地址
restUrl="http://localhost:8090/iserver/services/map-world/rest/maps/World Map";
            }
        ]]>
    </fx:Script>
    <!--添加地图-->
    <ic:Map id="map" x="0" y="0" height="100%" width="100%" panEasingFactor="0.4"
zoomDuration="200"
            scales="{[1.25e-9, 2.5e-9, 5e-9, 1e-8, 2e-8, 4e-8, 8e-8, 1.6e-7, 3.205e-7,
6.4e-7]}">
            <is:TiledDynamicRESTLayer url="{restUrl}"/>
            <ic:FeaturesLayer id="featuresLayer"/>
    </ic:Map>
    <!--罗盘控件-->
    <ic:Compass map="{map}" left="10" top="10"/>
    <!--导航条控件-->
    <ic:ZoomSlider map="{map}" x="30" y="84"/>
    <!--比例尺控件-->
    <ic:ScaleBar map="{map}" bottom="30" left="20"/>
    <!--操作窗口-->
    <s:controlBarLayout>
        <s:BasicLayout/>
    </s:controlBarLayout>
    <s:controlBarContent>
        <s:HGroup horizontalCenter="0" verticalCenter="0">
            <s:Button id="point" skinClass="skins.drawPointBtn" toolTip="自由线"
click="addPoint(event)"/>
            <s:Button id="line" skinClass="skins.drawLineBtn" toolTip="自由线"
click="addLine(event)"/>
            <s:Button id="polygon" skinClass="skins.drawPolygonBtn" toolTip="自由线"
click="addPolygon(event)"/>
```

```
                    <s:Button id="freeLine" skinClass="skins.drawFreeLineSkin" toolTip="自由线"
click="addFreeLine(event)"/>
                        <s:Button id="freePolygon" skinClass="skins.drawFreePolygonSkin"
toolTip="自由面" click="addFreePolygon(event)"/>
                        <s:Button id="rectangle" skinClass="skins.drawRectangleSkin" toolTip="矩形"
fontSize="18" click="addRectangle(event)"/>
                        <s:Button id="circlebtn" skinClass="skins.drawCircleSkin" toolTip="圆"
fontSize="20" click="addCircle(event)"/>
                        <s:Button id="text" skinClass="skins.drawTextSkin" toolTip="文本"
click="addText(event)"/>
                        <s:Button id="clear" skinClass="skins.clearBtnSkin" toolTip="清除"
click="clearAll(event)"/>
                        <s:Button id="pan" skinClass="skins.panBtnSkin" toolTip="平移"
click="panMap(event)"/>
            </s:HGroup>
        </s:controlBarContent>
</s:Application>
```

2. 代码实现

下面将通过一个示例程序介绍以鼠标交互方式分别在地图上绘制点、线、面、曲线等矢量
要素对象的流程。实现该示例的主要步骤如下。

⊕说明　本例地图服务使用 SuperMap iServer Java 默认提供的世界地图的 REST 服务，地
址为 http://localhost:8090/iserver/services/map-world/rest/maps/World Map。

---

(1) 定义点、线、面、文本风格样式，代码如下。

```
<fx:Declarations>
    <!--定义点要素的默认显示样式-->
    <!--样式1 点矢量要素的风格设置-->
    <ic:PredefinedMarkerStyle id="myMarkerStyle"
                                        alpha="1"
                                        color="0xFF0000"
                                        size="30"
                                        symbol="{PredefinedMarkerStyle.SYMBOL_CIRCLE}"/>
    <!--样式2  图片作为点符号显示-->
    <ic:PictureMarkerStyle id="myPictureMarkerStyle"
                                alpha="1"
                                source="../assets/selectNode3.png"/>
    <!--定义线要素的默认显示样式 -->
    <ic:PredefinedLineStyle id="myLineStyle"
                                        color="0xFF0111"
                                        alpha="1"
                                        weight="3"
                                        symbol="{PredefinedLineStyle.SYMBOL_DASHDOT}"/>
    <!--定义面要素的默认样式-->
    <ic:PredefinedFillStyle id="myFillStyle"
                                        alpha="0.5"
                                        color="0x00ff00"
                                        symbol="{PredefinedFillStyle.SYMBOL_CROSS}"/>
```

```
<!--定义文本默认样式-->
<ic:TextStyle id="myTextStyle" color="0xFF0111" textFormat="{textFromat}"/>
<flash:TextFormat id="textFromat"
                  bold="true"
                  size="40"/>
</fx:Declarations>
```

(2) 在 Map 控件中加入 FeaturesLayer，代码如下。

```
<ic:Map id="map" x="0" y="0" height="100%" width="100%" panEasingFactor="0.4"
zoomDuration="200"
scales="{[1.25e-9, 2.5e-9, 5e-9, 1e-8, 2e-8, 4e-8, 8e-8, 1.6e-7, 3.205e-7, 6.4e-7]}">
    <is:TiledDynamicRESTLayer url="{restUrl}"/>
    <ic:FeaturesLayer id="featuresLayer"/>
</ic:Map>
```

(3) 定义绘图对象，代码如下。

```
private var drawPoint:DrawPoint;
private var drawLine:DrawLine;
private var drawPolygon:DrawPolygon;
private var drawFreeLine:DrawFreeLine;
private var drawFreePolygon:DrawFreePolygon;
private var drawRectangle:DrawRectangle;
private var drawText:DrawText;
private var drawCircle:DrawCircle;
```

(4) 初始化绘图对象，代码如下。

```
private function main():void
{
    //初始化绘图对象，给对应的绘图对象添加 DrawEvent.DRAW_END 事件
    drawPoint = new DrawPoint(map);
    drawPoint.addEventListener(DrawEvent.DRAW_END,addFeature);

    drawLine = new DrawLine(map);
    drawLine.addEventListener(DrawEvent.DRAW_END,addFeature);

    drawPolygon = new DrawPolygon(map);
    drawPolygon.addEventListener(DrawEvent.DRAW_END,addFeature);

    drawFreeLine = new DrawFreeLine(map);
    drawFreeLine.addEventListener(DrawEvent.DRAW_END,addFeature);

    drawFreePolygon = new DrawFreePolygon(map);
    drawFreePolygon.addEventListener(DrawEvent.DRAW_END,addFeature);

    drawRectangle = new DrawRectangle(map);
    drawRectangle.addEventListener(DrawEvent.DRAW_END,addFeature);

    drawText = new DrawText(map);
    drawText.addEventListener(DrawEvent.DRAW_END,addFeature);
```

```
    drawCircle = new DrawCircle(map);
    drawCircle.addEventListener(DrawEvent.DRAW_END,addFeature);
}
```

(5) 单击绘制按钮，设置与 Map 对象关联的地图操作，代码如下。

```
//绘制点
private function addPoint(event:MouseEvent):void
{
    drawPoint.style = myMarkerStyle;
    map.action = drawPoint;
}
//绘制线
private function addLine(event:MouseEvent):void
{
    drawLine.style = myLineStyle;
    map.action = drawLine;
}
//绘制面
private function addPolygon(event:MouseEvent):void
{
    drawPolygon.style = myFillStyle;
    map.action = drawPolygon;
}
//绘制自由线
private function addFreeLine(event:MouseEvent):void
{
    drawFreeLine.style = myLineStyle;
    map.action = drawFreeLine;
}
//绘制自由面
private function addFreePolygon(event:MouseEvent):void
{
    drawFreePolygon.style = myFillStyle;
    map.action = drawFreePolygon;
}
//绘制矩形
private function addRectangle(event:MouseEvent):void
{
    drawRectangle.style = myFillStyle;
    map.action = drawRectangle;
}
//绘制文本
private function addText(event:MouseEvent):void
{
    drawText.textStyle = myTextStyle;
    map.action = drawText;
}
//绘制圆
private function addCircle(event:MouseEvent):void
{
```

```
        drawCircle.style = myFillStyle;
        map.action = drawCircle;
}
//清除Feature对象
private function clearAll(event:MouseEvent):void
{
        var mapAction:MapAction = this.map.action;
        featuresLayer.clear();
        map.action = null;
        map.action = mapAction;
}
//平移地图
private function panMap(event:MouseEvent):void
{
        map.action = new Pan(this.map);
}
```

(6) 监听到 DrawEvent.DRAW_END 事件后调用 addFeature()方法，代码如下。

```
private function addFeature(event:DrawEvent):void
{
        featuresLayer.addFeature(event.feature);
}
```

 本例的源代码文件为配套光盘\示范程序\第 9 章\src\applications\AddFeatureByAction.mxml。

3. 运行效果

运行程序，单击不同的绘制按钮，实现用鼠标绘制各种矢量要素对象的功能，运行效果如图 9-5 所示。

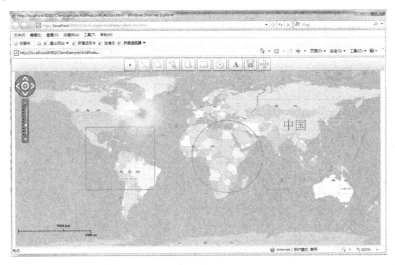

图 9-5　用鼠标绘制 Feature 对象的效果

4. 接口说明

本节所用接口如表 9-2 所示，9.1.2 节列出的接口将不再重复列出。

表 9-2 接口说明

接 口	功 能
Map.action	获取或设置与 Map 关联的地图操作，如平移、缩放，绘制点、线、面等
DrawEvent.DRAW_END	当双击结束绘制时触发该事件
DrawEvent.feature	通过派发 DrawEvent.DrawEnd 事件将 drawFeature 存储于 DrawEvent 中，feature 属性就是所绘制的对象
DrawPoint	该类用于实现通过鼠标在地图中绘制点要素的操作，想设置所绘制的点要素样式，可以使用系统提供的预定义风格 PredefinedMarkerStyle 来设置 markerStyle 属性
DrawLine	绘制线段操作，该类用于实现通过鼠标在地图中绘制线段的操作，可以使用系统提供的预定义风格 PredefinedLineStyle 设置线要素风格
DrawPolygon	绘制多边形操作，可以使用系统提供的预定义风格 PredefinedFillStyle 设置面要素风格
DrawFreeLine	绘制自由线操作，该类用于实现通过鼠标在地图中绘制任意形状线段的操作，可以使用系统提供的预定义风格 PredefinedLineStyle 设置线要素风格
DrawFreePolygon	绘制自由面操作，该类用于实现通过鼠标在地图中绘制任意形状面要素的操作，可以使用系统提供的预定义风格 PredefinedFillStyle 设置面要素风格
DrawCircle	绘圆操作，该类用于实现通过鼠标在地图中绘制圆的操作，可以使用系统提供的预定义风格 PredefinedFillStyle 设置圆的风格
DrawText	绘制文本操作，该类用于实现通过鼠标在地图中绘制文本的操作，文本作为一个 Feature，它的几何信息由 GeoPoint 来表达，Style 由 TextStyle 表达
DrawRectangle	绘制矩形操作，该类用于实现通过鼠标在地图中绘制矩形的操作。矩形是面要素的一个实例，因此和绘制面要素一样，用户可以使用系统提供的预定义风格 PredefinedFillStyle 设置面要素风格

9.1.4 将查询到的结果通过 Feature 对象展现

GIS 应用中经常会使用到查询功能，使用客户端绘制矢量要素 Feature 对象可以非常友好地将查询到的结果信息进行展示，Feature 对象的属性信息里存入了对象地物的属性信息，当鼠标单击 Feature 对象时使用 Map 的 infoWindow 属性可以将 Feature 对象的属性信息展示出来。在 9.1.2 节和 9.1.3 节分别讲解了直接绘制矢量要素和鼠标交互绘制矢量要素的方法，本节将在前两节内容的基础上主要介绍 Feature 对象的属性信息展现的方法。

本节将通过一个示例的开发介绍 Feature 对象属性信息显示的步骤。本示例要求查询鼠标指定区域内的加油站，将满足条件的加油站通过 Feature 对象绘制到客户端上，单击绘制

Feature 对象展示加油站的详细信息。

本例使用的数据文件为配套光盘\示范数据\Beijing\beijing.smwu。需要将该数据通过 SuperMap iServer Java 的 GIS 服务管理器发布为 REST 地图服务。

本例的源代码文件为配套光盘\示范程序\第 9 章\src\applications\QueryByGeometry.mxml。运行该程序前，需要将 initApp()函数中 mapUrl 的值修改为前文创建的 Beijing REST 地图服务的资源地址。

1. 示例分析

要实现上述需求，可以通过三个步骤实现。首先通过 DrawPolygon 绘制一个区域，调用 QueryByGeometryService 执行空间查询，查找该区域内满足条件的加油站；其次获取查询结果 QueryResult 对象，得到满足条件的 Feature 对象，设置 Feature 对象的样式并为其添加单击事件，将 Feature 对象添加到 FeaturesLayer 上；最后在 Feature 对象单击事件中调用 map.infoWindow 展示 Feature 的属性信息。

2. 界面设计

采用 Adobe Flash Builder 4 进行界面设计和功能开发，交互界面如图 9-6 所示。该界面主要由 Flex 布局容器 Panel、VGroup、HGroup 和 Flex 控件 Button、ComboBox 组成。"查询指定区域加油站"面板中包含 ComboBox(组合框)和 Button(按钮)，实现案例中查询指定区域加油站和删除查询结果的功能。

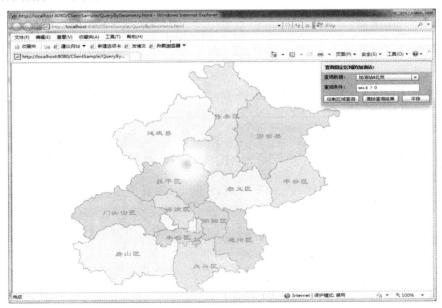

图 9-6　查询到的结果通过 Feature 对象展现的界面

界面代码如下：

```
<?xml version="1.0" encoding="utf-8"?>
<s:Application xmlns:fx="http://ns.adobe.com/mxml/2009"
                xmlns:s="library://ns.adobe.com/flex/spark"
                xmlns:mx="library://ns.adobe.com/flex/mx"
                xmlns:ic="http://www.supermap.com/iclient/2010"
                xmlns:is="http://www.supermap.com/iserverjava/2010"
                width="100%" height="100%"
                creationComplete="initApp()">
    <fx:Script>
        <![CDATA[
            import com.supermap.web.actions.Pan;
            //定义图层数组
            [Bindable]
            private var queryLayers:Array = ["加油站@北京"];
            [Bindable]
            private var mapUrl:String;
            private function initApp():void
            {
                mapUrl = "http://localhost:8090/iserver/services/map-beijing/rest/maps/Beijing";

            }
            //平移
            private function pan(event:MouseEvent):void
            {
                map.action = new Pan(map);;
            }
        ]]>
    </fx:Script>
    <!--添加地图-->
    <ic:Map id="map">
        <is:TiledDynamicRESTLayer url="{this.mapUrl}"/>
    </ic:Map>
    <!--查询参数设置窗口-->
    <s:Panel id="titlewin" title="查询指定区域的加油站：" fontFamily="宋体" fontSize="12"
right="0" backgroundColor="#454343" backgroundAlpha="0.48">
        <s:VGroup gap="10" left="5" top="5" bottom="5" right="5">
            <s:HGroup>
                <mx:Label text="查询数据："/>
                <mx:Spacer width="6"/>
                <mx:ComboBox id="subQueryLayer" dataProvider="{queryLayers}" width="160"/>
            </s:HGroup>
            <s:HGroup gap="8">
                <mx:Label text="查询条件："/>
                <mx:Spacer width="3"/>
                <mx:TextInput id="txtSQLExpress" text="smid &gt; 0"/>
            </s:HGroup>
            <s:HGroup gap="10" width="100%" height="100%" horizontalAlign="center">
                <mx:Button label="绘制区域查询" id="excuteQuery" click="polygonQuery(event)"/>
                <mx:Button label="清除查询结果" id="clear" click="clearFeature(event)"/>
```

```
            <mx:Button label="平移" id="panMap" click="pan(event)"/>
        </s:HGroup>
    </s:VGroup>
  </s:Panel>
</s:Application>
```

3. 代码实现

(1) 在 Map 控件中加入 FeaturesLayer，id 为 geometrysLayer 的用于呈现鼠标绘制的 Feature
对象，id 为 featuresLayer 的用于呈现通过鼠标绘制区域查询到的 Feature 对象，代码
如下。

```
<ic:Map id="map">
    <is:TiledDynamicRESTLayer url="{this.mapUrl}"/>
    <ic:FeaturesLayer id="geometrysLayer"/>
    <ic:FeaturesLayer id="featuresLayer"/>
</ic:Map>
```

(2) 初始化绘图对象 DrawPolygon ，设置监听 DrawEvent.DRAW_END 事件调用
queryExecute()回调函数，代码如下。

```
private function  polygonQuery(event:MouseEvent):void
{
    polygonQueryActoin = new DrawPolygon(map);
    polygonQueryActoin.addEventListener(DrawEvent.DRAW_END,queryExecute);
    map.action = polygonQueryActoin;
}
```

(3) 实现 queryExecute()函数，根据绘制对象的 Geometery 信息调用 QueryByGeometryService
对象查询该区域内满足条件的加油站，代码如下。

```
private function queryExecute(event:DrawEvent):void
{
    if (event.feature == null){
        return;
    }
    //将绘制的多边形添加到 FeaturesLayer 上
    geometrysLayer.addFeature(event.feature);
    //定义查询过滤条件
    var sqlParam:FilterParameter = new FilterParameter();
    sqlParam.name = this.subQueryLayer.selectedItem.toString();
    sqlParam.attributeFilter =this.txtSQLExpress.text;
    //定义几何查询参数
    var queryParam:QueryByGeometryParameters = new QueryByGeometryParameters();
    queryParam.networkType = ServerGeometryType.LINE;
    queryParam.filterParameters = [sqlParam];
    queryParam.spatialQueryMode = SpatialQueryMode.INTERSECT;
    queryParam.geometry = event.feature.geometry as GeoRegion;
    //执行几何查询
    var geometryQuery:QueryByGeometryService = new QueryByGeometryService(mapUrl);
    geometryQuery.processAsync(queryParam,new
```

```
AsyncResponder(this.dispalyQueryRecords,
        function (object:Object, mark:Object = null):void
        {
            Alert.show("与服务端交互失败", "抱歉", 4, this);
        }, null));
    map.action = new Pan(map);
}
```

(4) 获取查询结果 QueryResult 对象；将加油站通过 Feature 对象展示，代码如下。

```
private function dispalyQueryRecords(queryResult:QueryResult, mark:Object = null):void
{
    //使用要素图层 FeaturesLayer 显示查询结果
    if(queryResult.recordsets == null || queryResult.recordsets.length == 0)
    {
        Alert.show("查询结果为空", null, 4, this);
        return;
    }
    //设置点的图片样式
    markerStyle = new PictureMarkerStyle("../assets/selectNode3.png");
    var recordSets:Array = queryResult.recordsets;
    if(recordSets.length != 0)
    {
        for each(var recordSet:Recordset in recordSets)
        {
            for each (var feature:Feature in recordSet.features)
            {
                //给 Feature 对象设置风格和添加单击事件
                feature.style=markerStyle;
                feature.addEventListener(MouseEvent.CLICK,ShowFeatureInfo);
                feature.toolTip=feature.attributes.NAME;
                featuresLayer.addFeature(feature);
            }
        }
    }
}
```

(5) 实现单击 Feature 后显示加油站详细信息的功能。单击 Feature 后调用 ShowFeatureInfo()
方法使用 map.infoWindow 展示 Feature 对象的属性信息，代码如下。

```
private function ShowFeatureInfo(event:MouseEvent):void{
    var fea:Feature = event.currentTarget as Feature;
    textInfo = new Text();
    textInfo.htmlText="<b>名称:</b>" + fea.attributes.NAME + "\n"
        + "<b>地址:</b>" + fea.attributes.门址 + "\n";
    //设置信息窗的显示内容
    map.infoWindow.content =textInfo ;
    map.infoWindow.label=fea.attributes.NAME;
    map.infoWindow.infoWindowLabel.setStyle('color', 0xffffff);
    map.infoWindow.infoWindowLabel.setStyle('fontFamily', "华文新魏");
    map.infoWindow.infoWindowLabel.setStyle('fontSize', "20");
    var geoPoint:GeoPoint = fea.geometry as GeoPoint;
```

```
    var point2d:Point2D = new Point2D(geoPoint.x,geoPoint.y);
    map.infoWindow.show(point2d);
}
```

(6) 删除地图上的 Feature 对象，代码如下。

```
private function clearFeature(event:MouseEvent):void
{
    //设置地图的操作为平移
    map.action = new Pan(map);
    geometrysLayer.clear();
    featuresLayer.clear();
    map.infoWindow.hide();
}
```

4. 运行效果

运行程序，在"查询指定区域的加油站"面板中将"查询条件"设置为"smid>0"，将"查询数据"设置为"加油站@北京"，单击"绘制区域查询"按钮，鼠标在地图上绘制查询的区域，此时符合条件的加油站以点对象的符号显示在地图上。单击点符号(即加油站)通过 map.infoWindow 显示加油站详情。运行效果如图 9-7 所示。

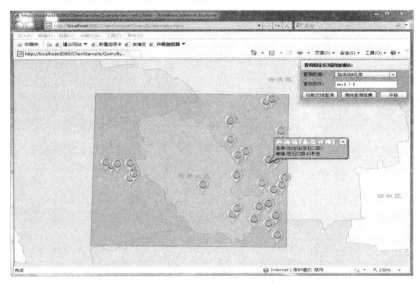

图 9-7　使用 Feature 展示查询结果

5. 接口说明

本节所用接口如表 9-3 所示，9.1.2 节和 9.1.3 节列出的接口将不再重复列出。

表 9-3　接口说明

接　口	功　能
QueryByGeometryParameters.filterParameters	查询过滤参数，包含查询图层名称和查询条件等信息
QueryByGeometryParameters.geometry	用于查询的几何对象，此处为鼠标绘制面

续表

接　口	功　能
QueryByGeometryParameters.spatialQueryMode	空间查询模式，此处为相交
QueryByGeometryService	几何查询服务类，几何查询即查找符合查询条件并与指定的几何对象满足某种空间查询模式的地物
Map.infoWindow	与 Map 绑定的信息提示窗口 infoWindow

9.2　添加可视组件元素

除了在地图上绘制矢量要素对象，SuperMap iClient for Flex 还支持绘制图片、音频、视频等一切可视组件，以此为富客户端的地图呈现提供丰富的数据内容。SuperMap iClient for Flex 提供一个专门展现图片、视频等可视组件的图层 ElementsLayer。本节将详细介绍元素图层 ElementsLayer 和元素对象 Element 的使用方法。

9.2.1　ElementsLayer 与 Element 对象介绍

ElementsLayer 专用于承载显示 Element 类型的可视组件元素，包括 Adobe Flex 提供的所有可视组件，例如图片、音频、视频和 Button(按钮)等。Element 对象有两个重要的属性：bounds 用于设置可视组件在元素图层 ElementsLayer 中的显示区域；component 用于设置要添加的可视组件。

9.2.2　在地图上添加 Element 对象

下面将通过一个示例程序介绍在地图上添加 Element 对象的流程。该示例实现的功能是单击按钮后，直接在指定的位置显示图片和视频。

🌐 说明　本例地图服务使用 SuperMap iServer Java 默认提供的世界地图的 REST 服务，地址为 http://localhost:8090/iserver/services/map-world/rest/maps/World Map。

实现该示例的主要步骤如下。

1. 界面设计

采用 Adobe Flash Builder 4 进行界面设计和功能开发，交互界面如图 9-8 所示。该界面主要由 Flex 布局容器 Panel 和 Flex 控件 Button 组成。主应用程序包含 SuperMap iClient for Flex 的地图控件 Map、罗盘控件 Compass、地图缩放条控件 ZoomSlider、比例尺控件 ScaleBar 等；其中"Element 对象增删"面板中包含 Button(按钮)，单击不同按钮时，实现案例中的添加 Element 和删除 Element 的功能。

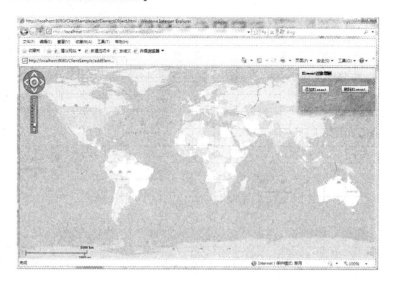

图 9-8　增删 Element 对象的界面

界面代码如下：

```
<?xml version="1.0" encoding="utf-8"?>
<s:Application xmlns:fx="http://ns.adobe.com/mxml/2009"
                xmlns:s="library://ns.adobe.com/flex/spark"
                xmlns:mx="library://ns.adobe.com/flex/mx"
                xmlns:ic="http://www.supermap.com/iclient/2010"
                xmlns:is="http://www.supermap.com/iserverjava/2010"
                width="100%" height="100%"
                creationComplete="initApp()">
    <fx:Declarations>
        <mx:Button id="button" cornerRadius="15" width="30" height="30"/>
    </fx:Declarations>

    <fx:Script>
        <![CDATA[
            [Bindable]
            private var restUrl:String;
            private function initApp():void
            {
                //REST 地图服务地址
restUrl="http://localhost:8090/iserver/services/map-world/rest/maps/World Map";
            }
        ]]>
    </fx:Script>
    <!--加载地图-->
    <ic:Map id="map" scales="{[1e-8, 2e-8, 4e-8, 8e-8, 1.6e-7, 3.205e-7, 6.4e-7]}">
        <is:TiledDynamicRESTLayer url="{this.restUrl}" alpha="0.85"/>
    </ic:Map>
    <s:Panel id="titlewin" title="Element 对象增删" fontFamily="宋体" right="0"
fontSize="12" backgroundColor="#454343" backgroundAlpha="0.48" width="234">
        <mx:Button x="9" y="22" label="添加 Element" click="addElementbyPoint(event)"/>
        <mx:Button x="129" y="21" label="删除 Element" click="delElement(event)"/>
```

```
    </s:Panel>
    <!--罗盘控件-->
    <ic:Compass map="{map}" left="10" top="10"/>
    <!--导航条控件-->
    <ic:ZoomSlider map="{map}" x="30" y="84"/>
    <!--比例尺控件-->
    <ic:ScaleBar map="{map}" bottom="30" left="20"/>
</s:Application>
```

2. 代码实现

(1) 在 Map 控件中加入 ElementsLayer，代码如下。

```
<ic:Map id="map" scales="{[1e-8, 2e-8, 4e-8, 8e-8, 1.6e-7, 3.205e-7, 6.4e-7]}">
    <is:TiledDynamicRESTLayer url="{this.restUrl}" alpha="0.85"/>
    <ic:ElementsLayer id="el"/>
</ic:Map>
```

(2) 通过坐标信息和可视对象初始化 Element，将 Element 对象添加到 ElementsLayer 上，代码如下。

```
private function addElementbyPoint(event:MouseEvent):void
{
    //图片的添加
    image = new Image();
    image.width = 50;
    image.height = 50;
    image.source = "../assets/cloud/cloud.png";
    var elementImage1:Element = new Element(image,new Rectangle2D(-80, 38, -80, 38));
    el.addElement(elementImage1);

    image = new Image();
    image.width = 50;
    image.height = 50;
    image.source = "../assets/cloud/cloud3.png";
    var elementImage2:Element = new Element(image,new Rectangle2D(30, 30, 30, 30));
    el.addElement(elementImage2);

    //视频的添加
    var video:VideoDisplay = new VideoDisplay();
    video.source = "../assets/weather.flv";
    video.width = 300;
    video.height = 300;
    var elementVideo:Element = new Element(video,new Rectangle2D(95, 25, 115, 40));
    el.addElement(elementVideo);

    //按钮的添加
    var elementButton:Element = new Element(button,new Rectangle2D(-50, -10, -50, -10));
    el.addElement(elementButton);
}
```

(3) 实现 Element 对象的删除，代码如下。

```
private function delElement(event:MouseEvent):void{
    el.clear();
}
```

 本例的源代码文件为配套光盘\示范程序\第 9 章\src\applications\ addElementObject.mxml。

3. 运行效果

运行程序，在"Element 对象增删"面板中单击"添加 Element"按钮，运行效果如图 9-9 所示。

图 9-9　添加 Element 对象后的效果图

4. 接口说明

本节所用接口如表 9-4 所示。

表 9-4　接口说明

接　口	功　能
ElementsLayer	元素图层，该类专用于承载显示 Element 类型的可视组件元素
Element	可视组件元素
ElementsLayer.addElement()	添加元素的方法
ElementsLayer.clear()	清除元素图层

9.3　聚　散　显　示

聚散显示是指将一定范围内的点要素聚合显示至一个点，被聚合的点要素没有任何限制因素，可以是地理上具有相关性的点，或属性上具有统一性，或是没有任何关联性。聚散显示的主要特色在于：一方面它可以从全局的角度表达被聚合点的共性；另一方面它可以简化要素布局，这种情况适用于大量点要素的分布。本节将详细讲解聚散的分类以及使用。

9.3.1　聚散显示模式

SuperMap iClient for Flex 支持三种聚散显示模式。

(1) 中心聚散(CenterClusterer)：首先将点要素所在的图层根据聚合区域大小划分为若干个栅格，然后将每一栅格内的所有离散点聚合至栅格的中心点。

(2) 区域聚散(RegionClusterer)：首先根据 featureWeightFunction 属性计算每个离散点的权重值(区域聚散可以不设置，使用默认设置)，然后根据指定区域内每个相邻离散点的权重比例确定聚合中心点，如此反复循环直到区域内所有点被聚合。该区域可以是用户绘制的区域，也可以直接是某一地理区域范围。

(3) 权重聚散(WeightedClusterer)：首先根据 featureWeightFunction 属性计算每个离散点的权重值，并将离散点所在的图层根据聚合区域大小划分为若干个栅格；然后依次遍历每个栅格，在同一栅格内根据相邻离散点的权重比例确定聚合中心点，如此反复循环直到栅格内所有点均被聚合。

SuperMap iClient for Flex 设计了三种聚散样式，它们之间可以自由地动态切换，适用于任何聚散模式。这三种样式如表 9-5 所示。

表 9-5　聚散样式

样式类型	类	效　果　图
单元风格	CellClusterStyle	
简单风格	SimpleClusterStyle	
发散风格	SparkClusterStyle	鼠标悬停至顶上

9.3.2 聚散显示实现

在 GIS 中，查看地物的分布情况这种应用非常普遍，使用聚散显示可以很方便地实现这种功能。

本节将通过一个示例的开发介绍聚散显示实现的步骤。

示例 查看北京加油站的分布情况。

 本例的源代码文件为配套光盘\示范程序\第 9 章\src\applications\ClustererExample.mxml。运行该程序前，需要将 initApp()函数中 mapUrl 的值修改为 Beijing REST 地图服务的资源地址(与 9.1.4 节的示范程序调用的 REST 地图服务相同，即 mapUrl 值相同)。

1. 示例分析

要满足上述示例需求，可以通过三个步骤实现。首先将聚散显示的风格设置为发散风格并且在地图控件里添加单击离散点的事件，当单击离散点时调用 Map 控件的 infoWindow 属性显示离散点的属性信息。其次查询北京所有加油站，将查询到的 Feature 对象添加到FeaturesLayer 上展示出来(查询功能的实现详见第 4 章)。最后初始化中心聚散对象，设置聚散风格为第一步设置的发散风格，设置 FeaturesLayer 的聚散类型为中心聚散，实现查看北京加油站分布情况的功能。当地图全幅显示时可以看到整体的分布情况，当地图放大后可以看到局部的加油站分布情况。

2. 界面设计

采用 Adobe Flash Builder 4 进行界面设计和功能开发，交互界面如图 9-10 所示。该界面布局同 9.1.2 节的类似，此处不再重复介绍。其中"查看北京加油站的分布情况"面板中包含按钮，单击不同按钮时，实现案例中的查看加油站分布和移除聚散效果的功能。

界面代码如下：

```
<?xml version="1.0" encoding="utf-8"?>
<s:Application xmlns:fx="http://ns.adobe.com/mxml/2009"
               xmlns:s="library://ns.adobe.com/flex/spark"
               xmlns:mx="library://ns.adobe.com/flex/mx"
               xmlns:ic="http://www.supermap.com/iclient/2010"
               xmlns:is="http://www.supermap.com/iserverjava/2010"
               width="100%" height="100%"
               creationComplete="initApp()">
    <fx:Script>
        <![CDATA[
            [Bindable]
```

```
                private var mapUrl:String;
                private function initApp():void
                {
                        mapUrl                                                          =
"http://localhost:8090/iserver/services/map-beijing/rest/maps/Beijing";
                }
                ]]>
        </fx:Script>
        <!--添加地图-->
        <ic:Map id="map" x="0" y="0" height="100%" width="100%" load="queryExecute(event)">
                <is:TiledDynamicRESTLayer url="{this.mapUrl}"/>
                <!--Map 控件中加入 FeaturesLayer-->
                <ic:FeaturesLayer id="clusterLayer"/>
        </ic:Map>
        <s:Panel id="titlewin" title="查看北京加油站的分布情况" fontFamily="宋体" right="0"
fontSize="12" backgroundColor="#454343" backgroundAlpha="0.48" width="234">
                <s:Button x="9" y="22" label="查看加油站分布"  click="centerClusterShow(event)"/>
                <s:Button x="129" y="21" label="移除聚散效果" click="removeCluster(event)"/>
        </s:Panel>
</s:Application>
```

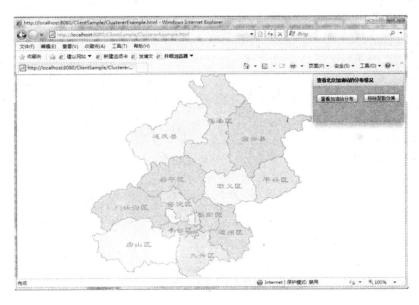

图 9-10　聚散显示界面

3. 代码实现

(1) 页面初始化完毕后设置聚散显示风格为 SparkClusterStyle 样式，并给地图控件添加单
击离散点的事件和离散点动态聚合开始事件，代码如下。

```
private function initApp():void
{
    mapUrl=
"http://localhost:8090/iserver/services/map-beijing/rest/maps/Beijing";
    //定义聚散显示风格，以 SparkClusterStyle 发散风格为例
```

```
        clusterStyle = new SparkClusterStyle();
        clusterStyle.ringDistanceInc = 40;
        clusterStyle.ringDistanceStart = 50;
        clusterStyle.sparkMaxCount = 100;
        clusterStyle.sparkSizeOnRollOver = 3;
        clusterStyle.size = 30;
        //添加鼠标单击离散点的事件
        map.addEventListener(SparkClusterMouseEvent.SPARK_CLICK, sparkClickHandler);
        //添加离散点动态聚合开始事件
        map.addEventListener(SparkClusterEvent.SPARK_IN_START, sparkInStartHandler);
        //设置单击离散点弹出信息框的内容
        textArea = new Text();
        //设置信息框弹出的内容
        map.infoWindow.content = textArea;
    }
```

(2) 捕获到单击离散点调用的方法，得到单击的 Feature 对象，将 Feature 对象的属性信息通过信息框展示，代码如下。

```
//鼠标单击离散点的侦听函数
private function sparkClickHandler(event:SparkClusterMouseEvent):void
{
    showInfowindow(event.feature, event.stageX, event.stageY);
}
//显示指示点坐标的信息窗口
private function showInfowindow(fe:Feature, stagex:Number, stagey:Number):void
{
    textArea.htmlText= "<b>SMID:</b>" + fe.attributes.SMID + "\n"
        +"<b>名称:</b>" + fe.attributes.NAME + "\n"
        + "<b>地址:</b>" + fe.attributes.门址 + "\n";
    map.infoWindow.label =fe.attributes.NAME;
    map.infoWindow.closeButtonVisible = true;
    map.infoWindow.show(map.stageToMap(new Point(stagex, stagey)));
}
```

(3) 捕获离散点动态聚合的开始事件，在动态聚合开始之前将信息框隐藏掉，代码如下。

```
private function sparkInStartHandler(event:SparkClusterEvent):void
{
    map.infoWindow.hide();
}
```

(4) 在地图控件加载完毕后调用查询方法查询北京所有的加油站，并将查询到的结果添加到 FeaturesLayer 上，代码如下。

```
private function queryExecute(event:MapEvent):void
{
    //定义 SQL 查询参数
    var queryBySQLParam:QueryBySQLParameters = new QueryBySQLParameters();
    //定义过滤条件
    var sqlParam:FilterParameter = new FilterParameter();
```

```
    sqlParam.name = "加油站@北京";
    sqlParam.attributeFilter = "smid>0";
    queryBySQLParam.filterParameters = [sqlParam];
    //执行 sql 查询
    var queryBySqlService:QueryBySQLService = new QueryBySQLService(mapUrl);
    queryBySqlService.processAsync(queryBySQLParam,.new
AsyncResponder(this.dispalyQueryRecords,
        function (object:Object, mark:Object = null):void
        {
            Alert.show("与服务端交互失败", "抱歉", 4, this);
        }, null));
    map.action = new Pan(map);
}
//查询结果处理函数
private function dispalyQueryRecords(queryResult:QueryResult, mark:Object = null):void
{
    //使用要素图层 FeaturesLayer 显示查询结果
    if(queryResult.recordsets == null || queryResult.recordsets.length == 0)
    {
        Alert.show("查询结果为空", null, 4, this);
        return;
    }
    var recordSets:Array = queryResult.recordsets;
    if(recordSets.length != 0)
    {
        for each(var recordSet:Recordset in recordSets)
        {
            for each (var feature:Feature in recordSet.features)
            {
                clusterLayer.addFeature(feature);
            }
        }
    }
}
```

(5)　通过中心聚散显示北京加油站的分布情况，设置 FeaturesLayer 的聚散显示类型为
CenterClusterer，实现代码如下。

```
private function centerClusterShow(event:MouseEvent):void
{
    this.map.action = new Pan(map);
    var clusterer:CenterClusterer = new CenterClusterer();
    clusterer.style = clusterStyle;
    //设置 FeaturesLayer 的聚散类型
    clusterLayer.clusterer = clusterer;
}
```

(6)　移除聚散效果，实现代码如下。

```
private function removeCluster(event:MouseEvent)
{
    clusterLayer.clusterer= null;
```

```
        map.infoWindow.hide();
    }
```

4. 运行效果

运行程序，在"查看北京加油站的分布情况"面板中单击"查看加油站分布"按钮，运行效果如图 9-11 所示。

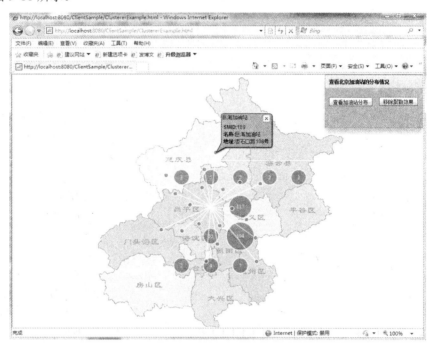

图 9-11　聚散显示北京加油站的分布情况

5. 接口说明

本节所用接口如表 9-6 所示，查询接口不再重复列出，查询接口详见第 4 章。

表 9-6　接口说明

接　口	功　能
SparkClusterStyle	聚散显示发散风格
SparkClusterMouseEvent.SPARK_CLICK	鼠标单击离散点的事件
SparkClusterEvent.SPARK_IN_START	离散点动态聚合开始事件
CenterClusterer	中心聚散显示类
RegionClusterer	区域聚散显示类
WeightedClusterer	权重聚散显示类
Map.infoWindow	与 Map 绑定的信息提示窗口 infoWindow

9.4　快速参考

目　标	内　容
直接绘制矢量要素 Feature 对象	首先设置点、线、面、文本的风格，通过已知坐标点分别初始化 GeoPoint、GeoLine、GeoRegion 对象，三个对象分别代表点、线、面的空间几何信息。通过 Geometery 对象与 Style 对象构造 Feature 对象，将 Feature 对象添加到 FeaturesLayer
鼠标交互绘制矢量要素 Feature 对象	首先初始化 DrawLine、DrawPolygon、DrawText 等绘制对象，然后调用绘制对象在地图上绘制，监听到 DrawEvent.DRAW_END 事件后通过 DrawEvent 得到绘制的 Feature 对象并添加到 FeaturesLayer 上
将查询到的结果通过 Feature 对象展现	首先通过 DrawPolygon 绘制面要素，在绘制结束事件中获得该面对象，其次设置 QueryByGeometryParameters(几何查询参数)，然后由 QueryByGeometryService.processAsync()向服务端提交查询请求，待服务端处理完成并返回结果后再通过 QueryResult 进行查询结果解析，得到对应的 Feature 信息，添加到 FeaturesLayer 以在地图上展示
添加可视组件元素	首先定义 Image、VideoDisplay、Button 等可视组件信息，根据已知坐标点和可视化组件初始化 Element 对象，调用 ElementsLayer. addElement()方法添加 Element 对象
聚散显示	首先设置聚散显示风格，支持三种聚散风格(SparkClusterStyle，CellClusterStyle，SimpleClusterStyle)，并给 Map 控件添加离散点单击事件。其次将查询到的 Feature 信息添加到 FeaturesLayer 以在地图上展示。最后设置 FeaturesLayer 的聚散显示类型为 CenterClusterer

9.5　本 章 小 结

本章介绍了如何使用 SuperMap iClient for Flex 实现客户端渲染。通过案例分析与实现了解矢量要素 Feature 不同方式的绘制，可视对象 Element 的绘制与删除，聚散显示的应用。

练习题　通过 SuperMap iServer Java 6R 服务管理器创建 REST 地图服务，实现根据属性查询业务数据的功能，将查询到的结果在地图上使用 Feature 标绘出来，单击 Feature 弹出查询的地物的具体信息。

第 10 章　Flex 应用部署

本书第 4～9 章介绍了如何通过 SuperMap iClient for Flex 开发包实现各种 GIS 功能，构建出界面美观、数据内容丰富的应用项目(即一个 Flex 项目)。完成项目的代码开发，下一步就是实施网络部署，即将应用项目部署在 Web 中间件中，通过中间件实现网络发布的功能。本章将分别阐述在三种常用 Web 中间件上部署应用项目的方法。通常使用 FlashBuilder 这一开发工具实施 SuperMap iClient for Flex 的开发较为普遍，因此本章将以在 FlashBuilder 中构建的应用项目为例介绍部署步骤。

 本章使用的 Flex 项目位于配套光盘\示范程序\第 10 章\Flex 源项目中。在学习本章之前，请先在 FlashBuilder 中打开示范项目。

本章主要内容：
- Flex 项目准备
- Tomcat 上部署 Flex 项目
- WebLogic 上部署 Flex 项目
- WebSphere 上部署 Flex 项目

10.1　Flex 项目准备

Flex 项目部署分为三个步骤：首先得到 Flex 项目编译后的 HTML 和 SWF 文件，即将 Flex 项目导出成发行版；其次创建 Web 应用，将编译后的文件夹放入 Web 应用中；最后通过 Web 中间件将 Web 应用发布出去，从而实现 Flex 项目的发布。

本节将介绍部署的前两个步骤。在后面几节中，将介绍如何将 Web 应用分别部署在当前较为流行的 Web 中间件中。

10.1.1　Flex 项目的编译

在本书 3.1.1 节中介绍了 Flex 的运行原理，即在安装了 Adobe Flash Player 插件的浏览器中访问 Flex 页面时需要将.swf 程序文件下载到客户端，由浏览器解析程序中丰富的界面元素与数据模型，并通过异步的交互模式与服务器进行高效通信。因此 Flex 项目在发布之前首先需要进行编译生成 HTML 和 SWF 文件，以便与客户端进行正常的交互和通信。Flex 项目的编译步骤如下。

(1) 将 FlashBuilder 创建的 Flex 项目导出为"发行版"。在"包资源管理器"中右击需要编译的 Flex 项目名称,在弹出的快捷菜单中选中"导出"命令,此时弹出"导出"对话框,如图 10-1 所示。

图 10-1 导出 Flex 项目为发行版

(2) 在"导出"对话框中选择"Flash Builder"的子项"发行版",单击"下一步",弹出"导出发行版"对话框,如图 10-2 所示。在该对话框中"导出到文件夹"文本框中输入(或者通过"浏览"按钮选择)导出的程序和文件生成的路径(包括文件夹名称)。本例将导出程序和文件输出到 C 盘的 FlexGIS 文件夹中。

图 10-2 导出发行版的信息设置

(3) 单击"完成"按钮,可以在 FlexGIS 文件夹中看到导出的编译后的项目文件。

10.1.2　Web 应用的创建

在导出 Flex 项目的编译文件后,需要为编译文件创建一个 Web 应用,以便 Web 中间件对
Web 应用进行部署发布。

(1) 创建名称为 iClientSample 的文件夹,在 iClientSample 文件夹中创建名为 WEB-INF 的
文件夹,并在 WEB-INF 文件夹中新建 web.xml 文件,文件内容如下:

```xml
<?xml version="1.0" encoding="UTF-8"?>
<web-app id="output" version="2.4" xmlns="http://java.sun.com/xml/ns/j2ee"
    xmlns:xsi="http://www.w3.org/2001/XMLSchema-instance"
    xsi:schemaLocation="http://java.sun.com/xml/ns/j2ee
    http://java.sun.com/xml/ns/j2ee/web-app_2_4.xsd">
<display-name> iClientSample </display-name>
</web-app>
```

(2) 将编译后 Flex 项目所在文件夹 FlexGIS 放入 iClientSample 文件夹中,如图 10-3 所示。

图 10-3　Web 应用的目录结构

10.2　Tomcat 上部署 Flex 项目

10.1 节完成 Flex 项目部署前的准备工作,本节将详细介绍如何在 Tomcat 中间件上部署
Flex 项目。

10.2.1　Tomcat 简介

Tomcat 是 Apache 软件基金会(Apache Software Foundation)的 Jakarta 项目中的一个核心项

目，由 Apache、Sun 和其他一些公司及个人共同开发而成。由于有了 Sun 的参与和支持，最新的 Servlet 和 JSP 规范总是能在 Tomcat 中得到体现。因为 Tomcat 技术先进、性能稳定，而且免费，因而深受 Java 爱好者的喜爱并得到了部分软件开发商的认可，成为目前比较流行的 Web 应用服务器。

10.2.2　在 Tomcat 上部署 Flex 项目

本节以 apache-tomcat-6.0.18 为例介绍在 Tomcat 上部署 Flex 项目的操作步骤。

(1)　apache-tomcat-6.0.18 文件夹目录如图 10-4 所示。其中 webapps 文件夹存放用于发布的 Web 应用。

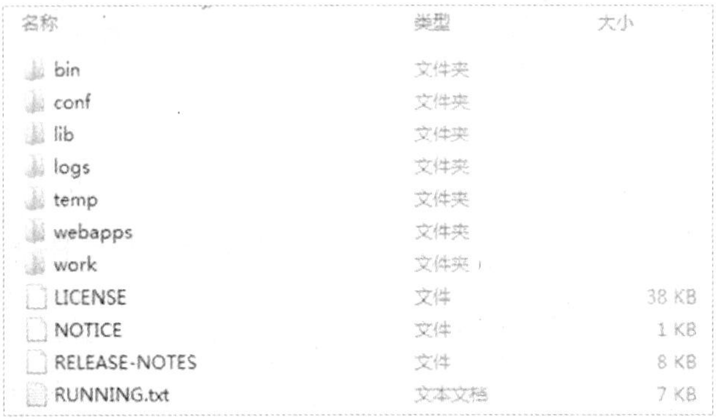

名称	类型	大小
bin	文件夹	
conf	文件夹	
lib	文件夹	
logs	文件夹	
temp	文件夹	
webapps	文件夹	
work	文件夹	
LICENSE	文件	38 KB
NOTICE	文件	1 KB
RELEASE-NOTES	文件	8 KB
RUNNING.txt	文本文档	7 KB

图 10-4　Tomcat 目录

(2)　将 10.1.2 节中创建的 iClientSample Web 应用文件夹复制到 apache-tomcat-6.0.18\webapps 目录下，如图 10-5 所示。

名称	类型
host-manager	文件夹
iClientSample	文件夹
ROOT	文件夹

图 10-5　webapps 里的文件目录

(3)　打开 apache-tomcat-6.0.18\bin 文件夹，双击"startup.bat"启动 Tomcat 服务，此时弹出 Tomcat 控制台窗口，如图 10-6 所示。通过 Tomcat 服务可以将 Web 应用发布到网络上。

(4)　访问 Tomcat 发布的 Web 应用。通常 Tomcat 发布的 Web 应用的网址为：http://[Tomcat 所在机器的 IP]:[端口]/[Web 应用文件夹名称]/[Web 应用的首页]。本例 Tomcat 默认以 8080 端口发布服务，因此在 Web 浏览器中输入 Web 应用网址 http://[Tomcat 所在机器的 IP]:8080/iClientSample/FlexGIS/iClientSample.html，可以浏览到由 SuperMap iClient for Flex 开发实现的 Flex 项目，如图 10-7 所示。

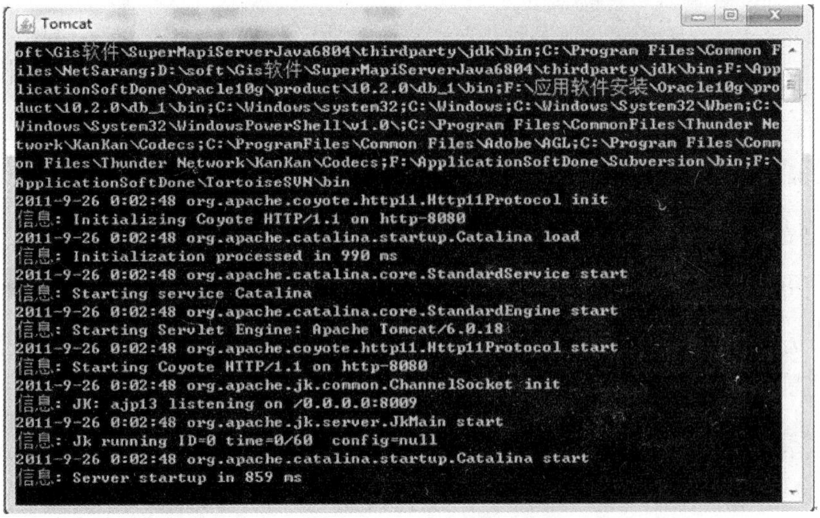

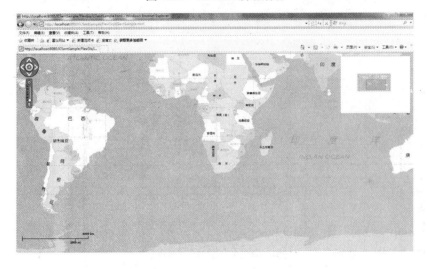

图 10-6 Tomcat 启动成功

图 10-7 Tomcat 发布效果图

10.3 WebLogic 上部署 Flex 项目

10.1 节完成 Flex 项目部署前的准备工作，本节将详细介绍如何在 WebLogic 中间件上部署 Flex 项目。

10.3.1 WebLogic 简介

WebLogic 是一个基于 JavaEE 架构的中间件，是用于开发、集成、部署和管理大型分布式 Web 应用、网络应用和数据库应用的 Java 应用服务器。它将 Java 的动态功能和 Java Enterprise 标准的安全性引入大型网络应用的开发、集成、部署和管理之中。

10.3.2 在 WebLogic 上部署 Flex 项目

本节以 WebLogic10.3.5.0 为例分别从如何创建 Weblogic 的 Domain(域)和在 Weblogic 的 Domain 里如何发布 Web 应用两方面介绍如何在 WebLogic 上部署 Flex 项目。

1. 配置 Domain

Domain(域)是 WebLogic 服务器基本管理单元，在 WebLogic 上发布 Web 应用需要将 Web 应用部署到对应的 Domain。创建 Domain 的操作步骤如下。

(1) 在操作系统中选择"开始"|"所有程序"| Oracle WebLogic | QuickStart，弹出 WebLogic Platform 界面，如图 10-8 所示。

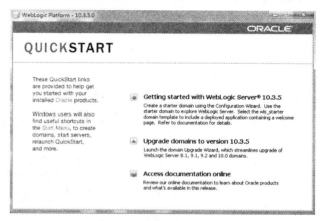

图 10-8 WebLogic Platform 界面

(2) 选择 Getting started with WebLogic Server 10.3.5 后弹出 "Fusion Middleware 配置向导" 对话框，选择 "创建新的 Weblogic 域"，如图 10-9 所示。

图 10-9 创建 Weblogic 域

(3) 单击"下一步",选择 Basic Weblogic SIP Server Domain,如图 10-10 所示。

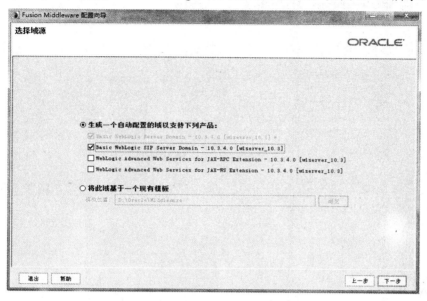

图 10-10　选择域源

(4) 单击"下一步",设置域的名称及其存放的位置,本例设置域名为 iClientSample,如图 10-11 所示。

图 10-11　输入域的名称和位置

(5) 自定义控制台管理员用户名和口令,如用户名为 supermap,口令为 supermap12,如图 10-12 所示。

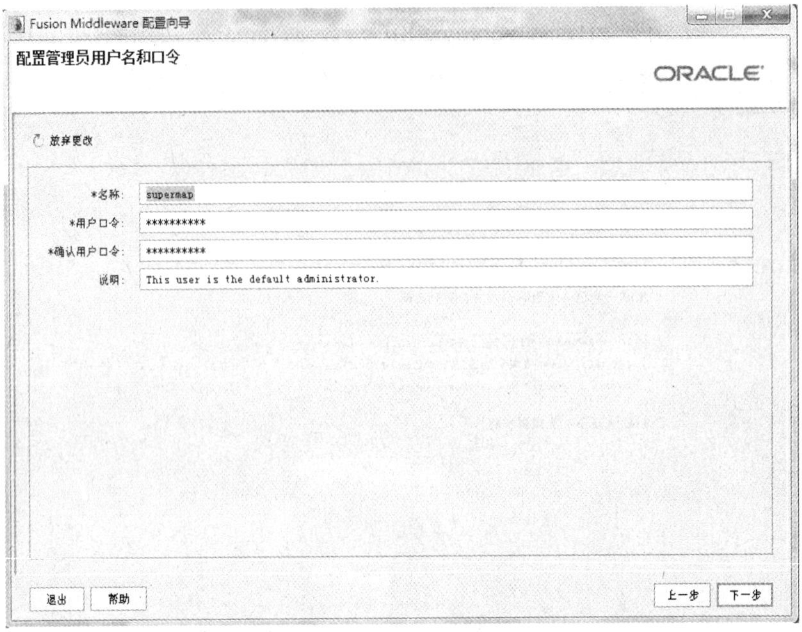

图 10-12　配置管理员用户名和口令

(6) 单击"下一步"，在"配置服务器启动模式和 JDK"对话框中全部选择默认配置，如
图 10-13 所示。

图 10-13　配置服务启动模式和 JDK

(7) 单击"下一步"，选择"管理服务器"，如图 10-14 所示。

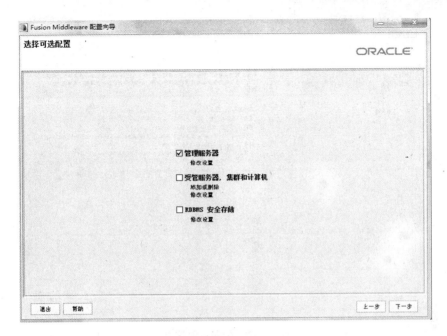

图 10-14　选择管理服务器

(8) 单击"下一步",在对话框中全部选择默认配置,如图 10-15 所示。

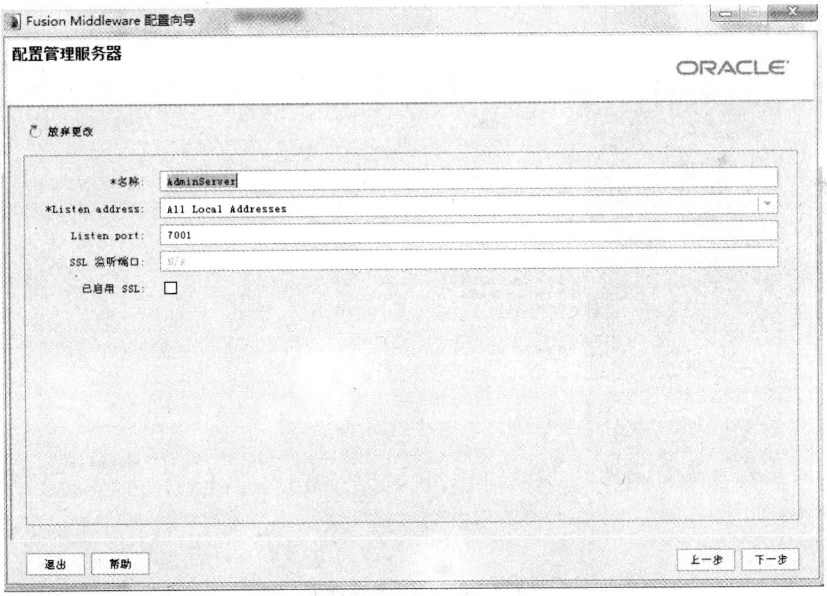

图 10-15　配置管理服务器

(9) 单击"下一步",可以浏览配置概要信息,如图 10-16 所示。

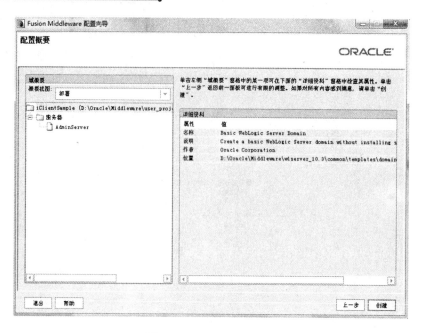

图 10-16　配置概要信息

(10) 单击"创建"，完成创建域的操作，如图 10-17 所示。

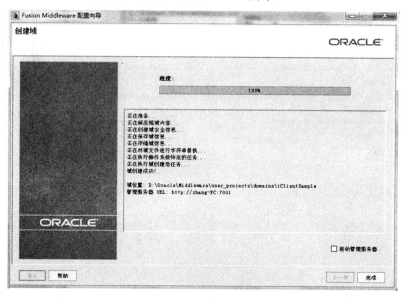

图 10-17　创建域界面

2. 发布 Web 应用

创建域成功后，下一步需要将 Web 应用部署到域中进行发布。具体操作步骤如下。

(1)　将在 10.1 节中创建的 iClientSample 项目打包为 war 包，名称为 iClientSample.war。打
　　　包步骤如下。

① 检查 JDK 版本是否符合要求。SuperMap iServer Java 要求使用 JDK 1.6 及其以上版本，所以建议服务器上配置 JDK 1.6 及以上版本。打开 DOS 控制台窗口，在窗口中输入"java -version "命令检查 JDK 版本，确保 JDK 环境配置正确。

② 在 DOS 控制台窗口中输入"cd [iClientSample 文件夹路径]"，通过 cd 命令进入 iClientSample 文件夹内。

③ 在 DOS 控制台窗口中输入"jar cvf iClientSample.war *"命令将 iClientSample 项目打成 war 包。

(2) 启动 WebLogic 服务。选择"开始"|"所有程序"| Oracle WebLogic | User Projects | iClientSample | Start Admin Server for Weblogic Server Domain 命令(如图 10-18 所示)，启动 WebLogic，结果如图 10-19 所示。

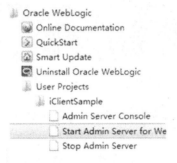

图 10-18　启动 Weblogic 服务目录

图 10-19　启动 WebLogic 界面

(3) 在 IE 地址栏中输入 http://[Weblogic 所在机器 IP]:7001/console/login/，进入控制台登录页面，如图 10-20 所示。输入用户名和口令分别为 supermap 和 supermap12，单击"登录"按钮。

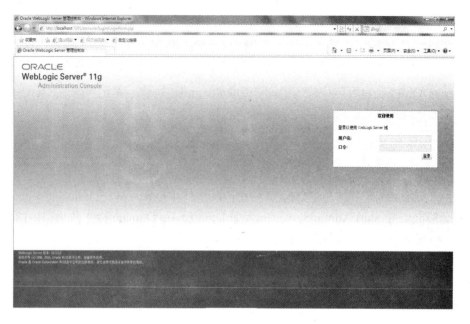

图 10-20　控制台登录页面

(4)　进入 WebLogic 控制台首页，如图 10-21 所示。在页面左侧"域结构"操作区域中，单击树状结构中的"部署"节点。

图 10-21　WebLogic 控制台

(5)　在页面中心区域的"部署概要"操作页面中，单击"安装"按钮，如图 10-22 所示。

图 10-22　部署页面

(6) 在图 10-23 所示文件夹目录中查找要发布的 war 文件，即 iClientSample.war。

图 10-23　安装界面

(7) 选择安装文件 iClientSample.war，如图 10-24 所示。

图 10-24　部署 iClientSample.war 包

(8) 依次单击"下一步"，完成 Web 项目部署，如图 10-25 所示。

图 10-25　部署 iClientSample.war 完成

(9) 再次打开部署选项，查看部署列表，如图 10-26 所示。

(10) 访问 WebLogic 发布的 Web 应用。通常 WebLogic 发布的 Web 应用的网址为 http://[WebLogic 所在机器的 IP]:[端口]/[Web 应用文件夹名称]/[Web 应用的首页]。本例 WebLogic 默认以 7001 端口发布服务，因此在 Web 浏览器中输入 Web 应用网址，即 http://[WebLogic 所在机器的 IP]:7001/iClientSample/FlexGIS/iClientSample.html，可以浏览到由 SuperMap iClient for Flex 开发实现的 Flex 项目，如图 10-27 所示。

图 10-26 部署 iClientSample.war 成功

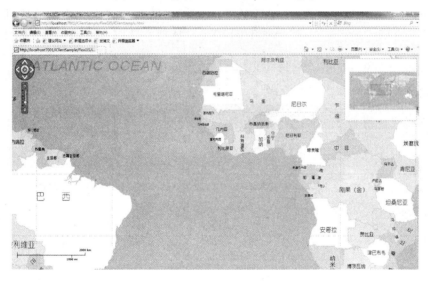

图 10-27 项目发布效果图

10.4 WebSphere 上部署 Flex 项目

10.1 节完成 Flex 项目部署前的准备工作,本节将详细介绍如何在 WebSphere 中间件上部署 Flex 项目。

10.4.1 WebSphere 简介

WebSphere Application Server(WAS)是一款行业领先的 Web 应用服务器。WebSphere

Application Server 提供了一个丰富的应用程序部署环境，其中具有全套的应用程序服务，它交付了安全、可伸缩、高性能的应用程序基础架构。它与 Java EE 兼容，并为可以与数据库交互并提供动态 Web 内容的 Java 组件、XML 和 Web 服务提供了可移植的 Web 部署平台。

10.4.2　在 WebSphere 上部署 Flex 项目

本节以 WebSphere V8.0 为例介绍在 WebSphere 上部署 Flex 项目的操作步骤。

(1)　将在 10.1 节中创建的 iClientSample 项目打包为 war 包，方法参见 10.3.2 节。

(2)　在 WebSphere 控制台下发布 iClientSample 应用程序。

①　启动 WebSphere 服务。选择"开始"|"所有程序"| IBM WebSphere | IBM WebSphere Application Server Trial V8.0 |"概要文件"| AppSrv01 |"启动服务器"。

②　打开 WebSphere 控制台。选择"开始"|"所有程序"| IBM WebSphere | IBM WebSphere Application Server Trial V8.0 |"概要文件"| AppSrv01 |"管理控制台"。

③　登录进入 WebSphere 控制台主页面后，单击左侧"视图"中"应用程序"|"新建应用程序"，如图 10-28 所示。

图 10-28　新建应用程序

④　单击"新建企业应用程序"按钮，选择 iClientSample.war 包，如图 10-29 所示。

图 10-29　发布 iClientSample.war

⑤　单击"下一步"，使用默认配置，如图 10-30 所示。

图 10-30　选择应用程序安装方式

⑥　单击"下一步"，在"应用程序名"文本框中将应用程序名更改为 iClientSample，
如图 10-31 所示。

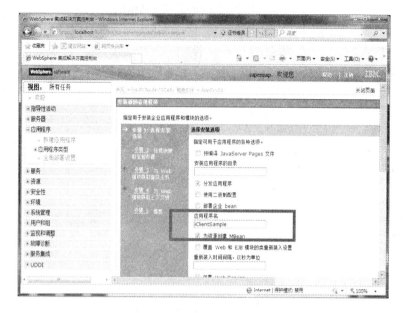

图 10-31　设置应用程序名称

⑦　单击"下一步"，勾选模块 iClientSample.war，如图 10-32 所示。

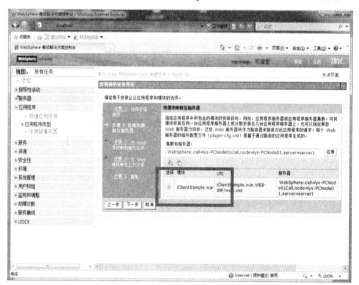

图 10-32　模块映射到服务器

⑧　单击"下一步"，勾选 Web 模块 iClientSample.war，如图 10-33 所示。

⑨　单击"下一步"，在"上下文根"文本框中更改上下文根为/iClientSample，如图 10-34 所示。

⑩　单击"下一步"，控制台列出应用程序配置的详细信息，如图 10-35 所示。单击"完成"按钮。

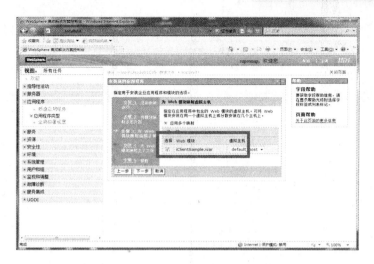

图 10-33　设置虚拟主机

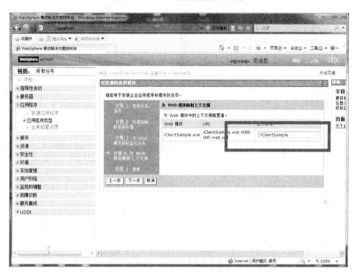

图 10-34　设置上下文根

图 10-35　应用程序配置信息

⑪ 单击"保存",如图 10-36 所示,完成 iClientSample 应用程序的部署配置。

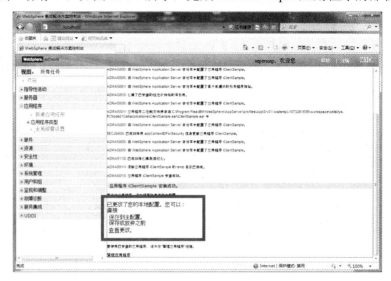

图 10-36 项目发布成功

⑫ 单击页面左侧"视图"的"应用程序"|"应用程序类型"|"企业级应用程序"节点,打开"企业应用程序"页面,勾选 iClientSample 前的复选框,单击"启动",启动应用程序 iClientSample,如图 10-37 所示。

图 10-37 启动应用程序 iClientSample

(3) 访问 WebSphere 发布的 Web 应用。通常 WebSphere 发布的 Web 应用的网址为 http://[WebSphere 所在机器的 IP]:[端口]/[Web 应用文件夹名称]/[Web 应用的首页]。本例 WebSphere 默认以 9080 端口发布服务,因此在 Web 浏览器中输入 Web 应用网址,即 http:// [WebSphere 所在机器的 IP]:9080/iClientSample/FlexGIS/iClientSample.html,可以 浏览到由 SuperMap iClient for Flex 开发实现的 Flex 项目,如图 10-38 所示。

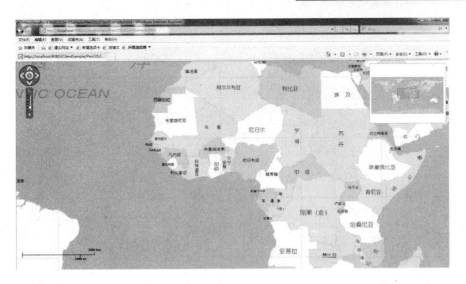

图 10-38　WebSphere 上发布 Flex 项目的效果图

10.5　快 速 参 考

目　标	内　容
Flex 项目部署步骤	Flex 项目部署分为三个步骤：首先得到 Flex 项目编译后的 HTML 和 SWF 文件，即将 Flex 项目导出成发行版；其次创建 Web 应用，将编译后的文件夹放入 Web 应用中；最后通过 Web 中间件将 Web 应用发布出去，从而实现 Flex 项目的发布

10.6　本 章 小 结

本章以 FlashBuilder 开发的 Flex 项目为例介绍了 Web 应用程序如何实现在 Web 中间件中的部署。由于 Web 中间件种类较多，本章仅仅选取了当前较常用的三种 Web 中间件进行说明。希望读者能够通过本章的学习，了解 Web 应用程序在中间件部署的意义，掌握应用程序发布的基本流程。

从本书第 1 章开始，依次学习了 SuperMap iServer Java GIS 服务的发布方法，利用客户端开发包(本书以 SuperMap iClient for Flex 开发包为例)与 SuperMap iServer Java 的 GIS 服务进行交互，开发常用的 GIS 功能的方法以及如何将 Web 应用程序在 Web 中间件中部署的方法。通过本书前 10 章的学习，相信读者可以掌握构建 GIS 应用项目的基本方法和流程。从第 11 章开始，将陆续学习 SuperMap iServer Java 提供的一些高级功能的使用和开发。

第 III 部分
高 级 篇

第 11 章　性　能　优　化

计算机系统的性能优化是一项繁复、系统性的工作，只有经过不断的调试才能获得最佳的效果。SuperMap iServer Java 所实施的 GIS 系统性能优化工作包括哪些方面，基于这些切入点又该如何开展工作，本章将带着这些问题介绍有关 SuperMap iServer Java 的性能优化。

本章主要内容：
* 数据优化
* 开发策略
* 缓存策略

11.1　性能优化概述

在软件系统的设计初期，一般意义上，存在着对系统的有效性、稳定性和响应能力等方面的设计约束。这些约束条件是保证系统能够正确、有效投入实际应用的前提，尤其是对于以用户交互体验为重点的 GIS 应用系统来说，显得尤为重要。

图 11-1 是采用 HP LoadRunner[①] 集成软件测试工具，对基于 SuperMap iServer Java 构建的 GIS 系统所做的集成测试(查询专项测试)结果。通过这样的测试结果，可以分析得到系统中存在性能问题，该系统的性能已经偏离了系统设计的约束条件。面对这样的问题，就需要进行性能优化，而性能优化又是什么呢？

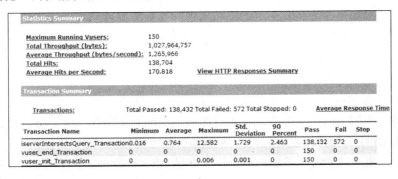

图 11-1　LoadRunner 出图测试结果

[①] HP LoadRunner，是业界久负盛名的集成软件测试工具，HP LoadRunner 可以在新系统或升级部署之前找出瓶颈所在，从而防止在生产过程中出现代价高昂的应用程序性能问题。

性能优化，是在应用系统的某些环节出现了性能瓶颈而无法满足业务工作的正常运行时，所采取的集评估、排查、调优、核对工作于一体的综合解决方案。由于其评估和调优的过程繁复，涉及的技术和知识较多，并且不同系统又存在一定的特殊性，因此导致了性能优化成为了一项既专业又有难度的工作。

本章将在前面各章节的基础上，基于性能优化普遍存在的问题，综合性地介绍有关SuperMap iServer Java 在应用过程中的性能优化的技术与策略。

11.2　数　据　优　化

空间数据作为 GIS 系统的重要基础，具有不同于普通属性数据的数据结构，在数据存储和操作方面具有一定的特点，而 GIS 系统需要对空间数据进行频繁的操作，以实现对空间数据的可视化展示与深度挖掘，因此对于空间数据的存储和操作就成为了影响整个 GIS 系统性能的重要因素。本节将从空间数据库配置和地图配图两个方面介绍数据优化的相关内容。

11.2.1　空间数据库配置

空间数据的特殊性，决定了空间数据库的相关应用是一个数据密集型的应用领域，频繁的地图浏览、数据查询和数据编辑是对空间数据库的性能考验，也成为了影响 GIS 系统的重要因素。针对空间数据库的性能优化，能够有效提高 SuperMap iServer Java 的处理能力和响应速度，改善终端用户的交互体验和满意度。

1. 硬件环境

数据库系统对于海量数据的存储、操作和处理效率，与硬件环境有密切的关系，合适的硬件配置有助于改善数据库的运行情况。当然，费用昂贵的硬件环境并不一定能带来数据库性能的巨大提升，只有根据系统的真实应用场景选择恰当的硬件配置才能带来最大的收益。

硬件配置包括 CPU、内存、硬盘、网络等因素。

CPU 决定了服务器的运算速度，高主频 CPU 对于空间数据库的性能提升效果明显，多核技术对于提高多任务的空间数据库应用也大有裨益，在配置空间数据库服务器时建议选择主频高的及多核 CPU 来提升性能。同时，64 位系统的运算性能高于 32 位系统，而且 64 位系统的寻址空间更大，能够使用的内存可达 180 亿 GB，因此建议配置 64 位的 CPU。

由于服务器在数据访问方面，内存的访问性能远远高于通过 IO 访问硬盘的性能，而数据库系统和 GIS 系统都尽可能充分地利用内存来操作和处理数据，并利用内存空间预缓存一部分数据，减少访问硬盘的次数，因此，内存容量的大小对数据访问效率的影响很大。

存储在硬盘中的数据需要频繁调入内存中进行运算处理，而硬盘的转速就成为改善数据访问性能的主要指标。不同类型硬盘的转速也各不相同，SCSI 硬盘比 IDE 硬盘的转速快，转速达到每分钟 7200 或 10000 转，数据传输速率也比 IDE 有优势，性能可提升 2～3 倍。基于 RAID(Redundant Array of Inexpensive Disks，冗余磁盘阵列技术)技术组成磁盘阵列，能够提供更高的数据访问速度和性能，提供数据备份能力，具有可用性和安全性高等特点。

在网络方面，GIS 服务器与数据库服务器之间需要实时传输数据，网络传输速度直接影响 GIS 服务器的响应速度。一般情况下，GIS 服务器与数据库服务器部署在同一网段的局域网环境中，数据通信无需经过防火墙，也无需通过路由器和交换机在不同网段中切换，减少了数据在网络传输中的复杂度。良好的网络带宽，也能够影响数据传输的效率，尤其在进行多用户、高并发的查询和操作数据时，1000 Mbps 网络带宽的性能远优于 100 Mbps。

2. 空间数据库

1)　数据建库

空间数据库在建库过程中，设置合理的建库参数，如游标数、块(block)大小等参数，就能够提升数据访问的速度。

这里以 Oracle 10g 数据库为例，介绍空间数据库建库的参数设置。

(1) 数据库管理软件 Oracle 10g 安装完成后，下一步开始创建空间数据库。采用 Oracle 的"定制数据库"选项可以根据空间数据库的特点，设定影响性能的部分参数。

(2) 进入"数据库初始化参数"步骤，基于图形化的界面设置必要的数据库参数(如图 11-2 所示)。为了使空间数据库具有更好的性能，选择"所有初始化参数"选项(如图 11-3 所示)，进行有关参数的设定。

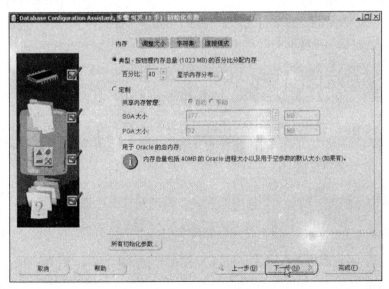

图 11-2　Oracle 10g 初始化参数

图 11-3　Oracle 10g 所有初始化参数

这里的参数可以进行优化调整以达到提升数据库性能的目标。建议如下所述调整其中几项参数。

- cpu_count：指定分配给 Oracle 数据库的 CPU 个数，默认为 1，如果服务器具有多个 CPU，则可以把此值增大，充分利用 CPU 并提高 Oracle 运行速度。

- db_file_multiblock_read_count：影响 Oracle 在执行全表扫描时一次读取 block 的数量，默认为 16，Oracle 支持的最大值不能超过 128。此值受系统 I/O 最大能力的限制，即 Max(db_file_multiblock_read_count) = MaxOsIOsize/db_block_size，一般可以改成 32，甚至更大。

- db_block_size：指定 Oracle 工作单元存储在磁盘的大小，一旦数据库创建完成，该值就不可更改。典型的 block 值为 4096 和 8192，建议该值不低于 8192。

- Open_cursors：指定一个会话一次可以打开的游标的最大数量；需要根据用户并发数决定，一般不应小于 300。建议将该值设置得足够高，防止应用程序耗尽打开的游标。

- Sessions：指定实例登录数据库的数量，根据并发用户数决定。

- Job_queue_processes：指定处理数据库定时作业的队列数，一般不应小于 100。

初始化参数等设置完毕之后，就可以进入后续步骤创建数据库了。

2）　空间数据库应用的优化

针对空间数据库的应用进行优化，获得的性能提升收益往往高于硬件的投入和数据库自身的优化。空间数据库应用可以为 C/S 架构或 B/S 架构，只要是与数据库发生交互的 GIS 系统都需要对该空间数据库应用进行优化。

SuperMap SDX+是 SuperMap GIS 的空间引擎技术，是包括 SuperMap iServer Java 在内的 SuperMap GIS 系列软件的重要组成部分，它提供了一种通用的访问机制(或模式)来访问存储在不同数据库里的空间数据，为其他模块提供数据支撑。空间数据库应用的优化，就是采用 SuperMap Deskpro 中的 SuperMap SDX+对空间数据库中的数据进行统一的组织和管理，从而实现上层产品和应用高效地访问数据的目标。

具体的优化因素包括以下方面。

(1) 选择恰当的空间索引。

所谓空间索引就是指在存储空间数据时依据空间对象的位置和形状或空间对象之间的某种空间关系，按一定顺序排列的一种数据结构，其中包含空间对象的概要信息，如对象的标识、外接矩形及指向空间对象实体的指针。作为一种辅助性的空间数据结构，空间索引介于空间操作算法和空间对象之间，通过它的筛选，大量与特定空间操作无关的空间对象被排除，从而提高空间操作的效率。

SuperMap GIS 提供了适用于矢量数据集的四叉树索引、R 树索引、图库索引和动态索引。单个数据集可以创建和维护一种空间索引，删除当前索引后可以创建新的索引。各种空间索引所适用的范围，详见表 11-1。

表 11-1　空间索引适用范围

空间索引类型	适用范围	类型描述
R 树索引	独占的文件型数据源。适用于静态数据，例如用作底图的数据和不经常编辑的矢量数据	R 树是基于磁盘的索引结构，是 B 树(一维)在高维空间的自然扩展，易于与现有数据库系统集成，能够支持各种类型的空间查询处理操作,在实践中得到了广泛的应用，是目前最流行的空间索引方法之一
四叉树索引	小数据量的高并发编辑	四叉树是一种重要的层次化数据集结构,主要用来表达二维坐标下空间层次关系,实际上它是一维二叉树在二维空间的扩展
图库索引	海量数据，即对象数超过百万个的数据的显示和查询	根据数据集的某一属性字段或根据给定的一个范围，将空间对象进行分类,通过索引管理已分类的空间对象，以此提高查询检索速度
动态索引	大数据量并发编辑。不确定数据适用于哪种空间索引时，推荐建立动态索引	结合了 R 树索引与四叉树索引的优点，采用划分多层网格的方式来组织管理数据

四种索引中，图库索引最适合具有分幅规则的地图数据，如按标准图幅编号的 1∶25 万或 1∶10 万的国家基本比例尺地形图。当然对于普通数据，如果采用图库索引，也会带来性能的提升。

对于静态数据的应用而言，图库索引结合矢量数据集"本地文件缓存策略"的速度最快，效果最好。"本地文件缓存策略"，是 GIS 系统第一次访问数据时，数据从数据库服务器下载到本地后作为缓存文件，系统再次访问数据时，直接获取本地数据的一种提升数据访问性能的策略。

(2) 创建影像金字塔。

影像金字塔是栅格数据集的简化分辨率图像的集合。影像金字塔技术通过影像重采样方法，建立一系列不同分辨率的影像图层，每个图层分割存储，并建立相应的空间索引机制，从而提高缩放浏览影像时的显示速度。

一般情况下，GIS 系统的影像数据具有多尺度、多图幅、大数据量等特点，统一存储在空间数据库中。为了确保影像数据的浏览效果流畅平滑，就需要为影像建立影像金字塔，提高影像数据的显示速度。

以北京地区(局部)547 平方千米遥感卫星影像(共 10 图幅)为例：

- 像素格式：24 位真彩

- 总像素数：2 606 464 372

- 原始数据大小：7457.154 38 MB

表 11-2 为未建立影像金字塔与已建立影像金字塔的浏览操作的时间对比。

表 11-2　影像金字塔性能对比

浏览操作	未建立影像金字塔	已建立影像金字塔
全幅显示	14 分 28 秒	<0.5 秒
放大 2 倍	6 分 35 秒	<0.5 秒
放大 4 倍	4 分 10 秒	<0.5 秒
放大 8 倍	1 分 57 秒	<0.5 秒
放大 16 倍	1 分 02 秒	<0.5 秒
放大 32 倍	24 秒	<0.5 秒
放大 64 倍	8.06 秒	<0.5 秒

(3) 字段索引。

字段索引是数据库系统或者其他计算机系统中提供键值快速定位的数据结构。字段索引提供了对特定键值的数据快速访问的能力。字段索引一般采用 B 树或者 B 树的衍生数据结构。通过对数据建立字段索引有助于快速查找和浏览数据。

在 GIS 系统的开发过程中，如果需要频繁使用某一字段的值进行定位、查询等操作，若为此类字段建立索引，可以显著提高程序运行的效率。字段索引对于数据较小的矢量数据较为适用。

11.2.2　地图配图

良好的地图配图不仅能带来丰富、美观的地图效果，同时也会直接影响地图的显示和 SuperMap iServer Java 的出图性能，从而改善用户的交互体验。地图显示效果与显示速度存在互斥性，一味追求地图的显示效果，可能会使地图的显示速度降低，最终导致用户体验不佳。为了能够获得最好的用户体验，合理的调优必不可少，可以借助 SuperMap Deskpro 及自带的 ShowDebug 性能诊断工具，对地图配图进行调优。

地图配图的调优手段，通常包括了以下方面的内容。

- 地图反走样

  在光栅图形显示器上绘制非水平且非垂直的直线或多边形边界时，或多或少会呈现锯齿状或台阶状外观。这是因为直线、多边形、色彩边界等是连续的，而光栅则是由离散的点组成，在光栅显示设备上表现直线、多边形等，必须在离散位置采样。由于采样不充分重建后造成的信息失真，就叫走样(aliasing)。而用于减轻或消除这种效果的技术，就称为反走样(antialiasing)。针对地图信息失真，对地图中的直线、多边形、文本等进行的反走样处理即为地图反走样。

  对地图中的线数据集和文本数据集使用地图反走样处理，可以使地图上的线条更加平滑，文字更加清晰，是一种地图显示优化的策略。不过，地图反走样会造成一定程度的地图显示性能下降，因此建议对不影响地图整体显示效果的线数据集和文本数据集，不做地图反走样处理。

- 图层比例尺过滤显示

  地图中的图层根据不同的比例尺级别选择是否显示。地图在各个比例尺级别下需要显示不同详细程度的数据，而通过设置各个图层的最大、最小可见比例尺，就可以实现小比例尺看宏观、大比例尺看微观的目标。

  针对数据节点多、具有微观信息的图层设置最小可见比例尺，使其在地图显示宏观信息时被过滤掉，这样能够极大提高地图显示性能。同样，为图层设置最大可见比例尺，过滤掉微观信息不足而节点较多的图层，也能得到同样的效果。

- 地图对象过滤显示

  - 设置对象过滤尺寸

    通过设置地图图层的过滤尺寸属性——MinVisibleGeometrySize，将地图图层中对象最小外接矩形边长较长的那边的屏幕长度小于等于设定长度的几何对象(点对象除外)过滤掉。

    很多大比例尺的数据，如流域水系、土地利用当中，对象数量多，小而碎的数据也会比较多，这样的数据既看起来不美观，也会影响地图显示的性能。设置合适的对象过滤尺寸，能将小而碎的地物过滤掉，使地图显示效果更加整洁。默认的对象过滤尺寸为 4，单位为 0.1 mm，推荐值域为 0～5。

◆ 设置图层过滤显示条件

通过为地图图层设置 SQL 表达式——DisplayFilter，仅在地图图层上显示满足条件的地物对象。

在图层地物较多而实际需要展示的地物较少时，无需删除该图层的其他地物，而只需设置图层过滤显示条件，就可以将不符合条件的地物过滤掉，节省地图显示的性能开销。

● 文本叠加优化

◆ 文本过滤显示

地图中的文本对象，包括标签专题图和文本数据集，存在多个文本对象之间的层叠情况。通过设置地图的文本过滤显示，过滤掉部分层叠文本，根据层叠文本存在的优先级保留一个完整的文本对象。

◆ 文本自动避让

地图的标签专题图中，可以设置在适当范围内各标签同时显示而不互相影响。

◆ 标签专题图保存为文本数据集

标签专题图和文本数据集同为文本对象，均可以表达地物的注记，而标签专题图也支持保存为文本数据集。

在地图的文本对象显示性能方面，文本数据集优于标签专题图，因此建议将静态数据的标签专题图保存为文本数据集，然后在地图中显示文本数据集。

地图同时显示 200 个以上的文本对象，显示速度会明显下降，而同时显示超过 200 个文本的地图严重影响地图的美观，因此在地图配图中，结合图层比例尺过滤等策略控制文本的显示数量。

● 其他

◆ 移除不显示的地图图层

将不显示的图层从地图中移除掉，因为该图层也会占用游标的资源。

◆ 制作地图缓存

为静态数据制作固定比例尺的地图缓存，提高地图显示的性能，具体请参见 11.4 节。

经过初步调优的地图，还需要利用 SuperMap Deskpro 的 ShowDebug 工具来验证调优的效果。ShowDebug 工具可在 SuperMap Deskpro 的 Bin 目录下配置文件 supermap.ini 中设置开启。

一般情况下，如果图层的刷新时间超过 1 秒，则说明仍有优化的空间。一幅地图，全幅显示后，逐级放大，可以在 ShowDebug 窗口清楚地检测到各比例尺下对象绘制的时间，并且可以将检测数据以报表的形式输出，作为地图配图调优的依据，如图 11-4 所示。

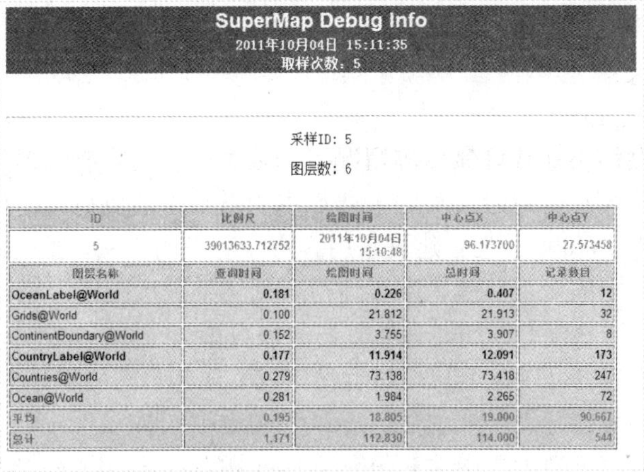

SuperMap Debug Info
2011年10月04日 15:11:35
取样次数：5

采样ID：5

图层数：6

ID	比例尺	绘图时间	中心点X	中心点Y
5	39013633.712752	2011年10月04日 15:10:48	96.173700	27.573458
图层名称	查询时间	绘图时间	总时间	记录数目
OceanLabel@World	**0.181**	**0.226**	**0.407**	**12**
Grids@World	0.100	21.812	21.913	32
ContinentBoundary@World	0.152	3.755	3.907	8
CountryLabel@World	**0.177**	**11.914**	**12.091**	**173**
Countries@World	0.279	73.138	73.418	247
Ocean@World	0.281	1.984	2.265	72
平均	0.195	18.805	19.000	90.667
总计	1.171	112.830	114.000	544

图 11-4　ShowDebug 检测数据报告

经过 ShowDebug 工具的检测和验证，地图配图能够逐步达到最优化，也为 SuperMap iServer Java 等 GIS 系统的性能奠定了基础。

11.3　开 发 策 略

SuperMap iServer Java 软件既是企业级 GIS 服务器，又是服务式 GIS 开发平台，采用合适的开发策略和开发方法，同样也能够降低服务器负荷，有效提高整个 GIS 系统的响应性能。本节结合 SuperMap iServer Java 所提供的服务接口特点以及 SuperMap iClient for Flex 客户端开发接口，介绍开发过程中的策略和方法。

11.3.1　地图显示

地图显示是 GIS 系统的基础功能，也是与服务器交互最频繁的操作。在开发地图显示相关的功能时，可以结合以下策略和方法。

- 静态与动态地图相结合

  如果 GIS 系统中存在部分数据需要较高频率的更新，无法为其制作图片缓存时，可以为 GIS 系统中的静态数据和动态数据分别配置地图，为静态数据的地图制作图片缓存并发布。开发过程中，为 Map 设定固定比例尺，将静态数据和动态数据的地图叠加在一起显示，SuperMap iClient for Flex 客户端实现代码如下：

```
<ic:Map id="map" x="0" y="0" width="100%" height="100%"
    scales="{[1/700000000,1/350000000,1/175000000,1/87500000,]}">
    <is:TiledDynamicRESTLayer id="tiledCacheLayer"
        url="http://localhost:8090/iserver/services/map-world/rest/maps/World Map"
         tileSize="256" imageFormat="png"/>
    <is:TiledDynamicRESTLayer id="tiledDynamicLayer"
        url="http://localhost:8090/iserver/services/map-world/rest/maps/China"
```

```
            tileSize ="256" imageFormat="png" enableServerCaching="false"/>
</ic:Map>
```

- 使用客户端渲染能力

  当需要获取查询结果并高亮显示的情况下，虽然可以依靠服务器显示高亮图层，但是用户交互效果不理想，同时还对服务器产生动态出图的负荷。而如果结果数据集的要素节点数不大于 10 000 个时，建议采用客户端渲染的方法。通过客户端多种风格的填充，以及提供一定的交互体验，则会使得查询结果主次有别，更加清晰。

  同样，在针对数据制作专题图时，当数据节点数不大于 10 000 时，为了能够给用户提供一定的交互性，也可以在客户端进行渲染，实现客户端的统计专题图、单值专题图、范围分段专题图等。

  客户端所提供的渲染能力集中在 FeaturesLayer 和 ElementsLayer 容器上，通过对 Feature 集合与 Element 集合的风格设置和事件监听，实现客户端渲染。

- 减少不必要的子图层控制

  相对于客户端的应用而言，通过控制子图层的显隐、填充风格、图层过滤等属性，使地图只显示当前所关注的地物类别。由于动态地控制子图层的状态，会使服务器动态出图，就必然会影响服务器响应的速度。因此，建议减少不必要的子图层控制，可以通过分离动态数据单独发布地图服务，或者地图配图时就设置好图层过滤条件。

11.3.2 数据查询与分析

相对于地图显示，数据查询和分析相关功能需要数据库与 GIS 服务器之间进行大数据量的运算和传输，给服务器带来了较大的性能损耗，因此开发数据查询和分析功能时需要注意以下的开发策略与方法。

- 选择适当的查询接口

  GIS 的数据查询功能包括了 SQL 属性查询和空间查询(采用空间关系运算符进行检索)，SQL 查询的复杂度低于空间查询，因此查询性能也更高。在能够仅用 SQL 条件确定对象的情况下，建议使用 QueryBySQLService 接口。

  在空间查询中，包括了范围查询接口 QueryByBoundsService、几何查询接口 QueryByGeometryService、距离查询接口 QueryByDistanceService 以及缓冲区查询接口 GetFeaturesByBufferService 等。相同的查询条件，查询性能排序如下：QueryByBoundsService>QueryByGeometryService=QueryByDistanceService>GetFeatures-ByBufferService。因此开发区域查询功能时，建议使用 QueryByBoundsService 接口，而缓冲区查询则可以用 QueryByGeometryService 等接口替代，以提高查询的响应能力。

- 分析功能的并发量需要结合服务器能力

  GIS 分析功能是一种根据空间算法对地理数据进行深度挖掘的复杂运算，随着数据容量与复杂度的增长，运算的损耗也就越大。

  虽然服务器具有强大的运算能力，但是面对具有并发要求并且运算耗时的 GIS 分析功能时，应该合理安排分析功能的运行时间与次序。建议在开发 GIS 系统的分析功能时，能够通过服务器状态消息，限定同时段并发操作的数量，对于特别耗时的分析功能，最好安排在服务器空闲的时段运行——例如凌晨。

11.3.3 扩展开发

SuperMap iServer Java 除了提供通用空间服务(Generic Spatial Service，GSS)，如地图服务、空间数据服务、空间分析服务、网络分析服务等，同时还支持用户根据行业特定的业务逻辑自行构建出与空间信息相关的领域空间信息服务(Domain Spatial Service，DSS)。这样，一些在客户端无法实现或者逻辑复杂的功能，就可以转移到服务端，采用服务端的扩展开发来解决问题，尤其在客户端与服务器端之间需要多次交互才能完成一项 GIS 功能时，服务器端扩展开发显得尤为重要，不仅能简化系统逻辑，同时也减少了数据通信所带来的时间损耗。关于扩展开发的有关内容，请参见第 14 章。

11.4 地 图 缓 存

GIS 系统投入使用过程中，发现显示地图速度慢，长时间的等待导致用户体验较差。为了解决这样的问题，SuperMap iServer Java 提出缓存优化策略。缓存策略作为性能优化的一个重要策略，其中最重要的一个方式就是地图缓存。

本节将从地图缓存的制作和使用以及地图缓存的更新与删除等几个方面介绍 SuperMap iServer Java 地图缓存。

11.4.1 SuperMap iServer Java 地图缓存概述

地图缓存，是指在进行地图浏览、查询、编辑、分析等过程中，对处理过的地图数据/图片按照特定的方式进行存储，以便在以后访问同样的数据/图片时不需要服务器重新生成，从而提高数据的访问效率。地图缓存是一种用于改善地图浏览用户体验的优化策略。只需要付出一次缓存的代价，就可以提供给客户端快速的地图显示响应速度。

SuperMap iServer Java 地图缓存分为两类：预缓存和实时缓存。预缓存是事先对不同比例尺下的地图数据输出成图片的处理。预缓存制作工具对每个比例尺下的地图按照一定的规则切割成若干个小图片，存储在 GIS 服务器缓存图片输出目录下。客户端用户的每一次地图浏览，如平移、放大、缩小地图，GIS 服务按照匹配的条件，将已缓存的图片返回到客户端。实时缓存是指在没有预先生成缓存的情况下，浏览地图时，地图服务根据相应的请求，实时生成所需的图片，并缓存到服务器缓存图片输出目录下，以便后续访问时可供用户重用。对于海量的 GIS 数据，一般多采用预缓存处理。制作地图预缓存的详情参见 11.4.2 节。

11.4.2 如何制作地图预缓存

SuperMap iServer Java 使用的预缓存可以通过两种方式来生成：使用桌面软件 SuperMap Deskpro .NET 生成地图缓存和使用 SuperMap iServer Java 的预缓存服务制作预缓存。SuperMap Deskpro .NET 是一套运行在桌面端的专业 GIS 软件，它提供生成地图预缓存的功能，关于 SuperMap Deskpro .NET 生成预缓存的方法请参考《SuperMap Deskpro .NET 联机帮助》，本书不做详细介绍。本节主要介绍利用 SuperMap iServer Java 的预缓存服务生成地图预缓存的方法。使用的示范数据位于 SuperMap iServer Java 安装目录 \samples\data\World。

1. 使用 SuperMap iServer Java 预缓存服务制作预缓存

使用 SuperMap iServer Java 预缓存服务生成地图预缓存的操作步骤如下。

(1) 登录 SuperMap iServer Java 服务管理器页面(即 http://localhost:8090/iserver/manager)，单击"服务"选项，并单击页面下方的"预缓存"超链接，如图 11-5 所示，进入"预缓存任务列表"页面。

图 11-5　预缓存服务

(2) 在"预缓存任务列表"页面中单击"添加新的缓存任务"(如图 11-6 所示)，添加新的缓存任务。

图 11-6　添加新的缓存任务

弹出"添加/编辑预缓存任务"对话框，如图 11-7 所示。

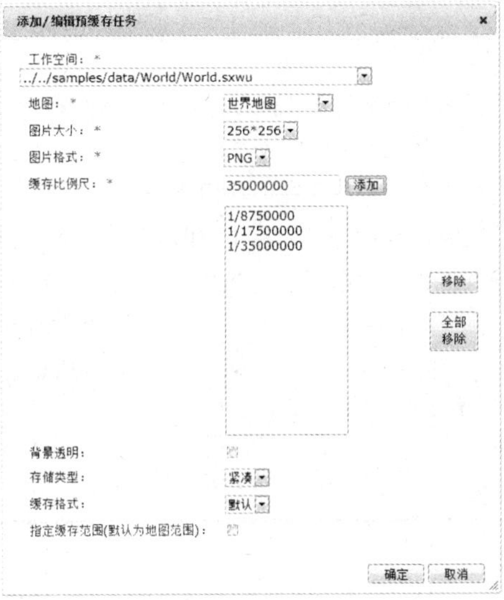

图 11-7　添加/编辑地图预缓存

(3) 在"添加/编辑预缓存任务"对话框中对地图预缓存的参数进行设置。如图 11-7 所示，
设置预缓存的参数，包括选择已经发布的工作空间、缓存图片大小、图片格式、地图
比例尺、背景是否透明、地图范围等。参数说明详见表 11-3。

表 11-3　缓存参数说明

参数名称	说　明
工作空间	必选参数。 工作空间列表中显示了服务器已经发布的所有工作空间
地图	必选参数。 当选择一个工作空间后，地图右侧的列表框中会列出所选工作空间中包含的所有地图
图片大小	必选参数。 生成的缓存图片的大小，系统提供了 256×256 和 512×512 两种类型
图片格式	必选参数。 目前提供 PNG 和 JPEG 两种格式
缓存比例尺	必选参数。 系统默认给出 6 个比例尺，可以对比例尺进行移除和添加操作。添加比例尺时，请输入正整数，系统会自动将此整数作为分母，并加到比例尺列表框中。如果输入的是非正整数，系统会给出"请确认输入的比例尺为正整数"的提示。 选择比例尺的简便方法是：确定查看地图时需要使用的最接近比例，最好设置多个比例尺，以便在多个比例尺之间缩放时可以使用地图缓存
背景透明	当地图设置背景色时，勾选此项，则生成缓存图片时，会自动将背景设为透明；否则，会保留地图的背景色

续表

参数名称	说　明
存储类型	必选参数。 • 原始型缓存，不对数据进行压缩，保存为多文件夹图片格式，即 PNG 或 JPEG 格式 • 紧凑型缓存，即大文件缓存格式。大文件是一种用于存储地图、数据的二进制文件，采用一定的压缩和加密机制，在结构上采用单一或两个文件的方式替代以前瓦片金字塔的缓存机制，支持跨平台和 4 GB 以上大文件。紧凑型文件格式大大减少了文件数量，降低磁盘空间占用量，节约部署、复制的时间。另外紧凑型文件格式支持加密
缓存格式	默认即可，简易指生成 SuperMap iServer Java 2008 的简易缓存
指定缓存范围(默认为地图范围)	勾选此项，可以重新指定生成缓存图片的地理范围

(4) 完成上述配置后，单击"确定"按钮，在"预缓存任务列表"页面中出现新增的地图缓存任务列表，并显示地图缓存任务进程条，显示图片总数目、已生成图片数目等信息，如图 11-8 所示。

图 11-8　启动预缓存服务

(5) 完成添加预缓存任务后，可以对此任务进行控制。

通过"停止"按钮停止制作地图预缓存的任务。停止任务后，出现"启动"、"删除"和"编辑"按钮，如图 11-9 所示，单击"启动"按钮将继续执行此任务，即继续生成缓存图片；如果对地图缓存的参数设置不满意，可以通过"删除"按钮，删除此任务，但是预缓存任务已经生成的缓存图片不会被删除。

图 11-9　控制预缓存任务

单击"地图名称"前面的展开按钮，可以看到此任务的各个比例尺的信息，如生成图片总数及已生成图片个数，如图 11-10 所示。

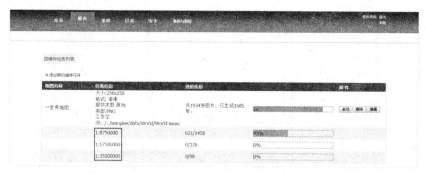

图 11-10　生成预缓存

用户可以通过单击"编辑"按钮来修改地图缓存比例尺参数，如增加、删除比例尺。

> 注意　编辑地图缓存任务时，除比例尺参数之外的其他参数都是不可编辑的，如图 11-11 所示，增加一个 1：70 000 000 的比例尺。

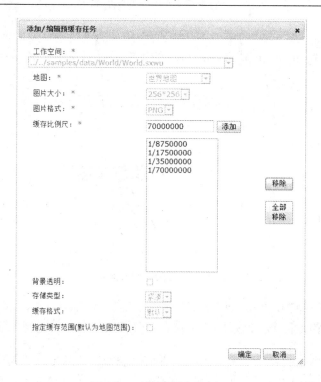

图 11-11　新增缓存比例尺

单击"确定"按钮后，返回地图缓存任务列表页面，比例尺信息已经更新，此时，单击"启动"按钮开始执行此任务，如图 11-12 所示。

> 注意　当对预缓存任务进行编辑后，所有图片将重新生成。

图 11-12　重新启动预缓存任务

重复执行上述步骤，可以继续添加地图预缓存任务。SuperMap iServer Java 将每个地图预缓存的生成过程作为一个任务。每次可以添加一个缓存任务到预缓存任务列表中，预缓存任务列表中的多个缓存任务可以同时进行，但是同名地图的缓存任务一次只能运行一个。

一般来说，对同一幅地图一般只建立一个地图预缓存任务，之后用户可以通过编辑此任务修改比例尺信息。此外，用户可以通过"添加新的缓存任务"，对同一地图建立不同图片类型、地图范围的缓存任务。此时，需要先停止此地图正在运行的任务，然后添加新的缓存任务。添加完毕后，任务列表中出现关于同一幅地图的多个任务，这些任务不能同时运行，一次只能运行一个。

缓存图片默认生成到 SuperMap iServer Java 的地图缓存目录下。预缓存结果目录结构如图 11-13 所示。

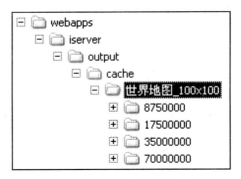

图 11-13　预缓存目录结构

cache 目录下的"世界地图_100×100"就是"世界地图"的预缓存目录，"世界地图_100×100"的各个子目录对应的是各个比例尺的地图缓存，子目录的名称为比例尺的分母。

"世界地图_100×100"目录的命名格式为"XXXX_a×a"，其中，"XXXX"是地图的名称，a×a 是缓存图片的大小，a 的值是用十六进制表示的，单位是像素。每个地图固定大小的缓存图片对应 cache 目录下一个子文件夹，"世界地图_100×100"表示"世界地图"块大小为 256×256 像素(十进制)的缓存目录。

至此，利用 SuperMap iServer Java 的预缓存服务来制作地图预缓存的操作完成。

2. 制作地图预缓存注意事项

为了保证利用 SuperMap Deskpro .NET 和 SuperMap iServer Java 预缓存服务制作的地图预缓存能为 SuperMap iServer Java 所用，以下将从工作空间、缓存路径、设备分辨率、地图缓存索引范围和标签专题图五个方面来介绍地图预缓存制作的注意事项。

1)　保持工作空间一致

工作空间中的地图参数决定了 SuperMap iServer Java 使用的缓存文件的编码方式，因此要保证用于制作预缓存的工作空间中的地图与用于 SuperMap iServer Java 发布的工作空间中的地图一致。影响参数包括地图的风格、数据连接、图层顺序、默认比例尺等。因此要求在制作完成预缓存后，尽量不要对工作空间的地图进行修改，以保证发布的地图与制作预缓存时一致。同时要保持地图中所有图层可用，保证该地图中所有图层所对应的数据集和数据源在工作空间中都存在，不能有无对应数据源和数据集的空链接图层。对数据对象编辑，如添加、删除、更新对象等，不会影响编辑区域以外的缓存图片，编辑操作要严格局限于数据编辑，地图属性编辑会影响预缓存。

2)　缓存路径设置

利用 SuperMap Deskpro .NET 制作地图预缓存的时候，可以将预缓存直接生成到 SuperMap iServer Java 发布缓存图片的目录下，也可以生成后复制到该目录下。如果预缓存生成目录与 SuperMap iServer Java 缓存目录在同一磁盘分区中，不可通过拖拽或剪切将预缓存图片存放到 SuperMap iServer Java 缓存目录下，需通过复制来完成该操作。

3)　地图缓存与设备显示分辨率相关性设置

利用 SuperMap Deskpro .NET 制作地图预缓存的时候，如果 SuperMap Deskpro .NET 所在的计算机与 SuperMap iServer Java 所在的计算机不是同一台机器，有可能出现制作地图预缓存的机器和 SuperMap iServer Java 服务器分辨率不同的问题，生成的缓存由于与设备有关就会导致缓存不能使用，而地图服务则会再动态出图。SuperMap iServer Java 支持将地图缓存配置为与设备显示分辨率无关，操作方法如下。

(1) 在 SuperMap Deskpro .NET 的 bin 目录下配置 SuperMap.xml 文件中的 CustomMapRatioEnable 属性为 true。

(2) 相应的 SuperMap iServer Java 服务器所安装的 SuperMap Objects Java(也可能是使用 SuperMap iServer Java 安装目录自带的 SuperMap Object java，那么路径则是 SuperMap iServer Java 安装目录\support\objectsjava)的 bin 目录下 SuperMap.xml 文件中的 CustomMapRatioEnable 属性也要设为 true。

(3) 保持(1)和(2)中两个 SuperMap.xml 文件的 CustomMapRatioX 和 CustomMapRatioY 的取值相同。

4) 地图缓存索引范围

地图缓存索引范围必须设置为发布地图的整幅地图范围，以便与 SuperMap iServer Java 缓存索引范围一致。在根据需求修改地图缓存的范围信息时，要保持索引范围是整幅地图范围。

5) 标签专题图流动显示

使用预缓存发布，需要将标签专题图的流动显示功能关闭。

11.4.3　客户端如何有效利用地图缓存

SuperMap iServer Java 提供了地图缓存的机制，客户端该如何有效利用呢？本节以 SuperMap iClient for Flex 客户端为例介绍客户端使用地图缓存的方法。

(1) 选择正确的图层对象装载地图。

SuperMap iServer Java 提供的地图通过客户端的 Layer 对象来进行装载，在第 3 章中详细介绍了 Layer 图层的基本概念和图层结构。

SuperMap iServer Java 的地图是以图片的形式传输到客户端呈现，因此需要使用 SuperMap iClient for Flex 的栅格图层来装载。SuperMap iClient for Flex 的栅格图层分为分块动态图层(TiledDynamicLayer)和(不分块)动态图层(DynamicLayer)。在 SuperMap iClient for Flex 中支持使用缓存的图层是 TiledDynamicRESTLayer，该类继承自 TiledDynamicLayer，支持 SuperMap iServer Java 的 REST 地图服务的分块动态栅格图层。

(2) 正确创建图层对象，以便有效利用地图缓存。

在 Map 控件中加入 TiledDynamicRESTLayer，代码如下：

```
<ic:Map id="map" x="0" y="0" height="100%" width="100%"
    scales="{[1/700000000,1/350000000,1/175000000,1/87500000]}">
  <is:TiledDynamicRESTLayer
   url="http://localhost:8090/iserver/services/map-world/rest/maps/World Map"
   tileSize="256"imageFormat="png"/>
</ic:Map>
```

其中 TiledDynamicRESTLayer 有几个参数的设置直接影响地图预缓存的利用率，如图层的比例尺(scales)设置要与预缓存的比例尺相同，缓存图片的大小(tileSize)与预缓存一致，图片格式(imageFormat)要与预缓存的格式相同，相关参数的具体说明如下所述。

- Map 的 scales

  scales 是获取或设置地图比例尺的数组，地图根据相应的比例尺级别进行缩放，不设置 Map 的比例尺数组 scales，地图为无级缩放。地图无级缩放就是按照任意的比例尺缩放，那么这时就不一定能浏览到预缓存设定的比例尺级别，因此为了能使用预缓存，必须要设定 Map 的 scales，而且值一定要和预缓存的比例尺值相同，比例尺级别数可以多于或少于预缓存的。

- Layer 的 tileSize

  tileSize 是地图切割后每个小图块(图幅)的尺寸，图片分块大小，单位为像素。图片块为正方形，大小是指其边长，默认为 256 px(像素)，即每个图片块的大小为 256×256，该值须与预缓存图片的尺寸一致。注意，预缓存存放图片的文件夹图片大小是按照十六进制命名的，因此 256 像素大小的缓存目录名称是"世界地图_100×100"。

- Layer 的 imageFormat

  imageFormat 是图片的格式，默认值为 png 格式，目前支持 png、jpg、bmp 格式。需要与预缓存图片格式一致。

11.4.4　地图缓存的更新

通常情况下，地图缓存的更新发生在以下两种情况：一是地图比例尺级别变动，二是地图内容做了相应的调整。下面详细介绍这两种情况下进行地图缓存更新的方法。

1)　地图比例尺级别调整

对地图进行浏览、平移、缩放，发现生成地图预缓存的比例尺级别数不满足用户的操作需求，即地图的比例尺级别太少，地图缩放跳跃太大，需要新增比例尺，此时可以根据实际需要使用 SuperMap iServer Java 预缓存服务或者 SuperMap Deskpro .NET 继续生成多个比例尺的地图缓存，操作详见 11.4.2 节。或者在浏览地图过程中，发现两个比例尺之间地物跨度太接近时，可以删除中间一些比例尺级别，此时只需对系统客户端调用的比例尺级别做相应的调整，无需删除对应的 SuperMap iServer Java 地图缓存目录下的比例尺级别。如果缓存图片占用的空间较大，建议直接删除。

2)　地图内容调整

地图内容调整，包括地图图层风格、图层数、图层内的地物数量等进行了相关的调整。

(1) 如果修改了地图中的某一个图层的风格或者新增/删除某一个图层时，SuperMap iServer Java GIS 服务会自动更新地图缓存，客户端进行地图访问时，可以看到图层风格的变化。需要注意的是如果地图数据量较大，为了保证地图浏览速度，建议在对地图进行相应的调整之后，先做地图预缓存的处理，而不是直接依靠 SuperMap iServer Java 实时缓存来自动更新地图缓存。

(2) 如果用户修改地图中某个图层的数据，即对地物进行编辑，如删除了某个图层的某个要素，这种情况下，需要对地图缓存进行更新，保证其他用户可以看到更改后的数据内容。用户可以根据数据变更的情况来选择是更新全部缓存，还是只更新部分缓存。

如果地理范围内的数据都发生了变化，此时需要更新全部缓存。如果用户知道数据变更的地理范围，此时只需要对缓存进行部分更新。

● 全部更新缓存

地理范围内的数据都发生了变化，特别是地理范围发生改变，此时，需要更新全部缓存，即首先清除 SuperMap iServer Java 缓存图片目录中该地图的所有缓存，然后重新生成地图预缓存。

清除缓存主要有两种方法。第一种是在服务器端手动删除缓存目录下的缓存图片，如图 11-14 所示，将"世界地图_100×100"文件夹及其子文件夹全部删除。

图 11-14　缓存目录

第二种方法是在 Web 浏览器中使用 clearCache 资源清除缓存，例如要清除世界地图的所有缓存图片，输入以下 URI 地址：http://[Server's IP]:8090/iserver/services/map-world/rest/maps/世界地图/clearcache。

● 部分更新地图缓存

对缓存进行部分更新时，建议先使用 clearCache 资源，清除此地理范围内的缓存图片，然后再重新对该范围生成地图预缓存。

例如要清除世界地图的经度 120°～150°、纬度 30°～50° 的地图缓存，输入以下 URI 地址：http://[Server's IP]:8090/iserver/services/map-world/rest/maps/世界地图/clearcache.rjson?bounds={"rightTop":{"y":50,"x":150},"leftBottom":{"y":30,"x":120}}。清除成功，返回 true。

> 注意　使用 clearCache 资源时，如果指定地理范围，则会清除此地理范围内的所有缓存图片，以及与此地理范围相交的缓存图片。

11.4.5　使用地图缓存的建议

通过 11.4.1～11.4.4 节的介绍，了解了地图缓存制作的方法、客户端调用缓存的方法以及制作地图预缓存的注意事项等，本节将介绍地图缓存使用的建议。

在某一比例尺中，一幅地图被切割成的地图图片越多，地图图片的命中率越高。但是，命中率越高，每次传输的图片个数就会越多，传输图片也会影响地图响应时间，这样就需要在服务器并发量和网络传输量之间寻找一个平衡点，既达到浏览效果最佳，也使显示效率最优。因此，在使用地图缓存的时候，可参考从以下几个方面进行优化。

1)　图片大小

制作地图预缓存时设置的缓存图片大小要与客户端分块图层的图片大小保持一致，这样才能充分利用地图预缓存达到地图响应效率最优的目的。

SuperMap iServer Java 的预缓存服务提供生成 512×512 或 256×256 两种尺寸的缓存图片。使用 SuperMap iClient 客户端的分块图层(例如 SuperMap iClient for Flex 客户端的 SuperMap.Web.Mapping.TiledDynamicRESTLayer)访问 SuperMap iServer Java 的地图服务时，默认使用的是 256×256 大小的图片，也可以通过更改 TileSize 属性值来保证与 SuperMap iServer Java 服务器的地图预缓存图片大小一致。

2)　比例尺

为了充分利用地图预缓存的图片，并能实现多级缩放，可以为一幅地图预先生成多个比例尺的缓存图片，在 SuperMap iServer Java 客户端开发包(SuperMap iClient for Flex、for Silverlight 等)中的地图接口中设置与地图预缓存对应的比例尺数组，从而限定地图在指定比例尺内缩放，实现多级缩放的效果。以 SuperMap iClient for Flex 客户端为例，将 Map 的比例尺数组 scales 设置成与预缓存比例尺级别相同，这样在进行地图缩放时，地图下所有图层将只显示设置的比例尺，即预缓存图片的比例尺，从而充分利用地图预缓存图片。

3)　地理范围

可以为频繁访问的地图区域生成地图预缓存，对较少访问的地图区域采用实时生成缓存的策略，以降低生产和存储缓存的成本。

例如，在访问世界地图时，对于广大无人区，可以不生成地图预缓存，只对访问频繁的地理范围(图 11-15 所示)生成地图预缓存。

图 11-15　为指定地理范围生成地图预缓存

11.5 快速参考

目　标	内　容
SuperMap iServer Java 性能优化之数据优化	数据优化分为：空间数据库配置和地图配图两个方面。 • 空间数据的特殊性，决定了空间数据库的相关应用是一个数据密集型的应用领域，频繁的地图浏览，数据查询和数据编辑是对空间数据库性能的考验，也成为了影响 GIS 系统的重要因素。空间数据库的优化可以从硬件环境配置、空间数据建库参数优化以及空间数据库应用优化三方面着手 • 地图显示效果与显示速度存在互斥性，一味追求地图的显示效果，可能会使地图的显示速度降低，最终导致用户体验不佳的结果。为了能够获得最好的用户体验，合理的调优必不可少，可以借助 SuperMap Deskpro 及自带的 ShowDebug 性能诊断工具，对地图配图进行调优
SuperMap iServer Java 性能优化之开发策略	开发策略可以从三个方面来介绍：地图显示，数据查询与分析，扩展开发。 • 地图显示：静态与动态地图相结合；使用客户端渲染能力；减少不必要的子图层控制 • 数据查询与分析：适用的数据查询；分析功能的并发量需要结合服务器能力 • 扩展开发：支持根据行业特定的业务逻辑自行构建与空间信息相关的领域空间信息服务(DSS)
SuperMap iServer Java 性能优化之地图缓存	地图缓存，是指在进行地图浏览、查询、编辑、分析等过程中，对处理过的地图数据/图片按照特定的方式进行存储，以便在以后访问同样的数据/图片时不需要服务器重新生成，从而提高数据的访问效率。SuperMap iServer Java 使用的预缓存可以通过两种方式来生成，分别是利用桌面软件 SuperMap Deskpro .NET 生成地图缓存和利用 SuperMap iServer Java 的预缓存服务制作预缓存

11.6 本章小结

本章从数据优化、开发策略与地图缓存三个方面，介绍了 SuperMap iServer Java 的性能优化方法与策略。通过本章的学习，希望能够帮助您掌握 SuperMap iServer Java 在 GIS 系统的实施过程中需要注意的硬件环境和空间数据库等方面的配置内容，充分利用地图配图的技巧、优秀的开发策略以及地图缓存的管理方法，确保 GIS 服务器的高性能运转。

第 12 章　SuperMap iServer Java 集群

SuperMap iServer Java 集群技术为企业级 Service GIS 应用提供了一套成熟的 GIS 服务平台解决方案，用于实现应用系统中 GIS 服务能力的高可伸缩性和高可靠性。本章将分别从原理与结构、特点、使用与配置方法以及应用几个方面对 SuperMap iServer Java 集群进行剖析，希望通过本章深入浅出的阐述，使用户对集群技术及其用法有一个深入的了解，以便灵活地利用该技术搭建健壮、稳定、高效的企业级 GIS 应用系统。

本章主要内容：

- SuperMap iServer Java 集群的工作原理
- SuperMap iServer Java 集群的组织结构
- SuperMap iServer Java 集群的两种部署方法
- 列举 SuperMap iServer Java 集群的几种应用模式

12.1　理解 SuperMap iServer Java 集群

本节将详细介绍 SuperMap iServer Java 集群的工作原理及其组织结构。掌握本节的内容，将有助于灵活实施集群的部署。

12.1.1　集群技术的提出

通过本书前文的介绍，我们已经了解了一个 GIS 应用系统的运作流程。

(1) 客户端向 GIS 应用系统提交 GIS 请求。

(2) GIS 应用系统与 GIS 服务进行交互(可以通过 SuperMap iClient 实现交互)，将 GIS 请求的参数传给 GIS 服务。

(3) GIS 服务获取参数后对 GIS 数据进行相应的分析和处理，将最终的结果传回 GIS 应用系统。

(4) GIS 应用系统进行客户端结果的呈现。

运作流程如图 12-1 所示，可以看出，大部分 GIS 功能的分析和处理工作都由 GIS 服务器中相应的 GIS 服务来执行。

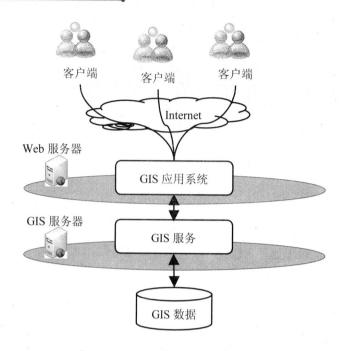

图 12-1　GIS 应用系统运作流程简图

对于一个大型 GIS 应用网站来说，如果在 GIS 服务器端仅由一个 GIS 服务来支撑所有客户端的 GIS 请求，会出现如下的问题。

(1)　多客户并发请求 GIS 功能时，需要 GIS 请求在 GIS 服务器端排队处理，从而导致 GIS 服务处理效率降低，客户端响应变慢。

(2)　当 GIS 服务出现异常，停止服务时，GIS 应用网站就无法正常提供 GIS 功能，导致网站瘫痪。

除了上述问题外，近年来，对跨部门、跨区域、面向全球模型实现信息一体化共享的需求越来越强烈，如何构建能够跨区域、跨平台、跨部门的 GIS 服务器，实现多资源的应用整合，完成企业各类信息的互通互连已成为 GIS 服务器研究的新课题。为此，SuperMap iServer Java 进行技术的革新与能力的扩展，提出新一代分布式层次集群技术。

SuperMap iServer Java 集群是一个高度透明的可伸缩 GIS 服务群计算机系统，它能够获取多个 GIS 服务器中的 GIS 服务，将 GIS 服务能力进行整合，客户端提出的 GIS 请求通过集群进行任务的分派，即根据每一个 GIS 服务的状态以及服务能力进行 GIS 任务分派，将 GIS 请求分派给一个最佳的 GIS 服务来处理。这样的服务结构，可以把并发 GIS 请求由单一 GIS 服务运作转变为由多个 GIS 服务共同运作的模式，提高 GIS 请求的并发量，同时也可以保证 GIS 服务的稳定运行。图 12-2 是单机 GIS 服务与双机集群服务分别对 50 个并发用户进行不同功能响应的效率图，可以看出，使用集群技术，GIS 请求的响应效率得到了大幅的提升。

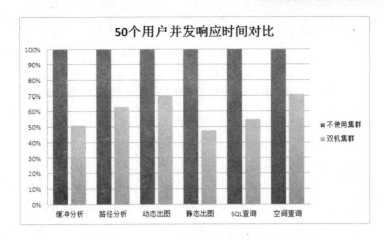

图 12-2　单机 GIS 服务与双机集群服务性能对比

12.1.2　集群的工作原理

SuperMap iServer Java 集群是由 GIS 服务器中的 GIS 服务和集群服务组成,如图 12-3 所示,它们在集群系统中通过层次部署，分别执行不同的职能，相互之间根据约定进行通信，集群系统在集群服务的有效组织和协调下，完成客户端请求的所有 GIS 任务。

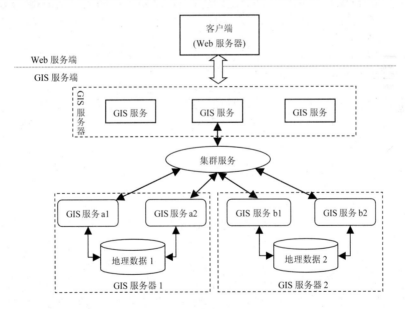

图 12-3　集群工作原理简图

1. 上层 GIS 服务(使用集群服务)

上层 GIS 服务是图 12-3 中所指集群服务上方的 GIS 服务器中的 GIS 服务。这层 GIS 服务具有如下三个职责。

● 直接与客户端进行交互，获取客户端的 GIS 请求。

- SuperMap iServer Java 的集群之所以是透明的集群，是因为对于客户端来说，无论采用集群处理还是单纯的一个 GIS 服务进行 GIS 处理，面对客户端的始终是 GIS 服务，客户端只需要和 GIS 服务交互即可，客户端不用关心 GIS 服务内部是如何分派 GIS 请求以及由谁对其进行处理的。因此，在进行 GIS 应用系统二次开发的时候，只需要对这一层的 GIS 服务的地址进行指定，设置请求参数，就可以实现所需的 GIS 功能。

- 使用集群服务，将 GIS 请求交由集群服务分派。

  上层 GIS 服务在获取到 GIS 请求后，并不直接对请求进行处理，而是将请求转给集群服务，交由集群服务对请求进行分配，集群服务会寻找到最佳状态的 GIS 服务，将请求交由该 GIS 服务进行处理。该 GIS 服务接收集群服务交给的 GIS 请求，进行 GIS 计算处理。

  上层 GIS 服务也能够参与 GIS 请求的运算处理，主要取决于集群服务是否将 GIS 处理任务分派给它。如果集群服务根据负载计算出当前上层 GIS 服务是最佳运算服务，就会将 GIS 请求分派给该上层 GIS 服务。

2. 集群服务

集群服务获取加入集群环境的 GIS 服务器的相关信息，对 GIS 服务器所提供的 GIS 服务的服务能力和运行状态进行评估，在接收 GIS 任务时，集群服务会自动选择最佳状态的 GIS 服务，为两者建立连接。在集群服务的有效管理下，保障集群环境下的 GIS 服务能够按照其服务能力和当下状态均衡地处理客户端的所有 GIS 任务，即保证 GIS 服务的负载均衡及客户端请求响应的高效性。

3. 下层 GIS 服务(加入集群)

在集群系统中，多个 GIS 服务器可以同时加入同一个集群或者多个集群中，如图 12-3 中 GIS 服务器 1 和 2 都同时加入集群服务中，GIS 服务器 1 和 GIS 服务器 2 中的所有 GIS 服务都属于下层 GIS 服务。

下层 GIS 服务及其 GIS 服务器主要负责以下工作。

- GIS 服务信息的报告。

  定期向集群服务报告当前工作状态，包括 GIS 服务器中提供的 GIS 服务信息、负载信息和当前状态信息。

- GIS 请求的响应。

  GIS 服务可以对地理数据进行功能计算，满足客户端的各种地图操作请求。一个 GIS 服务器可以提供多种类型的 GIS 服务，如 GIS 服务器 1 可以提供一个 REST 地图服务 GIS 服务 a1、一个 REST 数据服务 GIS 服务 a2，GIS 服务器 2 可以提供一个 REST 地图服务 GIS 服务 b1、一个 REST 数据服务 GIS 服务 b2。这些 GIS 服务器加入集群中，它们的主要职责就是从集群服务中获取 GIS 请求，对其进行处理。

  集群系统中可以加入多个 GIS 服务，这些服务可能具有相同的服务能力，如 a1 和 b1(如果地理数据 1=地理数据 2)，也可能分别具有自己独特的服务能力，如 a1 和 a2。集群服务会根据集群系统中所有 GIS 服务(包括上层 GIS 服务和下层 GIS 服务)的具体能力进行选择性的分派。当集群服务为客户端和 GIS 服务建立连接关系后，GIS 服务根据 GIS 请求进行 GIS 运算，将结果返回给客户端。

> 提示　虽然集群系统中是以 GIS 服务为主要会话和计算实体，但是集群系统是以 GIS 服务器为最小单位进行组织的，即同一个 GIS 服务器中的 GIS 服务需要作为上层或者下层 GIS 服务同时使用集群服务或者同时加入集群进行任务分派。某一个 GIS 服务不能单独加入集群或者脱离集群。

综上所述，SuperMap iServer Java 集群系统主要分为三个部分：上层 GIS 服务、集群服务以及下层 GIS 服务。对于客户端来说，它直接与上层 GIS 服务会话，不需要了解与之会话的 GIS 服务是否使用了集群，即集群系统对于客户端来说是一个高度透明的系统。

12.1.3　集群的组织结构

通过 12.1.2 节介绍的集群工作原理可以看出集群的基础结构分为三层。这个基础结构可以构成一套集群系统，同时 SuperMap iServer Java 集群用户可以根据应用系统自身数据特点和系统性能要求对集群系统的组织结构进行设计，如设计单层集群结构或多层集群结构，从而适应不同规模和应用环境的需求。但是需要说明的是，无论哪种集群结构，都是由集群的基础结构搭建出来的，它们的工作原理是相同的。

1. 集群系统的冗余设计

SuperMap iServer Java 的集群可以对 GIS 服务进行冗余设计，即 SuperMap iServer Java 支持配置备份的 GIS 服务，从而提供更高的可靠性，部署也更加灵活，如图 12-4 所示。

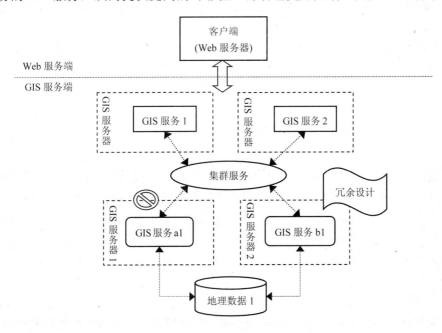

图 12-4　集群服务和 GIS 服务冗余设计

GIS 服务的冗余设计

GIS 服务的冗余设计是指在一个集群系统中同时配置两个或两个以上 GIS 服务器，这些 GIS 服务器提供的 GIS 服务具有处理相同地图数据及相同 GIS 功能的能力。通过集群服务的负载均衡能力，动态指定客户端请求由哪个 GIS 服务负责处理。

首先，这种冗余设计可以避免 GIS 服务的单点失效，保障 GIS 服务的稳定可靠、不间断运营能力。如图 12-4 所示，在集群系统中配置了两个具有相同能力的 GIS 服务 a1 和 b1。集群服务负责监听 GIS 服务 a1 和 b1 的状态，GIS 服务器 1 和 GIS 服务器 2 负责定期向集群服务报告自己的状态。当某一 GIS 服务器，如 GIS 服务器 1 出现故障无法处理 GIS 请求时，集群服务会监听到这一信息，当客户端向集群服务提交 GIS 请求时，集群服务会选择其他具有相应服务能力的 GIS 服务 b1。当 GIS 服务器 1 恢复能力，重新加入集群系统中，GIS 服务器 1 会自动向集群服务报告，同时集群服务会更新负载均衡的 GIS 服务列表，加入 GIS 服务 a1 的服务信息，a1 可以继续为客户端的 GIS 请求服务。

其次，GIS 服务的冗余设计可以提高 GIS 计算能力，从而为系统带来高并发访问和高处理性能。当多客户端并发访问集群系统时，集群系统可以利用多个具有相同服务能力的 GIS 服务 a1 和 b1 共同处理这些请求。因此，对于高并发用户访问和复杂 GIS 空间处理的系统采用集群机制可以提升系统的效能，保证系统的可靠性。

集群服务除了可以为 GIS 服务器意外停机、软硬件损坏等情况提供可靠性保障之外，也可以通过控制部分服务器的运行状态，为检修、升级、测试等计划任务提供方便，实现应用服务的不间断运行。

📝 **提示**　冗余设计主要针对下层 GIS 服务，冗余设计使 SuperMap iServer Java 集群会自动进行性能和稳定性的调整。此外，上层 GIS 服务也可以进行冗余设计，即多个 GIS 服务器可以同时使用相同的集群服务，获取相同的处理能力，但是上层 GIS 服务的单点失效的规避是需要在客户端(Web 服务器)进行自动调整的。如图 12-4 所示，在客户端(Web 服务器)进行服务可用性的判断，当向 GIS 服务 1 发送请求无回应时，可以向 GIS 服务 2 发送。

---

2. 单层集群结构

如图 12-5 所示，单层集群结构是集群系统的基础结构，由上层 GIS 服务、集群服务和下层 GIS 服务组成。它支持 GIS 服务的冗余设计。这种集群结构也是集群常用的结构，下层 GIS 服务的主要工作就是对 GIS 请求进行分析处理。如果客户端的并发量增大，通过增加下层 GIS 服务节点可以提高 GIS 服务端处理并发请求的能力。通常，大型公共服务网站的 GIS 服务端会采用这种单层集群结构。

3. 多层集群结构

多层集群结构是由多个集群基础结构组合而成。如图 12-6 所示，GIS 服务端的集群是由集群服务 1 和集群服务 2 组合而成。GIS 服务器 1、集群服务 1 以及 GIS 服务器 2、3 组成一个集群系统，但是 GIS 服务器 3 接收的 GIS 请求又由其所在的集群服务 2 来分派，即集群服务 1 下面又嵌套了一个集群服务 2。假设 GIS 服务 a～e 具有相同的 GIS 服务能力，当 GIS 服务 a 从客户端接收到 GIS 请求后，集群服务可能分派给 GIS 服务 a～e 中的任意一个来完成，这主要取决于 GIS 服务的负载等信息。

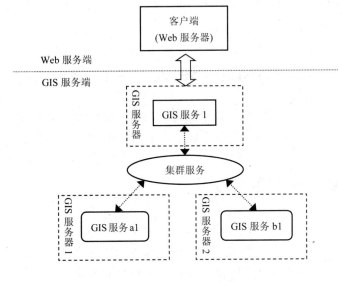

图 12-5　单层集群结构

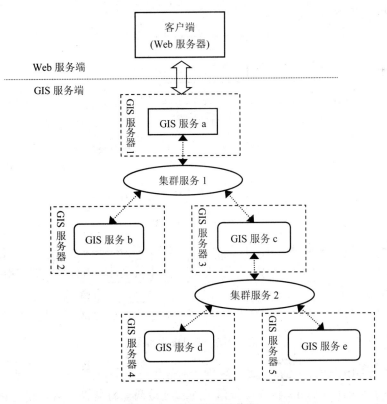

图 12-6　多层集群结构图

多层集群支持 GIS 服务和集群服务节点的冗余设计，以保证集群系统的整体容错能力。

多层集群结构主要适用于跨平台、跨部门的信息整合。例如，部门 a 有一套 GIS 服务(使用集群组织的 GIS 服务)部署在 Linux 平台上，部门 b 有一套 GIS 服务部署在 Windows 平台上，在建设信息系统一体化的过程中，需要将部门 a 和 b 的服务进行整合，此时可以通过多层集群的方式获得解决方案。

12.2　SuperMap iServer Java 集群的部署

集群的部署是指在软、硬件环境中如何搭建集群结构。按照硬件环境来划分，集群部署包括单机集群部署和多机集群部署两种。下面分别对两种部署进行详细介绍。

12.2.1　单机集群的部署

单机集群部署是指所有 GIS 服务器和集群服务部署在同一台计算机上，通过创建不同端口的 GIS 服务器来组织集群结构，如图 12-7 所示。如果项目配备了较高配置的硬件服务器，可以通过单机集群的方式来部署 GIS 服务器，一个 GIS 服务器占用一个进程，因此，单机集群是通过部署多个进程(GIS 服务器)来寻求较高的并发性和响应效率。下面通过一个示例详细介绍单机集群部署的过程。

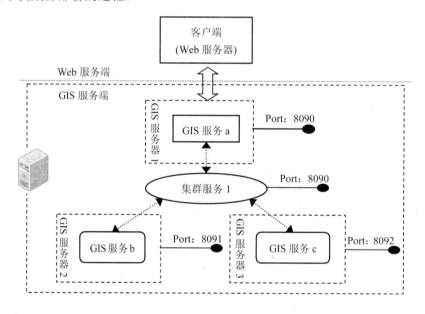

图 12-7　单机集群部署

⚙示例　一个 GIS 应用系统在试运行阶段，部署了一个 GIS 服务器来为所有 GIS 请求服务，初始阶段 GIS 操作比较流畅，但是访问量持续上升后，发现地图响应效率下降，此时，需要在已有的环境下提升地图响应效率。

经过分析，在访问量增加后，GIS 响应效率下降，说明单一的 GIS 服务已经不能满足客户端并发访问的需求，为此需要在 GIS 服务端部署集群用以提升并发访问能力。由于目前系统的环境仅仅配置了一台用于 GIS 部署的计算机，因此需要在这台计算机上部署如图 12-7 所示的集群。下面详细介绍部署步骤。

> **提示**　单机集群部署的时候，为了保证集群能进行信息传输，计算机需要接入网络。

(1)　创建多个 GIS 服务器。

　①　创建 GIS 服务器 1：在配给的计算机上，安装 SuperMap iServer Java 后就带有一个默认的 GIS 服务器，这里假设该 GIS 服务器为 GIS 服务器 1，端口为 8090。

　②　创建 GIS 服务器 2：将 SuperMap iServer Java 安装目录复制到磁盘的某个位置，如 D：\SuperMap 中。可以对文件夹进行重命名，如 SuperMapiServerJava6R 重命名为 SuperMapiServerJava6R_2。打开 SuperMapiServerJava6R_2\conf\server.xml 文件，修改两个节点内容，让两个 GIS 服务器依托的 Tomcat 的 shutdown 端口、Connector 端口不同。

修改以下代码中的 port 值。

```
<Server port="8015" shutdown="SHUTDOWN">
```

修改后代码如下：

```
<Server port="8016" shutdown="SHUTDOWN">
```

修改以下代码的 port 值。

```
<Connector port="8090"
protocol="org.apache.coyote.http11.Http11NioProtocol"
connectionTimeout="20000"
redirectPort="8453"
executor="tomcatThreadPool"
enableLookups="false"
URIEncoding="utf-8"
            />
```

修改后代码如下：

```
<Connector port="8091"
protocol="org.apache.coyote.http11.Http11NioProtocol"
connectionTimeout="20000"
redirectPort="8453"
executor="tomcatThreadPool"
enableLookups="false"
URIEncoding="utf-8"
            />
```

> **提示**　port 值可根据当前计算机的端口进行调整，保证不与其他 port 冲突即可。

　③　按照步骤②依次创建集群需要的 GIS 服务器个数，注意保证每个 GIS 服务器的端

口不冲突。本例可以再创建一个 GIS 服务器 3，Connector 端口修改为 8092。

(2) 上层 GIS 服务的配置，即配置 GIS 服务器 1。

通过 12.1.2 节可以了解，所有 GIS 服务加入集群系统中都是以 GIS 服务器为最小单位整体加入的，因此，希望 GIS 服务加入集群系统，只需要对其 GIS 服务器进行相应配置即可，具体步骤如下。

① 启动 GIS 服务。
在 SuperMap iServer Java 安装目录的 bin 文件夹中双击 startup.bat 即可启动 GIS 服务。

② 进入 GIS 服务器 1 的配置管理页面，创建系统所需的 GIS 服务。
在浏览器的地址栏中输入 http://localhost:8090/iserver/manager。在登录页面输入用户名和密码，进入配置管理页面。在该管理页面创建系统所需的 GIS 服务，如针对 world 数据的 REST 地图服务等。有关配置管理页面的登录方法以及服务创建方法的详情参见第 2 章。

③ 进行集群相关配置——启用集群服务。
在配置管理页面中选择上方的"集群"选项卡，进入集群配置页面，如图 12-8 所示。

图 12-8 启用集群服务

在集群配置页面有三个选项卡，包括"启用集群服务"、"加入集群"和"集群成员"。上层 GIS 服务器只需要在"启用集群服务"选项卡中进行设置即可。

"启用集群服务"选项卡主要包括两个设置项。

● 是否启用集群：控制 GIS 服务器是否连接到集群，借助集群的能力提高效率。本例单击"启用"按钮，当图标由 变为 停止 ，表示已经开启该配置。

● 集群服务地址：启用集群成功后，该文本框用于设置所使用的集群服务的地址。如果使用的集群服务为本机集群服务，即该 GIS 服务器提供的集群服务，直接选中"使用本地集群服务"复选框即可。如果是其他 GIS 服务器提供的集群服务，取消选中"使用本地集群服务"复选框，在集群服务地址栏中输入地址。通常集群服务的地址构成为 http://[IP]:[port]/iserver/services/cluster。

◆ [IP]：指 GIS 服务器所在计算机的 IP 地址。

◆ [port]：指 GIS 服务器的端口，如果采用非 war 包形式安装 SuperMap iServer Java，默认值为 8090。

由于本例直接使用 GIS 服务器 1 提供的集群服务，因此直接选中"使用本地集群服务"复选框即可。

完成上述配置后，单击"保存变更"按钮。

(3) 集群服务的配置。

默认情况下，SuperMap iServer Java 每一个 GIS 服务器都具有集群服务的能力，而且当 GIS 服务器启动以后，集群服务就自动启动。因此集群服务的配置只需要执行启动 GIS 服务的操作(双击 SuperMap iServer Java 安装目录\bin\startup.bat)即可。

启动集群服务后，GIS 服务器会自动赋予一个集群服务的访问地址，格式如下：http://[IP]:[port]/iserver/services/cluster。

在本例中，使用 GIS 服务器 1 提供的集群服务，因此，步骤(2)已经将 GIS 服务器 1 启动，即集群服务配置已经完成。

(4) 下层 GIS 服务的配置。

在步骤(1)中已经创建了 GIS 服务器 2 和 3，它们提供的 GIS 服务作为下层 GIS 服务加入集群系统中，具体配置步骤如下。

① 启动 GIS 服务。

在 GIS 服务器 2 对应的安装目录的 bin 文件夹中双击 startup.bat 即可启动 GIS 服务。

② 进入 GIS 服务器 2 的配置管理页面，创建系统所需的 GIS 服务。

在浏览器的地址栏中输入 http://localhost:8091/iserver/manager。在登录页面输入用户名和密码，进入配置管理页面。在该管理页面创建系统所需的 GIS 服务，如针对 world 数据的 REST 地图服务等。

③ 进行集群相关配置——加入集群。

在配置管理页面中，选择上方的"集群"选项卡，进入集群配置页面。下层 GIS 服务器 2 只需要在"加入集群"选项卡中进行设置，即通过添加报告器来实现，如图 12-9 所示。

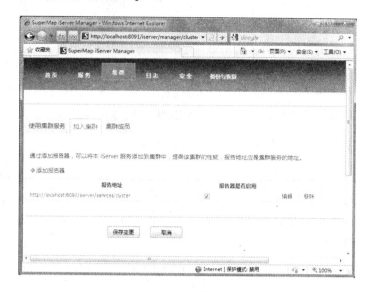

图 12-9　加入集群服务

- 单击"添加报告器"，弹出的对话框如图 12-10 所示。在"报告地址"文本框中输入集群服务的地址(集群服务的地址构成，见前文步骤(3)的说明)。然后选中"报告器是否启用"复选框。单击"确定"按钮，完成添加报告器的操作。本例设置报告地址为 http://localhost:8090/iserver/services/cluster。

提示　报告器用于将 GIS 服务器中的 GIS 服务报告给集群服务，以供集群服务调度。可以添加多个报告器，使 GIS 服务能被多个集群服务调度。

图 12-10　添加报告器

- 单击图 12-9 中的"保存变更"按钮完成 GIS 服务器 2 的配置。

④　在 GIS 服务器 3 中，依次执行步骤①～③，完成 GIS 服务器 3 的配置。

通过以上 4 个主要过程可以完成单机多进程的集群部署。

需要注意的是，单机多进程的集群并不意味着在一台计算机上无限制地增加 GIS 服务器进程就可以不断提高 GIS 服务并发能力和响应效率。如图 12-11 所示，针对单机多进程集群的性能提升进行了一个测试，测试环境如表 12-1 所示。

表 12-1　测试环境

设　备	硬件配置	软件配置
计算机 1 192.168.120.220	Intel(R) Pentium(R) Dual CPU E2200 @ 2.20 GHz 内存：4 GB	Windows Server 2003 + SP2， 32 位

本测试案例分别在计算机 1 上部署 2 个进程(即配置两个 GIS 服务器)、4 个进程、6 个进程和 8 个进程，进行 100 个用户并发请求动态出图、静态出图、SQL 查询和最佳路径分析，经过测试得到的结果如图 12-11 所示。可以看到随着 GIS 服务器个数的增加，100 个并发用户的响应效率随之提高，如单机 4 进程的 SQL 查询并发响应效率要比 2 进程的效率提升 50%以上。但是当进程数增加到某个数值以后，并发响应效率的提升空间就比较小了，如 8 进程的 SQL 查询与 6 进程的 SQL 查询效率基本相同。经过本例测试，计算机 1 在处理 SQL 查询和最佳路径分析的时候所能够承受的最佳进程为 6 进程，处理动态出图和静态出图的最佳进程为 4 进程，如果计算机 1 提供的集群既需要处理出图又需要处理查询和路径分析，那么在该计算机上部署集群的最佳进程个数为 4。

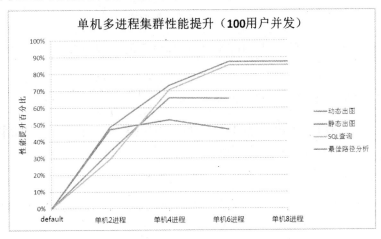

图 12-11　单机多进程性能测试案例

通过本案例的分析，可以得出结论：由于计算机硬件配置的限制，单机多进程的集群结构进程个数是存在极值 N 的，只有小于等于 N 个数的进程才会将集群的并发能力发挥到最大。由于 GIS 数据、计算机硬件配置以及 GIS 服务内容的差异，N 值会有不同，这就需要在具体项目应用中进行多次测算。

12.2.2　多机集群部署

多机集群部署是指 GIS 服务和集群服务分别部署在多台计算机上，利用多个计算机的 GIS 资源组织集群结构。下面以图 12-12 的多机集群结构为例详细介绍多机集群部署的过程。

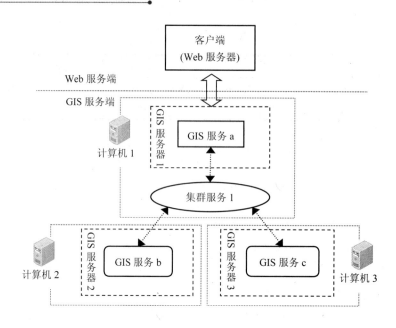

图 12-12 多机集群部署

这里首先假设计算机 1 的 IP 为 192.168.1.1，计算机 2 的 IP 为 192.168.1.2，计算机 3 的 IP 为 192.168.1.3。

(1) 上层 GIS 服务的配置，即配置 GIS 服务器 1。

   从图 12-12 可以看到，GIS 服务器 1 是部署在计算机 1 上的，因此计算机 1 需要安装 SuperMap iServer Java，然后依次执行如下步骤。

   ① 启动 GIS 服务。
      在 SuperMap iServer Java 的安装目录的 bin 文件夹中双击 startup.bat 即可启动 GIS 服务。

   ② 进入 GIS 服务器 1 的配置管理页面，创建系统所需的 GIS 服务。
      在浏览器的地址栏中输入 http://192.168.1.1:8090/iserver/manager。在登录页面输入用户名和密码，进入配置管理页面。在该管理页面创建系统所需的 GIS 服务，如针对 world 数据的 REST 地图服务等。

   ③ 进行集群相关配置——启用集群服务。
      在配置管理页面中，选择上方的"集群"选项卡，进入集群配置页面，如图 12-13 所示。在集群配置页面中，对"启用集群服务"选项卡进行设置。

      ● 在"是否启用集群"的项目中单击"启用"按钮，当图标由 启用 变为 停止，表示已经开启该配置。

      ● 集群服务地址：根据图 12-12 的集群结构可以看出，集群服务和 GIS 服务器 1 都部署在计算机 1 上，因此，在"集群服务地址"项目中直接选中"使用本地集群服务"复选框即可。

完成上述配置后，单击"保存变更"按钮。

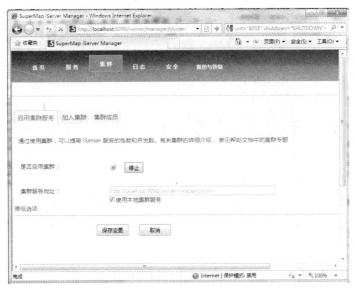

图 12-13　启用集群服务

(2) 集群服务的配置。

默认情况下，SuperMap iServer Java 每一个 GIS 服务器都具有集群服务的能力，而且当 GIS 服务器启动以后，集群服务就自动启动。因此集群服务的配置只需要执行启动 GIS 服务的操作(双击 bin\startup.bat)即可。

启动集群服务后，GIS 服务器会自动赋予一个集群服务的访问地址。

在本例中，使用 GIS 服务器 1 提供的集群服务，因此，步骤(1)已经将 GIS 服务器 1 启动，即集群服务配置已经完成。

(3) 下层 GIS 服务的配置。

由图 12-12 可以看出，下层 GIS 服务器 2 和 3 分别部署在计算机 2 和 3 上，因此要在计算机 2 和计算机 3 上分别安装 SuperMap iServer Java，然后分别对它们进行下层 GIS 服务的配置。由于 GIS 服务器 2 和 3 的配置方法相同，因此下面主要介绍 GIS 服务器 2 的操作步骤。

① 启动 GIS 服务。
到计算机 2 的 SuperMap iServer Java 安装目录的 bin 文件夹中双击 startup.bat 即可启动 GIS 服务。

② 进入 SuperMap iServer Java 配置管理页面，创建系统所需的 GIS 服务。
在浏览器的地址栏中输入 http://192.168.1.2:8090/iserver/manager。在登录页面输入用户名和密码，进入配置管理页面。在该管理页面创建系统所需的 GIS 服务，如针对 world 数据的 REST 地图服务等。

③ 进行集群相关配置——加入集群。

在配置管理页面中，选择上方的"集群"选项卡，进入集群配置页面。下层 GIS 服务器 2 只需要在"加入集群"选项卡中进行设置，即通过添加报告器来实现，如图 12-14 所示。

图 12-14　加入集群服务

● 单击"添加报告器"弹出的对话框如图 12-15 所示。在"报告地址"文本框中输入集群服务的地址 http://192.168.1.1:8090/iserver/services/cluster。然后选中"报告器是否启用"复选框。单击"确定"按钮，完成添加报告器的操作。

提示　报告器用于将 GIS 服务器中 GIS 服务报告给集群服务，以供集群服务调度。可以添加多个报告器，使 GIS 服务能被多个集群服务调度。

图 12-15　添加报告器

● 单击图 12-14 中的"保存变更"按钮完成 GIS 服务器 2 的配置。

通过以上 3 个主要过程可以完成多机集群部署。

提示　为了使计算机资源能够得到充分运用，可以结合使用单机多进程集群与多机集群，如图 12-16 所示，计算机 1、2 和 3 部署为一个多机集群结构，由于计算机 3 性能比较高，所以在计算机 3 中还可以进行单机多进程集群的部署，从而充分发挥高性能计算机的资源优势。因此，GIS 服务 a 接收的客户端请求由计算机 1、2、3 上面的 GIS 服务共同承担。

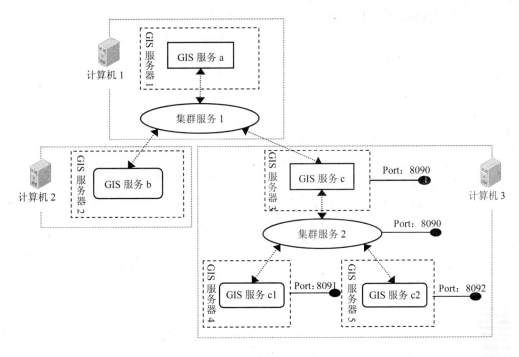

图 12-16　混合集群部署

12.3　集群的应用模式

SuperMap iServer Java 集群的强伸缩性特征，为构建各种结构的集群系统提供了技术保障，下面是几种常见的集群应用模式。

- 面向公众电子地图服务的集群应用

  面向公众的电子地图服务的特点是用户访问量大，地图数据量大，要具有不间断的运营服务能力。用户访问量大和地图数据量大对 GIS 服务器的计算能力提出了高要求，为了提升 GIS 服务器的计算效率，将若干具有相同服务能力的 GIS 服务器进行集群，以整合这些 GIS 服务器的计算能力为客户端提供高响应能力的服务。如果电子地图服务提供多个区域的地图信息服务，例如提供全国各个城市的电子地图服务，可以将每个区域(即一个城市地图)配置为一个集群服务，再将每个城市的地理信息集群服务注册到上一级全国电子地图集群服务中，通过层次集群发布全国各城市的电子地图服务系统，如图 12-17 所示。在提升系统可用性方面，通过设计 GIS 服务器和集群服务器的备份来解决 GIS 服务器或者集群服务器由于维护、故障引起的单点失效问题。

- 跨平台、跨部门的地理信息集群应用

  集群系统的优点之一就是不受 GIS 服务器和集群服务器所在的软硬件平台所限，无论集群服务器和 GIS 服务器部署在 Windows、Linux 或其他任何操作平台，还是部署在任何类型的硬件服务器上，都可以将它们根据系统需要进行集群系统的组织。同样，集群系统可以将不同部门提供的具有专属数据服务能力的 GIS 服务或者集群服务进行集群发布，提高系统的地理数据服务能力。例如统计局可以将不同部门发布的统计数据 GIS 服务，如人口普查 GIS 服务和经济统计 GIS 服务等，通过集群进行组织发布社会统计 GIS 系统，如图 12-18 所示。

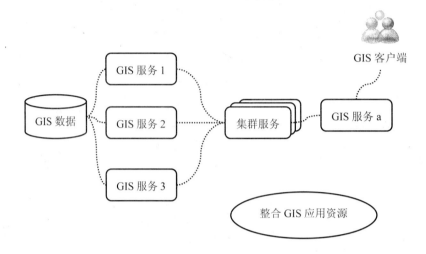

图 12-17 面向公众电子地图服务的集群应用

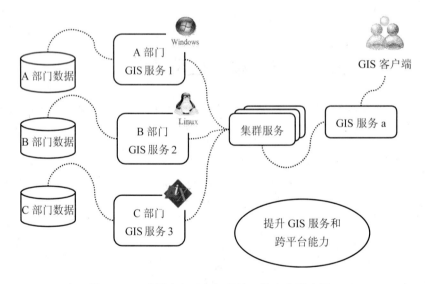

图 12-18 跨平台、跨部门的地理信息集群应用

● 跨区域的层次化地理信息集群应用

在信息一体化的时代，企事业单位都希望在已有资源的基础上花费最小的代价实现业务的扩展与变更。SuperMap iServer Java 的层次集群技术在服务器资源整合方面可以为实现这一目标提供最佳解决方案。层次集群系统中任意级别的集群服务器或 GIS 服务器都可以部署在不同的区域，通过网络实现互联互通，如图 12-19 所示。跨区域的集群应用可以整合不同区域的子集群服务器提供的 GIS 服务能力，子集群服务器的空间数据的维护由每个区域独立负责，根集群服务担负着均衡系统整体负载的责任。当某区域的 GIS 数据变更或者 GIS 服务能力扩展,根集群服务会监测并更新负载均衡信息,以便为客户端提供准确的、实时的 GIS 服务。

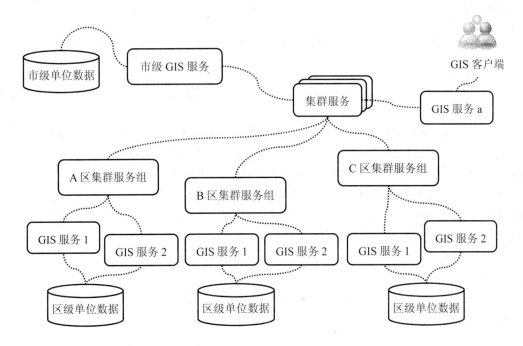

图 12-19 跨区域的层次地理信息集群应用

12.4 快速参考

目 标	内 容
SuperMap iServer Java 集群	SuperMap iServer Java 的集群是一个高度透明的可伸缩的 GIS 服务群的计算机系统,它能够获取多个 GIS 服务器中的 GIS 服务,将 GIS 服务能力进行整合。客户端提出的 GIS 请求通过集群进行任务的分派,即根据每一个 GIS 服务的状态以及服务能力,集群进行管理及 GIS 任务的分派,将 GIS 请求分派给一个最佳的 GIS 服务来处理。这样的服务结构,可以把并发 GIS 请求由单一 GIS 服务运作转变为由多个 GIS 服务共同运作的模式,提高 GIS 请求的并发量,同时也可以保证 GIS 服务的稳定运行
SuperMap iServer Java 集群结构	SuperMap iServer Java 集群系统主要分为三个部分:上层 GIS 服务、集群服务以及下层 GIS 服务。对于客户端来说,它直接与上层 GIS 服务会话,它并不需要了解与之会话的 GIS 服务是否使用了集群,即集群系统对于客户端来说是一个高度透明的系统
集群的部署方法	利用 SuperMap iServer Java 提供的服务管理工具 iServer Manager 进行操作,地址为 http://localhost:8090/iserver/manager/cluster
单机集群的部署	单机集群部署是指所有 GIS 服务器和集群服务部署在同一台计算机上,通过创建不同端口的 GIS 服务器来组织集群结构

目　标	内　容
多机集群的部署	多机集群部署是指 GIS 服务和集群服务分别部署在多台计算机上,利用多个计算机的 GIS 资源组织集群结构

12.5　本　章　小　结

本章主要介绍了一种提高 GIS 服务器并发访问能力的 SuperMap iServer Java 集群技术。它为构建企业级高可用、高可靠、高伸缩性的 GIS 应用系统提供了灵活的解决方案。集群的 GIS 服务器冗余设计保障应用系统能够不间断地提供 GIS 服务；可伸缩的层次集群结构满足各种应用类型的需求，也能够动态地在访问高峰或低谷时期进行 GIS 服务结构的调整；SuperMap iServer Java 集群技术隔离了软硬件平台的关联，可以实现跨区域、跨部门的集群系统设计。

第 13 章　地理信息服务聚合

地理信息服务聚合解决的是"如何重用 GIS 数据,如何重用 GIS 功能",它的目标是便于企业级 GIS 应用实现业务敏捷,使业务信息流通顺畅,业务流程优化重组,资源合理配置。因此地理信息服务聚合为企业级 GIS 应用的业务敏捷提供了无限扩展的可能。本章将详细介绍 SuperMap iServer Java 实现服务聚合的原理、服务聚合的类型以及实现聚合的方法。

本章主要内容:

● 服务聚合的概念
● 服务聚合的分类以及各自实现的原理
● 实现服务聚合的操作方法

13.1　地理信息服务聚合概述

在使用 SuperMap iServer Java 的服务聚合之前,需要先对服务聚合的基本概念、聚合要素以及聚合的分类有一定了解,在理解概念之后,可以更加容易地理解 SuperMap iServer Java 的服务聚合原理以及实现操作。

13.1.1　地理信息服务聚合的定义

地理信息服务聚合遵循标准化的服务规范,对不同来源的标准化地理信息服务进行整合,包括解析、集成基于标准的空间数据,重用和重组地理信息服务提供者的 GIS 功能,最终产生新的地理信息服务或者地理信息数据。地理信息服务聚合的主体是服务,聚合的结果是新的服务或者新的地理信息数据。标准化的服务规范为地理信息提供了数据共享的条件,地理信息服务聚合为空间数据共享、基于服务的 GIS 功能共享的应用提供了技术保障。

13.1.2　地理信息服务聚合要素

地理信息服务聚合主要包括三要素:被聚合的地理信息服务(提供者)、聚合器和聚合后的地理信息服务(聚合结果)。将不同来源的服务进行聚合再生成新的服务并对外发布,需要服务提供者提供遵循标准地理信息规范或者公开服务标准的地理信息服务,聚合器遵循标准规范读取提供者的地理信息,构建基于业务需求的新的地理信息服务。聚合器不仅需要能够读取不同服务标准的空间信息,还需要能够将集成后的空间信息基于标准规范生成新的地理信息服务，保证聚合后的服务能够被无缝集成到标准面向服务的技术框架中，方便业务的扩展与集成。

📝提示　地理信息服务聚合的条件是进行聚合的地理信息具有相同的地理坐标参考系。

13.1.3　SuperMap iServer Java 的聚合分类

SuperMap iServer Java 的聚合主要分为服务端聚合和客户端聚合。

服务端聚合是指在 SuperMap iServer Java 的 GIS 服务器端对具有相同坐标系的不同标准或者不同来源的 GIS 数据进行聚合。服务端聚合可以将多个第三方遵循标准规范发布的地理信息数据以及 SuperMap 格式的地理信息数据进行聚合，将最终聚合后生成的新 GIS 服务通过网络进行发布。新的 GIS 服务整合了所有聚合的地理信息，以标准的 GIS 服务的形式(如 REST、WMS 或者 WFS 等)发布。

客户端聚合是指利用 SuperMap iServer Java 的客户端开发工具(SuperMap iClient for Flex、SuperMap iClient for Silverlight 或者 SuperMap iClient for Ajax)在 GIS 服务的客户端层次对各种来源的 GIS 服务提供的地理信息进行聚合显示，实现在 GIS 应用系统中整合多来源 GIS 服务的数据，并进行叠加显示。

13.2　地理信息服务端聚合

SuperMap iServer Java 实现地理信息服务聚合，将聚合技术封装为聚合服务对外提供，聚合服务遵循聚合约束将多来源 GIS 数据进行数据和功能的集成处理，最终以新的 GIS 服务的形式发布聚合结果。执行服务端聚合操作也比较简单、易操作，只需要在服务管理工具中进行聚合元数据参数的配置，就可获得所需的聚合服务。

13.2.1　服务端聚合的原理

SuperMap iServer Java 聚合服务主要由四个部分构成，如图 13-1 所示，包括服务提供者、聚合服务提供者、服务组件以及服务接口。这四个部分相互作用，实现"服务—聚合—新服务"的聚合处理操作。与 SuperMap iServer Java 发布的其他类型的 GIS 服务相比(普通 GIS 服务的架构参见第 1 章)，聚合服务在服务提供者层次增加了聚合服务提供者这样的模块，通过这个模块的作用，实现将多来源的数据进行聚合处理。

● 服务提供者
  服务提供者主要负责读取空间数据和实现 GIS 功能(服务提供者的介绍请参见第 1 章)。SuperMap iServer Java 提供的服务提供者如表 13-1 所示。

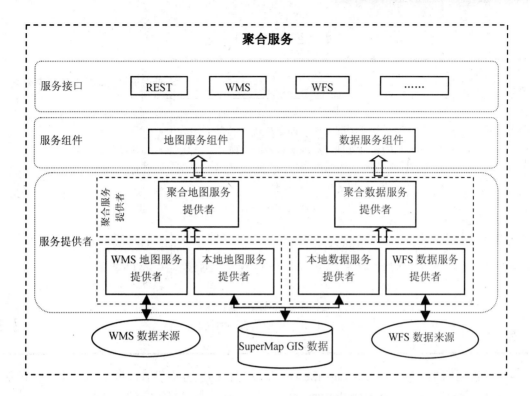

图 13-1　聚合服务结构图

表 13-1　服务提供者

分　类	服务提供者	作　用
实现地图功能的提供者	本地地图服务提供者	获取 SuperMap 数据，处理地图功能，如浏览、查询
	WMS 地图服务提供者	对 WMS 来源的 GIS 数据进行地图功能的处理
	REST 地图服务提供者	对 REST 地图服务来源的 GIS 数据进行地图功能的处理
	Bing Maps 地图服务提供者	对 Bing Maps 服务的 GIS 数据进行地图功能的处理
实现 GIS 数据处理的提供者	本地数据服务提供者	获取 SuperMap 数据，实现数据管理功能，如获取数据源、数据集，数据的编辑
	REST 数据服务提供者	对 REST 数据服务来源的 GIS 数据进行数据管理
	WFS 数据服务提供者	对 WFS 来源的 GIS 数据进行数据管理

- 聚合服务提供者——服务聚合器

  聚合服务提供者(SuperMap iServer Java 中也称为服务聚合器)，它用于将服务提供者获取的 GIS 数据进行聚合处理。根据 GIS 聚合内容，聚合又分为聚合地图(包括地图、GIS 功能)和聚合空间数据两种。根据聚合操作的类型，SuperMap iServer Java 分别提供了实现地图聚合操作的聚合地图服务提供者和实现空间数据聚合操作的聚合数据服务提供者，如表 13-2 所示。例如需要获取北京道路信息，利用聚合地图服务提供者可以将 WMS 地图服务提供者提供的北京街道地图与本地地图服务提供者提供的北京行政区划地图进行聚合处理。

表 13-2　聚合服务提供者

聚合服务提供者	功　能	能够被聚合的服务提供者类型
聚合地图服务提供者	用于执行与地图相关的聚合处理，包括 • 叠加相同地理范围的地图，如图片叠加 • 地图参数的聚合处理，如地图参数的叠加 • 对被聚合的地图服务进行地图的浏览、缩放等基础操作 • 对被聚合的地图服务进行量算操作 • 对被聚合的地图服务进行查询操作，实现查询结果的叠加处理	• 本地地图服务提供者 • WMS 地图服务提供者 • REST 地图服务提供者 • Bing Maps 地图服务提供者 • 与地图相关的领域服务提供者
聚合数据服务提供者	用于进行空间数据的聚合处理，包括 • 叠加数据服务提供者提供的所有 GIS 数据，包括数据源和数据集 • 对聚合后的 GIS 数据进行数据增删改的操作 • 对聚合后的 GIS 数据提供元数据的信息，如获取数据集内容，获取数据源内容等	• 本地数据服务提供者 • WFS 数据服务提供者 • 与空间数据相关的领域服务提供者

需要说明的是，除了 SuperMap iServer Java 提供的服务提供者能够被服务聚合器识别实现服务聚合外，SuperMap iServer Java 同样能够使用户自定义的服务提供者自动被服务聚合器识别，从而参与聚合过程。对于一些标准服务或者第三方服务，SuperMap iServer Java 并没有提供对应的服务提供者与之交互，用户可以通过领域服务扩展的方式自行构建该类服务的服务提供者，例如用户自构用于与 Google Maps 服务交互的服务提供者 GoogleMapsProvider，将该服务提供者注册到 SuperMap iServer Java 服务器中，并进行聚合装配，服务聚合器就能够自动识别自定义的服务提供者，并将其加入聚合过程。

● 服务组件

聚合服务中的服务组件与普通的 GIS 服务中的服务组件相同。针对不同的聚合类型，需要不同类型的服务组件来对应。如聚合地图服务，其服务组件需要配置地图服务组件；聚合数据服务，需要配置数据服务组件。

● 服务接口

服务接口将聚合服务按照不同的服务规范发布成网络服务。目前 SuperMap iServer Java 为聚合服务提供的服务接口如表 13-3 所示。

表 13-3　服务接口

服务接口	作　用
REST 服务接口	将聚合地图服务以及聚合数据服务以 REST 风格发布
WMS 服务接口	将聚合地图服务以 WMS 标准发布
WFS 服务接口	将聚合数据服务以 WFS 标准发布
WMTS 服务接口	将聚合地图服务以 WMTS 标准发布

综上所述，聚合服务是由服务提供者、聚合服务提供者、服务组件与服务接口组合起来相互调用提供的服务。地图服务组件、聚合地图服务提供者以及地图服务提供者(如 WMS 地图服务提供者、本地地图服务提供者等)之间形成相互调用的关系，它们遵循一致的接口，实现与地图操作相关的聚合服务；数据服务组件、聚合数据服务提供者以及数据提供者(本地数据服务提供者和 WFS 数据服务提供者)之间存在相互调用关系，遵循一致的接口，实现空间数据管理相关的聚合服务。服务接口层提供的各类接口，如 REST Servlet、WMS Servlet、WFS Servlet 负责将各种类型的聚合服务以不同的通信协议或者标准与客户端交互。

13.2.2 服务端聚合的发布与管理

SuperMap iServer Java 为了方便服务管理员的操作，专门提供一个基于 Web 的可视化服务管理工具——服务管理器。通过服务管理器可以实现对 GIS 服务的配置管理，包括对聚合服务的管理。

聚合服务的配置管理内容主要包括：

- 配置待聚合的服务提供者信息。

- 配置聚合服务提供者(聚合器)信息。

- 配置聚合服务发布的接口，如 REST、WMS 等。

- 配置 GIS 服务组件，该组件的 GIS 功能通过调用聚合服务提供者实现。

下面通过对一个示例的配置管理操作来介绍服务聚合的管理方法。

示例　将世界地图和京津地区图进行聚合，发布成一套 REST 的地图服务。世界地图的数据和京津地区图的数据分别位于 SuperMap iServer Java 安装目录\samples\data 目录的 City 和 World 文件夹中。

---

1. 配置待聚合的服务提供者

要进行服务聚合首先需要设置聚合的来源，即待聚合的 GIS 服务。在 SuperMap iServer Java 中，配置服务提供者就是配置 GIS 服务的来源，包括空间数据的信息、功能处理后的地图输出路径和发布路径等。

本例需要将世界地图的地图服务与京津地图的地图服务进行聚合。首先需要创建两个地图服务提供者，并分别设置它们提供的空间数据的信息、它们处理后的地图图片输出位置等。具体操作如下。

(1) 进入服务管理器首页。在浏览器地址栏中输入 http://[GIS 服务器地址]:8090/iserver/manager/，在页面输入具有服务管理权限的用户名和密码，进入服务管理器的首页。

(2) 进入服务提供者操作页面。如图 13-2 所示，在页面上方选择"服务"选项卡，并在下方选择"服务提供者"选项卡。在"服务提供者"选项卡的页面中，单击"添加服务提供者"图标，弹出"添加服务提供者"对话框。

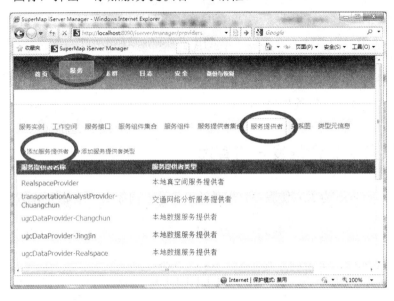

图 13-2　进入服务提供者操作页面

(3) 配置世界地图服务提供者信息。在"添加服务提供者"对话框(如图 13-3 所示)中，设置服务提供者参数。在第 2 章已经对创建服务提供者进行了详细介绍，本节不再赘述。

● 服务提供者名称：对世界地图服务提供者设置名称 MapProvider_World。

● 服务提供者类型：在"服务提供者类型"下拉列表中选择"本地地图服务提供者"。

● 工作空间路径：在"工作空间文件在服务器上的路径"选项中单击"浏览"按钮，选择世界地图的工作空间路径。

图 13-3　"添加服务提供者"对话框

(4) 依次执行步骤(2)～(3)，配置京津地图服务提供者信息。其中京津地图服务提供者名称设置为 MapProvider_Jingjin。

2. 配置聚合服务提供者

聚合服务提供者是一种特殊的服务提供者，通过聚合服务提供者能够将多个 GIS 服务提供者提供的 GIS 服务(如地图服务、数据服务等)进行整合处理。因此进行聚合服务的配置管理操作的第二个内容就是对聚合服务提供者进行配置，即添加一个服务提供者，该服务提供者的类型为聚合地图服务提供者或者聚合数据服务提供者。

本例中配置聚合地图服务提供者，操作如下。

(1) 打开"添加服务提供者"对话框，操作步骤同前文步骤(2)，这里不再赘述。

(2) 配置聚合服务提供者参数，如图 13-4 所示。

- 在"服务提供者名称"文本框中为聚合服务提供者命名，本例命名为 aggre。

- 在"服务提供者类型"下拉列表中选择"聚合地图服务提供者"(因为本次聚合属于对地图服务的聚合操作)。

- 在"服务提供者名称列表"区域，选择要聚合的服务提供者。本例中，在"待选择服务提供者名称"列表框中，选中 MapProvider_World，然后单击 ⊡ 按钮，可以看到 MapProvider_World 被移动到"选中的服务提供者名称"列表框中。依此方法将 MapProvider_Jingjin 移动到"选中的服务提供者名称"列表框中。需要注意的是，"选中的服务提供者名称"列表框中服务提供者的顺序直接影响聚合后数据叠加的顺序。"选中的服务提供者名称"列表框中第一行的提供者提供的地图数据将被放置到聚合后地图的最底层。本例中，为了防止世界地图的数据遮盖京津地图数据，因此需要将 MapProvider_World 移动到列表框的第一行。

- 聚合后的地图名称:由于进行地图聚合是将多个 GIS 数据进行聚合形成新的地图，因此需要为聚合后的新地图命名。本例将聚合后的地图命名为 World_Jingjin。

- 参与聚合的地图名称：如果待聚合的服务提供者提供的工作空间包含多个地图，可以通过该选项指定进行聚合的地图。本例将世界地图数据中的"World Map"地图和京津数据中的"京津地区图"进行聚合。需要注意的是，该选项中地图列表的顺序需要与"选中的服务提供者名称"列表中的顺序一致。本例需要先添加"World Map"地图名称，然后添加"京津地区图"。

图 13-4 聚合服务提供者配置对话框

配置完聚合服务提供者的参数后，单击"确定"按钮，完成配置。

3. 配置服务接口

聚合服务通过服务接口确定以何种协议发布于网络，SuperMap iServer Java 默认提供 REST Servlet、WMS Servlet 和 WFS Servlet。用户根据服务组件的类型和需求配置服务接口，如地图服务可以通过 REST Servlet 和 WMS Servlet 接口发布，数据服务可以通过 REST Servlet 和 WFS Servlet 发布。由于 SuperMap iServer Java 默认已经创建了一个 REST 服务接口，因此，这里可以不做任何操作。如果希望定义自己的发布接口名称，可以创建一个服务接口，具体服务接口的配置操作参见第 2 章。

4. 配置 GIS 服务组件

配置 GIS 服务组件包括设置 GIS 服务组件与聚合服务提供者的关联关系。

本例中对 GIS 服务组件的配置操作如下。

(1) 进入 GIS 服务组件操作页面。在页面上方选择"服务"选项卡，并在下方选择"服务组件"选项卡，如图 13-5 所示。在"服务组件"选项卡的页面中，单击"添加服务组件"图标，弹出"添加服务组件"对话框，如图 13-6 所示。

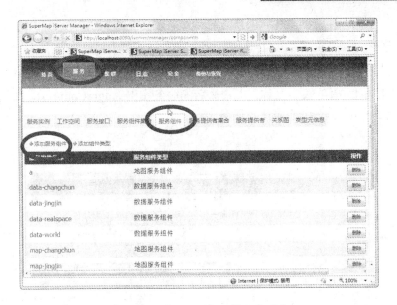

图 13-5 进入"服务组件"选项卡

(2) 配置服务组件参数,如图 13-6 所示。

- 服务组件名称:设置服务组件名称,本例设置名称为 AggreCom。

- 服务组件类型:在下拉列表中选择"地图服务组件"。

- 使用的服务提供者/集合:在列表中选择聚合服务提供者 aggre。

- 与本组件绑定的接口:为聚合服务指定一个发布的风格,本例选中 rest 服务接口。

在该对话框中单击"确定"按钮,完成服务组件的配置。

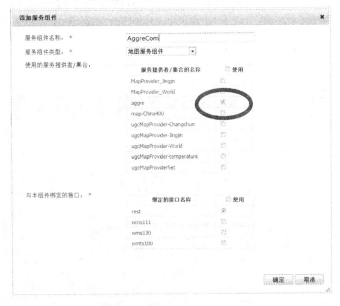

图 13-6 "添加服务组件"对话框

5. 发布聚合服务

通过前面的操作，一个聚合服务就配置完成了。此时可以在服务管理器的服务实例页面看到以"服务组件名称/服务接口名称"形式命名的服务实例 AggreCom/rest，如图 13-7 所示，在该服务实例的右侧可以启动/停止该服务。

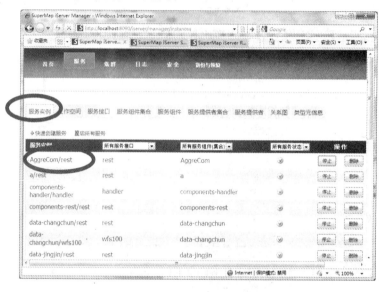

图 13-7　聚合服务实例

6. 浏览聚合服务

如图 13-7 所示，在服务实例列表中，单击聚合服务名称 AggreCom/rest，进入该服务的信息页面(如图 13-8 所示)，单击"服务地址"中的聚合服务地址的超链接，打开聚合服务的访问页面，如图 13-9 所示。单击聚合服务页面中的 Flex 超链接，可以看到聚合后的地图，如图 13-10 所示。

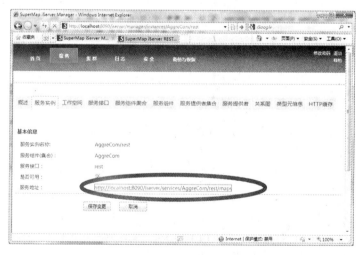

图 13-8　聚合服务信息页面

图 13-9　聚合服务的地图列表

图 13-10　聚合效果

13.3　地理信息客户端聚合

除了在服务端进行聚合，SuperMap iServer Java 提供利用客户端开发工具在 GIS 客户端进行地图的聚合。

13.3.1 客户端聚合原理

SuperMap iServer Java 提供的客户端开发工具可以通过图层的叠加实现将各种来源的 GIS 地图进行聚合。客户端开发工具包括 SuperMap iClient for Flex、SuperMap iClient for Silverlight 以及 SuperMap iClient for Ajax。本节以 SuperMap iClient for Flex 为例介绍客户端聚合的原理，其他客户端工具的聚合原理与 SuperMap iClient for Flex 基本一致。

如图 13-11 所示，SuperMap iClient for Flex 提供一个地图控件 Map，所有待聚合的地图数据都是在 Map 控件中进行聚合显示的。各种来源的空间信息服务所提供的地理数据可以通过 SuperMap iClient for Flex 的图层对象 Layer 进行显示，一个图层显示一种来源的地理数据，将多个图层分别加载到 Map 中，Map 控件会实现图层叠加聚合显示。

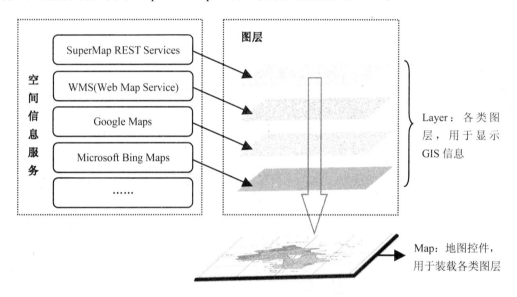

图 13-11 客户端地图聚合的结构

SuperMap iClient for Flex 为不同来源的地理数据提供不同的图层对象，结构图如图 13-12 所示。DynamicWMSLayer 图层对象用于装载 WMS 服务提供的地图数据，DynamicRESTLayer 以及 TiledDynamicRESTLayer 用于装载 SuperMap iServer Java 提供的 REST 地图服务。

除了以上封装好的图层对象，如果需要加载第三方 GIS 服务提供的地理数据，可以通过对 Layer 或者 ImageLayer 基类进行扩展，遵循目标 GIS 服务数据的读取标准开发出一个专属图层对象来加载目标 GIS 数据，这样的图层对象同样可以加载到 Map 控件中实现聚合。这种扩展 Layer 的开发方法可以参考 SuperMap iClient for Flex 示例程序中提供的示范程序——获取 Bing Maps 服务的地理数据的图层对象 TiledBingMapsLayer。该示例源代码的位置在 SuperMap iServer Java 安装目录\iClient\forFlex\samplecode\src\com\supermap\web\samples\mapping\TiledBingMapsLayer.as。

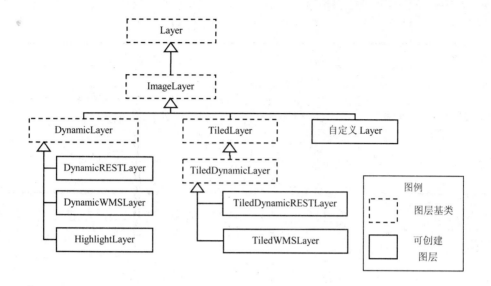

图 13-12　图层对象结构图

13.3.2　客户端聚合方法

客户端聚合是将各种来源的 GIS 服务装载到对应的图层对象中，这些图层加载到 Map 控件中进行聚合显示。因此，客户端聚合的方法就是根据 GIS 服务来源的类型创建对应的图层对象，然后设置 GIS 服务的地址，最后将图层加载到 Map 控件中。

下面通过一个示例演示如何进行客户端聚合。

SuperMap iServer Java 的 GIS 服务器内置提供了一个世界地图的 REST 地图服务，还提供了一个 WMS 的服务，现在需要将 WMS 服务提供的国家名称的图层(CountryLabel@world)与REST 的地图服务进行聚合显示。

示例分析：为了能够同时浏览两套数据，需要进行客户端聚合。

(1) 选择一个能够准确读取 GIS 服务数据的图层对象，本示例提供的是 REST 类型的地图服务，因此，选择的图层对象类型为 DynamicRESTLayer 或者 TiledDynamicRESTLayer。通常如果 GIS 服务器进行了预缓存，建议使用 TiledDynamicRESTLayer 来展示地图数据，能够有效提升浏览效果和显示效率。本例还提供 WMS 服务，因此选择DynamicWMSLayer 图层来装载这个 WMS 服务的数据。

(2) 将 GIS 服务装载到图层中，通过图层对象的 url 属性来设置服务地址。

(3) 将图层加载到 Map 控件中。加载图层的方法有两种：第一种是直接在呈现页面中创建图层和 Map 控件，第二种是通过 Map.addLayer()方法加载图层。

客户端聚合涉及的主要接口如表 13-4 所示。

表 13-4　客户端聚合主要接口

主要接口	功能描述
Map	装载各种图层数据进行显示
TiledDynamicRESTLayer	(1) 获取 SuperMap iServer Java 的 GIS 服务器提供的 REST 地图服务
	(2) 通过 url 属性与 GIS 服务器交互获取地图数据
DynamicWMSLayer	(1) 获取 WMS 服务提供的地图数据
	(2) 通过 url 属性与 WMS 服务交互获取地图数据
	(3) 通过 layers 属性的设置指定 WMS 的图层

代码实现：创建一个 Flex 项目，新建一个 MXML 的应用程序，在应用程序中输入如下代码。

```
<?xml version="1.0" encoding="utf-8"?>
<s:Applicationxmlns:fx="http://ns.adobe.com/mxml/2009"
        xmlns:s="library://ns.adobe.com/flex/spark"
        xmlns:mx="library://ns.adobe.com/flex/mx"
        xmlns:ic="http://www.supermap.com/iclient/2010"
        xmlns:is="http://www.supermap.com/iserverjava/2010"
        creationComplete="initApp()"
          width="100%" height="100%"
        >
    <!--分块动态 WMS 图层与分块动态 REST 图层叠加-->
    <fx:Script>
        <![CDATA[
            importmx.collections.ArrayCollection;
            [Bindable]
            private var wmslayers:ArrayCollection = new ArrayCollection();
            privatefunctioninitApp():void
            {
                //设置获取 WMS 服务的 CountryLabel@World 图层数据。
                wmslayers.addItemAt("CountryLabel@World",0);
            }
        ]]>
    </fx:Script>
    <ic:Map id="map" x="0" y="0" height="100%" width="100%">
    <is:TiledDynamicRESTLayerurl="http://localhost:8090/iserver/services/map-world/
rest/maps/世界地图_Day" visible="true" />
        <ic:DynamicWMSLayer id="iServerWmsLayer" url="http://localhost:8090/iserver/
services/map-world/wms130/World  Map" transparent="true" layers="{this.wmslayers}"
version="1.3.0">
            <ic:bounds>
                <ic:Rectangle2Dbbox="-180,-90,180,90"/>
            </ic:bounds>
            <ic:CRS>
                <ic:CoordinateReferenceSystemwkid="4326"/>
            </ic:CRS>
        </ic:DynamicWMSLayer>
    </ic:Map>
</s:Application>
```

运行结果如图 13-13 所示。如果运行效果图中 WMS 的 CountryLabel@world 图层的文本显示有一圈白色，请利用 SuperMap Deskpro .NET 打开世界地图的工作空间，将 World Map 地图中 CountryLabel@world 图层的文本反走样取消。

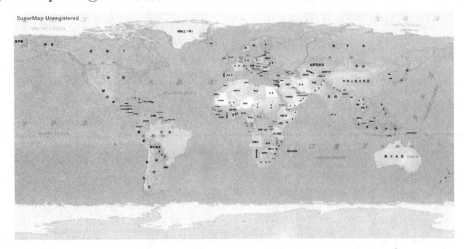

图 13-13　REST 地图服务与 WMS 服务聚合的结果

📝提示　a.　SuperMap iClient for Flex 的 Map 和 Layer 都具有坐标参考系的属性。当 Layer 的坐标系与 Map 的坐标系不一致时地图无法显示；如果 Map 与 Layer 的坐标参考系都为空，或者 Map 与 Layer 任一个坐标参考系为空时，地图数据可以正常显示；如果 Map 与 Layer 都设置了一致的坐标参考系时，地图数据正常显示；如果 Map 的坐标参考系为空，但加载了两个坐标参考系不一致的图层，则 Map 以第一个图层的坐标参考系作为自己的坐标系，第二个图层显示不出来。

　　　　b.　在聚合的显示过程中，要求待聚合的 GIS 数据必须具有相同的坐标参考系。

13.4　快速参考

目　标	内　容
地理信息服务聚合	地理信息服务聚合遵循标准化的服务规范，对不同来源的标准化地理信息服务进行整合，包括解析、集成基于标准的空间数据，重用和重组地理信息服务提供者的 GIS 功能，最终产生新的地理信息服务或者地理信息数据
聚合条件	进行聚合的地理信息具有相同的地理坐标参考系
聚合分类	SuperMap iServer Java 的聚合主要分为服务端聚合和客户端聚合。 ● 服务端聚合是指在 SuperMap iServer Java 的 GIS 服务器端对具有相同坐标系的不同标准或者不同来源的 GIS 数据进行聚合 ● 客户端聚合是指利用客户端开发工具(SuperMap iClient for Flex、SuperMap iClient for Silverlight 或者 SuperMap iClient for Ajax)在 GIS 服务的客户端层次对各种来源的 GIS 服务提供的地理信息进行聚合显示，实现在 GIS 应用系统中整合多来源 GIS 服务的数据，进行叠加显示

目　标	内　容
服务端聚合 步骤	(1) 配置待聚合的服务提供者信息 (2) 配置聚合服务提供者(聚合器)信息 (3) 配置聚合服务发布的接口，如 REST、WMS 等 (4) 配置 GIS 服务组件，该组件的 GIS 功能调用聚合服务提供者实现
客户端聚合 的实现	客户端聚合是将各种来源的 GIS 服务装载到对应的图层对象中，这些图层加载到 Map 控件中进行聚合显示。因此，客户端聚合的方法就是根据 GIS 服务来源的类型创建对应的图层对象，然后设置 GIS 服务的地址，最后将图层加载到 Map 控件中

13.5　本　章　小　结

本章主要介绍 SuperMap iServer Java 服务聚合的原理以及实现聚合的方法。SuperMap iServer Java 的地理信息服务聚合技术及其便捷的聚合服务管理机制，使得 GIS 功能和空间数据的共享及互操作更具可操作性，空间数据整合更为容易，因此服务聚合进一步促进了 GIS 社会分工的深化，提升了专业服务供应商的竞争力。

第 14 章　SuperMap iServer Java 扩展开发

SuperMap iServer Java 不仅是企业级 GIS 服务器，还是可扩展的服务式 GIS 开发平台。通过对 SuperMap iServer Java 进行扩展可以增强 SuperMap iServer Java 的功能，帮助用户快速定制自己的服务式 GIS 平台，以满足自身业务应用的需求。本章将简要介绍 SuperMap iServer Java 扩展原理，并通过一个范例介绍服务端和客户端扩展的流程及注意事项。

本章主要内容：

- SuperMap iServer Java 扩展开发概述
- 领域空间信息服务扩展开发
- 客户端扩展开发

14.1　SuperMap iServer Java 扩展开发概述

在如今以服务为主题的云时代，要求地理信息基础平台能够结合业务模型快速搭建行业服务平台，因此对地理信息基础平台的扩展能力及灵活性的要求越来越高。本节将探讨 SuperMap iServer Java 扩展开发应用场景及扩展分类等内容。

14.1.1　SuperMap iServer Java 扩展开发简介

扩展是指当前平台提供的功能和应用模式不能满足应用需求，需要通过平台提供的扩展方式来定制符合自己应用需求的功能。SuperMap iServer Java 作为服务式 GIS 开发平台，充分考虑 GIS 服务开发能力的可扩展性，提供灵活的 GIS 服务端和客户端开发包扩展机制，开发者可以将特定的功能需求与 SuperMap iServer Java 的 GIS 服务平台集成一体，共同为业务领域提供基于空间信息的业务处理系统。

通常 SuperMap iServer Java 默认提供的基础地图服务、空间分析服务、三维分析服务、数据服务等已经涵盖绝大部分空间数据处理的功能，开发者只需要利用 SuperMap iServer Java 提供的客户端开发包直接与 GIS 服务进行交互构建 GIS 应用项目。但是在实际的行业应用中，单纯的空间信息服务不能完全满足某些特殊业务需求，还需要将本行业业务特点或者已有的业务数据与空间信息处理相结合，提供一套适用于该行业特定业务逻辑的空间信息服务。此时可以通过 SuperMap iServer Java 提供的领域空间信息服务扩展(DSSE)模式构建领域空间信息服务。领域空间信息服务扩展可以实现以下几类应用扩展需求。

- GIS 与业务模型结合的空间信息服务

  由于每个行业的业务规则不尽相同，仅仅使用 SuperMap iServer Java 默认提供的 GIS 服务无法实现有些业务对空间信息处理的逻辑要求，因此用户可以结合行业业务逻辑关系自行定制与空间信息相关的领域空间信息服务。例如构建水利行业的水文随机模拟分析服务，无法直接通过 SuperMap iServer Java 内置的 GIS 服务实现水文随机模拟的算法，而水利行业的水文分析往往缺乏对空间变化特性的考虑，因此，用户可以将行业中水文随机模拟算法与 GIS 的空间信息处理相结合，构建面向水利行业的水文随机模拟分析服务，为水文干旱特性分析、流域暴雨洪水过程的统计变化特性、截流系统的方案设计、水文水资源系统的规划设计等提供决策依据。

- 需要多个 GIS 功能进行编排组合的空间信息服务

  如果某个业务需求需要经过两个或者两个以上的 GIS 功能编排处理最终形成一个结果，可以通过构建领域空间信息服务的方式实现多种 GIS 功能的编排处理。

- 与原业务系统结合的领域空间信息服务

  对于已经进行信息化平台搭建的企事业单位而言，融入面向空间信息的分析处理能力无疑会为各行业的决策、信息管理等方面提供有利的辅助支持。用户可以通过 SuperMap iServer Java 领域空间信息服务扩展机制，构建与原有业务系统、信息管理和决策系统整合的领域空间信息服务，通过领域空间信息服务发布能够与原系统交互的接口，使得原有业务数据能够结合 GIS 功能进行充分的展示，进而为信息的表现、行业决策与管理提供全方位的支持。SuperMap iServer Java 的领域空间信息服务为某些特定的行业部门实现业务与空间信息整合提供了优秀的解决方案。

14.1.2　SuperMap iServer Java 扩展开发分类

从开发的角度来看，SuperMap iServer Java 扩展主要分为两个部分：SuperMap iServer Java GIS 服务扩展(也称领域空间信息服务扩展，简称 DSSE)和 SuperMap iClient 客户端扩展(即 SuperMap iServer Java 客户端开发包接口的扩展)。SuperMap iClient 客户端扩展主要用于对接 SuperMap iServer Java 服务端扩展的 GIS 服务模块，与之进行交互，呈现 GIS 服务的结果。所以 SuperMap iServer Java 扩展基本以 SuperMap iServer Java GIS 服务扩展为主，再利用 SuperMap iClient 客户端扩展的接口实现功能调用。

1. 领域空间信息服务扩展

用户根据行业特定的业务逻辑，自行构建出与空间信息相关的领域空间信息服务(简称 DSS)，例如特定于气象行业应用的风向符号标制图服务等。SuperMap iServer Java 为开发者开发 DSS 提供灵活、敏捷的领域空间信息服务扩展机制，这种扩展机制包括提供服务组件开发框架以及满足 SuperMap iServer Java 服务开发框架的应用程序接口(SPI)，用户可以利用 SuperMap iServer Java 提供的内置 GIS 服务模块结合业务逻辑进行 DSS 开发，还可以将 DSS 在 SuperMap iServer Java 服务框架中轻松地进行集成。

2. SuperMap iClient 客户端扩展

SuperMap iClient 客户端扩展是对 SuperMap iClient 已有功能的扩展或尚未提供的功能进行扩充。SuperMap iClient 客户端提供 ServiceBase 及 ServiceEvent 基类，只需要集成实现其中相关方法，即可实现轻松扩展。另外为了序列化方便还提供了 utils 工具包，用于序列化等常用操作。

14.2　领域空间信息服务扩展开发

通过前文的介绍可以了解，领域空间信息服务扩展是 SuperMap iServer Java 扩展的重要部分。SuperMap iServer Java 默认提供的 GIS 服务能够完成通用且核心的 GIS 功能，应用中 GIS 作为基础平台必须要和其他业务系统交互，和业务模型结合定制特殊行业服务，甚至适应一些特定的应用场景，这些都需要开发人员通过 SuperMap iServer Java 的服务端扩展来实现。本节将介绍 SuperMap iServer Java 服务端扩展原理，并通过一个范例介绍领域服务扩展的实现思路，借此一窥 SuperMap iServer Java 服务端扩展开发门径。

14.2.1　领域空间信息服务扩展原理

SuperMap iServer Java 领域空间信息服务扩展为开发者提供灵活、开放的服务组件开发框架以及一系列领域空间信息服务的 SPI。掌握服务组件开发框架结构以及 SPI 的用法，开发者可以轻松构建领域空间信息服务。

1. 服务组件开发架构设计

SuperMap iServer Java 服务框架是一个三层结构的体系，包含服务提供者、服务组件和服务接口。各个层次的功能和作用如图 14-1 所示。服务提供者利用 GIS 计算内核或者第三方 GIS 服务实现 GIS 功能的处理。服务组件对服务提供者提供的功能进行组合和统一封装。服务接口按照不同服务形式的规则构建 Servlet 或者 Interface，将服务组件以各种服务形式对外发布，如将地图服务组件发布为 REST 风格的地图服务，将数据服务组件发布为 WFS 服务等。

这三层结构松耦合、各司其职，但三个层次的模块通过统一的接口进行通信，保证模块间会话的可靠性，因此空间信息服务扩展可以对这三层结构中的任意层次进行扩展。

- 扩展服务提供者，可以拓宽 SuperMap iServer Java 的 GIS 功能来源。

- 扩展服务组件，当现有服务组件提供的功能不能满足需求时，可以调用服务提供者功能进行扩展，从而封装或组合更适用的功能，甚至可以直接在服务组件层调用其他接口及服务，供服务接口层调用。

- 构建新标准的服务接口或者对已有的服务接口扩展，如对 JaxrsServletForJersey、RestServlet 进行扩展，定制新的 REST 资源实现方法，可以很好地对接领域组件或者提供者的功能。

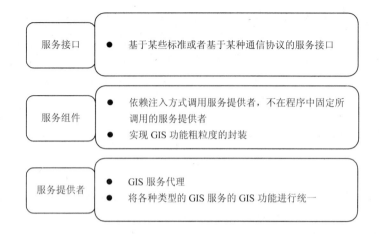

图 14-1　三层结构

SuperMap iServer Java 服务架构支持通过配置文件(描述上下层模块调用关系)以及依赖注入技术(根据上下层模块关系实现动态调用)，动态地为各层次的模块间创建关联关系，从而构建出领域空间信息服务，如图 14-2 所示。

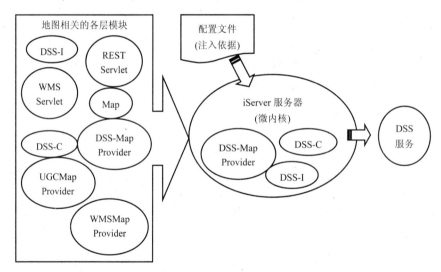

图 14-2　组装发布示意图

2. 辅助接口

SuperMap iServer Java 不仅为用户提供灵活、开放的服务组件开发框架，而且为了方便开发人员，还提供了一系列领域空间信息服务的 SPI 及标注声明。

1)　SPI

XXXContextAware 是 SuperMap iServer Java 为各个层次的服务模块提供的上下文依赖接口。通过实现该接口的 setXXXContext 方法，SuperMap iServer Java 会通过依赖注入技术将服务配置文件中与 DSS 关联的上下文信息赋予 DSS。DSS 在获取了 XXXContext 后，就可以直接调用关联的模块对象。如图 14-3 所示在 Component 层构建的领域服务组件通过实现 ComponentContextAware 的 setComponentContext 方法后，通过 ComponentContext 获取到所需的服务提供者对象，对该对象的 GIS 功能进行重组。

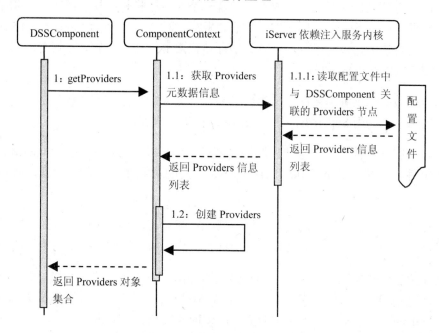

图 14-3　领域空间信息服务 SPI 调用流程

2)　标注

标注是 Java 语言 5.0 版本开始支持的加入源代码的特殊语法元数据，Interface 层的标注标明了服务接口支持的组件类型，Component 层的标注标明了服务组件支持的提供者类型，下例展示了 Interface 层的标注范例：

```
@Component(interfaceClass = com.supermap.Services.CoordSysTranslator.CoordSys
TranslatorComponent.class)
public class CoordSysTranslatorResource extends JaxrsResourceBase {}
```

上例表示 CoordSysTranslatorResource 接口支持 CoordSysTranslatorComponent 类型的 Component 组件。

14.2.2　领域空间信息服务实例开发

从 14.2.1 节的领域空间信息服务扩展原理中可以看到：用户可以开发自定义的领域服务提供者实现特殊的空间数据处理的功能；开发自定义的领域服务组件实现对服务提供者的特殊封装及处理；开发服务接口，来实现与客户端的对接。本节以一个实际的坐标转换功能为范例，介绍领域空间信息服务扩展开发流程及注意事项。

1. 示例介绍

坐标转换是地理信息系统一个常用功能。一般地理信息系统都要从外部获取数据，但是这些数据来源极为丰富且不统一，所以需要对这些数据进行清洗，而坐标转换是关键一步，决定了数据能否准确在地图上进行展示。实现一个具有坐标转换功能的服务，用于把已知坐标系统的坐标点对批量转为目标坐标系下的坐标点对。本示例采用 SuperMap iServer Java 三层架构直接封装坐标转换服务提供者、坐标转换服务组件及坐标转换服务接口，最终构建一个 REST 风格的坐标转换服务。

- 坐标转换服务提供者主要读取坐标转换参数，如原坐标系统信息、坐标点对和目标坐标系统信息，调用 SuperMap Object Java 组件实现坐标转换。

- 坐标转换服务组件调用坐标转换服务提供者的坐标转换方法，并把 SuperMap Object Java 组件对象转为 SuperMap iServer Java 定义的对象或自定义的对象，进行进一步封装。

- 坐标转换服务接口主要考虑客户使用习惯，实现只要输入原坐标系统的 EPSG 值、目标坐标系统的 EPSG 值及需要转换的坐标点信息，即可返回转换好的坐标值。

下面分别介绍坐标转换服务提供者、坐标转换服务组件及坐标转换服务接口的实现及配置步骤。示例使用 Java 语言开发，开发环境为 MyEclipse 6.5。首先创建一个 Java 项目 CoordSysTranslator，然后加载 SuperMap iServer Java 安装目录\webapps\iserver\WEB-INF\lib 目录下 com.supermap.data-6.1.0-8228.jar、iserver-all-6.1.0-8304.jar、jersey-core-1.9.1.jar、org.json-2.0.jar、org.restlet-2.0.10.jar 等几个包(为了方便，可以把该目录下所有 jar 包添加引用)。

2. 实现坐标转换服务提供者

1) 领域服务提供者构建思路

- 实现 CoordSysTranslatorProvider 类，并继承 ProviderContextAware 接口。

- 定义坐标转换参数类 CoordSysTransParameterJson，用于设置坐标转换需要的各种参数。坐标转换计算，除了需要原坐标系统和目标坐标系统以及坐标点对信息外，还需要指定坐标转换的方法以及坐标转换计算参数(参照系平移、旋转和比例尺缩放因子等参数)。因此，本例专门定义该对象，领域服务提供者可以借助 SuperMap iServer Java 架构的依赖注入技术动态获取坐标转换的参数值。

- 坐标转换服务提供者通过实现 setProviderContext 方法获取配置文件中 CoordSysTranslatorProvider 需要的相关配置信息，即坐标转换参数信息。在配置文件中，为坐标转换参数对象进行赋值，坐标转换服务提供者利用配置文件动态读取这些参数信息，增强服务提供者处理能力的灵活性。

- 实现坐标转换计算。

2)　代码实现

在项目 CoordSysTranslator 中创建 CoordSysTranslatorProvider 类，实现代码如下：

```
package com.supermap.Services.CoordSysTranslator;
//组件接口
import com.supermap.data.CoordSysTransMethod;
import com.supermap.data.Point2Ds;
import com.supermap.data.PrjCoordSys;
import com.supermap.data.CoordSysTranslator;
import com.supermap.data.CoordSysTransParameter;
//iServerJava 接口
import com.supermap.services.components.spi.ProviderContext;
import com.supermap.services.components.spi.ProviderContextAware;
public class CoordSysTranslatorProvider implements ProviderContextAware{
    public CoordSysTranslatorProvider() {
        this.coordSysTransParameter = null;
        this.coordSysTransMethod = CoordSysTransMethod.MTH_BURSA_WOLF;
    }
    //坐标转换参数实现类，传进传出皆是组件对象
    public Point2Ds CoordSysTranslatorProviderMethod(int inEPSG, int outEPSG, Point2Ds point2Ds)
throws Exception {
    //定义 inPrjCoordSys 及 outPrjCoordSys
    PrjCoordSys inPrjCoordSys = new PrjCoordSys();
    inPrjCoordSys.fromEPSGCode(inEPSG);
    PrjCoordSys outPrjCoordSys = new PrjCoordSys();
    outPrjCoordSys.fromEPSGCode(outEPSG);
    //由于目前无论投影转经纬，还是经纬转投影，同坐标系统不同投影之间转换，
    //不同投影不同坐标系之间转换都可以调用 convert 方法，此处不需要判断
    //此处只需要判断坐标系是否成功了即可
    Point2Ds point2DsResultDs = null;
    if (inPrjCoordSys != null && outPrjCoordSys != null ) {
        //判断是否转换成功，转换成功后数据变化的是 point2Ds 的原数据
        boolean flag = CoordSysTranslator.convert(point2Ds, inPrjCoordSys, outPrjCoordSys,
coordSysTransParameter, coordSysTransMethod);
        if (flag) {
            point2DsResultDs = point2Ds;
        } else {
            point2DsResultDs = null;
        }
    } else {
        return null;
    }
        return point2DsResultDs;
    }

    public CoordSysTransParameter  coordSysTransParameter = null;
    public CoordSysTransMethod  coordSysTransMethod = CoordSysTransMethod.MTH_BURSA_WOLF;
    //此接口要考虑配置文件中配置的值都是数值型的
    public void setProviderContext(ProviderContext context) {
     CoordSysTransParameterJson coordSysTransParameterJson =
```

```
context.getConfig(CoordSysTransParameterJson.class);
    //实例化 CoordSysTransParameter
    this.coordSysTransParameter = new CoordSysTransParameter();
    this.coordSysTransParameter.setRotateX(coordSysTransParameterJson.getRotateX());
    this.coordSysTransParameter.setRotateY(coordSysTransParameterJson.getRotateY());
    this.coordSysTransParameter.setRotateZ(coordSysTransParameterJson.getRotateZ());
    this.coordSysTransParameter.setScaleDifference(coordSysTransParameterJson.getScaleDifference());
    this.coordSysTransParameter.setTranslateX(coordSysTransParameterJson.getTranslateX());
    this.coordSysTransParameter.setTranslateY(coordSysTransParameterJson.getTranslateY());
    this.coordSysTransParameter.setTranslateZ(coordSysTransParameterJson.getTranslateZ());
    //实例化 CoordSysTransMethod
    switch (coordSysTransParameterJson.getMethodT()) {
        case 1:
            this.coordSysTransMethod = CoordSysTransMethod.MTH_BURSA_WOLF;
            break;
        case 2:
            this.coordSysTransMethod = CoordSysTransMethod.MTH_COORDINATE_FRAME;
            break;
        case 3:
            this.coordSysTransMethod = CoordSysTransMethod.MTH_GEOCENTRIC_TRANSLATION;
            break;
        case 4:
            this.coordSysTransMethod = CoordSysTransMethod.MTH_MOLODENSKY;
            break;
        case 5:
            this.coordSysTransMethod = CoordSysTransMethod.MTH_MOLODENSKY_ABRIDGED;
            break;
        case 6:
            this.coordSysTransMethod = CoordSysTransMethod.MTH_POSITION_VECTOR;
            break;
        default:
            this.coordSysTransMethod = CoordSysTransMethod.MTH_POSITION_VECTOR;
            break;
        }
    }
}
```

创建坐标转换参数类 CoordSysTransParameterJson，实现代码如下：

```
package com.supermap.Services.CoordSysTranslator;
public class CoordSysTransParameterJson {
    private Double rotateX = null;
    private Double rotateY = null;
    private Double rotateZ = null;
    private Double scaleDifference = null;
    private Double translateX = null;
    private Double translateY = null;
    private Double translateZ = null;
    private int methodT = 1;
    //构造函数默认值
    public CoordSysTransParameterJson()
```

```java
{
    this.rotateX = 0.0;
    this.rotateY = 0.0;
    this.rotateZ = 0.0;
    this.scaleDifference = 0.0;
    this.translateX = 0.0;
    this.translateY = 0.0;
    this.translateZ = 0.0;
    this.methodT = 0;
}
public int getMethodT() {
    return methodT;
}
public void setMethodT(int methodT) {
    this.methodT = methodT;
}
public Double getRotateX() {
    return rotateX;
}
public void setRotateX(Double rotateX) {
    this.rotateX = rotateX;
}
public Double getRotateY() {
    return rotateY;
}
public void setRotateY(Double rotateY) {
    this.rotateY = rotateY;
}
public Double getRotateZ() {
    return rotateZ;
}
public void setRotateZ(Double rotateZ) {
    this.rotateZ = rotateZ;
}
public Double getScaleDifference() {
    return scaleDifference;
}
public void setScaleDifference(Double scaleDifference) {
    this.scaleDifference = scaleDifference;
}
public Double getTranslateX() {
    return translateX;
}
public void setTranslateX(Double translateX) {
    this.translateX = translateX;
}
public Double getTranslateY() {
    return translateY;
}
public void setTranslateY(Double translateY) {
    this.translateY = translateY;
```

```
    }
    public Double getTranslateZ() {
        return translateZ;
    }
    public void setTranslateZ(Double translateZ) {
        this.translateZ = translateZ;
    }
}
```

3) 接口说明

领域服务提供者开发使用 SuperMap iServer Java 提供的主要 SPI 如表 14-1 所示。

表 14-1　构建 CoordSysTranslatorProvider 的主要 SPI

类　名	方法摘要
com.supermap.services.components.spi.ProviderContext	• getConfig(java.lang.Class<T> clz)根据服务提供者的配置类型获取相应的服务提供者配置信息 • getProviders(java.lang.Class<T> clz)根据服务提供者类型获取该服务提供者所使用的其他服务提供者列表
com.supermap.services.components.spi.ProviderContextAware	setProviderContext(ProviderContext context)设置服务提供者上下文

本例坐标转换计算利用 SuperMap Objects Java 组件实现，其主要接口如表 14-2 所示。

表 14-2　SuperMap Objects Java 坐标转换类

类　名	方法摘要
com.supermap.data.CoordSysTranslator	投影转换类
com.supermap.data.CoordSysTransMethod	投影转换方法类型常量
CoordSysTranslator.convert(Point2Ds points,PrjCoordSys sourcePrjCoordSys, PrjCoordSys targetPrjCoordSys, CoordSysTransParameter coordSysTransParameter, CoordSysTransMethod coordSysTransMethod)	根据源投影坐标系与目标投影坐标系对坐标点串进行投影转换，结果将直接改变源坐标点串
com.supermap.data.PrjCoordSys	投影坐标系类
PrjCoordSys.fromEPSGCode(int epsgCode)	根据 EPSG 代码修改对象的内容，当返回 false 时，原来对象的内容没有发生变化

3. 实现坐标转换服务组件

1) 构建思路

● 实现 CoordSysTranslatorComponent，继承 ComponentContextAware 接口。

● 通过实现 setComponentContext 方法获取配置文件中 CoordSysTranslatorComponent 需

要的相关配置信息。通过 setComponentContext 获取 CoordSysTranslatorProvider 提供者。

● 通过调用 CoordSysTranslatorProvider 实现坐标转换方法。

2) 代码实现

创建坐标转换服务组件 CoordSysTranslatorComponent 类，其代码实现如下：

```java
package com.supermap.Services.CoordSysTranslator;
import java.util.List;
//组件对象
import com.supermap.data.Point2Ds;
//iServer Java 对象
import com.supermap.services.components.Component;
import com.supermap.services.components.ComponentContext;
import com.supermap.services.components.ComponentContextAware;
import com.supermap.services.components.commontypes.Point2D;
@Component(providerTypes={CoordSysTranslatorProvider.class}, optional=false, type = "")
public class CoordSysTranslatorComponent implements ComponentContextAware{
    private CoordSysTranslatorProvider coordSysTranslatorProvider = null;
    public CoordSysTranslatorComponent() {
    }
    public Point2D[] CoordSysTranslatorComponentMethod(int inEPSG,int outEPSG,
com.supermap.services.components.commontypes.Point2D[] point2Ds)
    {
    //将 iServer Java 对象转为组件对象
    com.supermap.data.Point2Ds point2Dsin = new Point2Ds();
    com.supermap.data.Point2Ds point2DsResult = new Point2Ds();
    for (int i = 0; i < point2Ds.length; i++) {
            point2Dsin.add(new
com.supermap.data.Point2D(point2Ds[i].x,point2Ds[i].y));
        }
    try {
            point2DsResult = coordSysTranslatorProvider.CoordSysTranslatorProviderMethod
(inEPSG, outEPSG, point2Dsin);
        } catch (Exception e) {
            e.printStackTrace();
        }
        //将组件对象转换为 iServer Java 对象
        com.supermap.services.components.commontypes.Point2D[] point2DsResultiServer
= new com.supermap.services.components.commontypes.Point2D[point2DsResult.getCount()];
        for (int i = 0; i < point2DsResult.getCount(); i++) {
            point2DsResultiServer[i] = new Point2D(point2DsResult.getItem(i).getX(),
point2DsResult.getItem(i).getY());
        }
    return point2DsResultiServer;
    }
    public void setComponentContext(ComponentContext context) {
        List<Object> providers = context.getProviders(Object.class);
        if(providers != null) {
            for(Object provider : providers) {
```

```
        if(provider instanceof CoordSysTranslatorProvider) {
            this.coordSysTranslatorProvider = (CoordSysTranslatorProvider)provider;
            break;
        }
    }
  }
 }
}
```

3) 接口说明

SuperMap iServer Java 提供的用于构建领域服务组件的主要 SPI 如表 14-3 所示。

表 14-3　构建 CoordSysTranslatorComponent 的主要 SPI

类　名	方法摘要
com.supermap.services.components.ComponentContext	<ul><li>getConfig(java.lang.Class<T> clz)根据服务组件的配置类型获取相应的服务组件配置信息</li><li>getProviders(java.lang.Class<T> clz)获取服务组件所需要的服务提供者列表</li></ul>
com.supermap.services.components.ComponentContextAware	setComponentContext(ComponentContext context)设置服务组件上下文

> 提示　实现领域服务组件后，可以直接利用 SuperMap iServer Java 将其发布为 REST 服务，具体操作方法本书不做详细介绍，可以参阅 SuperMap iServer Java 联机帮助 (SuperMap iServer Java 安装目录\docs\SuperMapiServerJava6R(2012).chm)中"附录"|"发布领域服务组件为 REST 资源"专题介绍。

4. 实现坐标转换服务接口

1) 构建思路

● 设计资源的 URL。本例设计坐标转换服务的资源为/CoordSysTranslator/{inEPSG}/{outEPSG}/{point2Ds}，大括号中的值需要替换为实际值。

● 确定参数解析和表述生成格式。基于 SuperMap iServer Java 资源基类实现的 JAX-RS 资源，默认支持 xml、json、rjson 表述格式，因此，本例不单独开发新的参数解析器和表述生成器，直接使用 json 格式。

● 设计 HTML 表述的模板，以便支持通过浏览器直接访问 REST 资源。(可选步骤，不设计 HTML 的模板，REST 资源无法直接使用浏览器访问。)

● 实现 CoordSysTranslatorResource，继承 JaxrsResourceBase 或 JaxAlgorithmResultSetResource<T>，按照 JAX-RS 标准定义资源。

- 调用 getInterfaceContext() 接口，获取服务接口上下文，从而获取服务组件。

- 通过调用 CoordSysTranslatorComponent 领域服务组件实现坐标转换功能。

- 资源配置。

2)　代码实现

创建 CoordSysTranslatorResource 服务类，其实现代码如下：

```
package com.supermap.Services.CoordSysTranslator;
import javax.ws.rs.GET;
import javax.ws.rs.Path;
import javax.ws.rs.PathParam;
import org.json.JSONArray;
import com.supermap.services.InterfaceContext;
import com.supermap.services.components.commontypes.Point2D;
import com.supermap.services.rest.HttpException;
import com.supermap.services.rest.commontypes.Component;
import com.supermap.services.rest.resources.JaxrsResourceBase;
import com.supermap.services.rest.util.JsonConverter;
//服务资源为 服务 URL + CoordSysTranslator + Path 处定义的参数
@Path("/CoordSysTranslator")
//申明该资源需要使用的业务组件
@Component(interfaceClass = com.supermap.Services.CoordSysTranslator.
    CoordSysTranslatorComponent.class)
public class CoordSysTranslatorResource extends JaxrsResourceBase {
    @GET  //表示支持 GET 请求
    @Path("{inEPSG}/{outEPSG}/{point2Ds}")  //URL 参数
    public String CoordSysTranslatorJAXRS(@PathParam("inEPSG") String inEPSG,@PathParam
("outEPSG") String outEPSG,@PathParam("point2Ds") String  point2Ds){
        Point2D[] point2DsResult  = null;
        JSONArray jsArray2 = null;
        if (inEPSG == null ||outEPSG ==null || point2Ds==null) {
         throw new HttpException(400, "Argument keyWord can not be null");
        }
        try {
            //参数解析
            int inEPSGint = Integer.parseInt(inEPSG);
            int outEPSGint = Integer.parseInt(outEPSG);
            JsonConverter jsonConverter = new JsonConverter();
            //处理请求,此处有问题
            JSONArray jsArray = new JSONArray("[".concat(point2Ds.toString().
concat("]")).toString());
            Point2D[] point2Dsin = (Point2D[])jsonConverter.toArray(jsArray, Point2D.class);
            // 获取 REST 服务的接口上下文
        InterfaceContext interfaceContext = this.getInterfaceContext();
        if (interfaceContext != null){
        System.out.println("获取上下文成功");
          } else {
            System.out.println("获取上下文失败");
```

```
        }
        //从服务接口中获取地址匹配业务组件,默认获取第一个业务组件
        CoordSysTranslatorComponent coordSysTranslatorComponent = interfaceContext.
getComponents(CoordSysTranslatorComponent.class).get(0);
        if (coordSysTranslatorComponent!= null) {
            System.out.println("获取上下文对象存在");
        } else {
            System.out.println("获取上下文对象不存在");
        }
    try {
        point2DsResult = coordSysTranslatorComponent.
CoordSysTranslatorComponentMethod(inEPSGint, outEPSGint, point2Dsin);
        //表述格式的转换
        jsArray2 = (JSONArray)jsonConverter.toFormatedObject(point2DsResult);
        } catch (Exception e) {
            e.printStackTrace();
        }
    } catch (Exception e) {
        e.printStackTrace();
    }
    return jsArray2.toString();
    }
}
```

3) 资源配置

资源配置主要创建模块配置文件及资源配置文件用于标识资源,便于 SuperMap iServer Java 框架自动识别资源。

(1) 模块配置文件用于寻找资源配置文件。首先创建 resources\META-INF\ extensions\services\rest 目录结构,资源文件目录结构如图 14-4 所示;然后再在目录下创建模块配置文件,名字为 CoordSysTranslate,其内容如下:

```
resourceFiles=CoordSysTranslateResources.xml
```

图 14-4 资源及模块配置文件在项目中的位置

(2) 资源配置文件主要用来标识资源的实现类，在 resources 文件夹下创建 CoordSysTranslateResources.xml 文件。CoordSysTranslateResources.xml 的内容如下：

```
<?xml version="1.0" encoding="UTF-8"?>
<resources>
  <!-- 坐标转换资源 -->
  <resource>
    <configID>CoordSysTranslator</configID>
<implementClass>com.supermap.Services.CoordSysTranslator.CoordSysTranslatorResource
</implementClass>
  </resource>
</resources>
```

📝提示　a. 本示例项目中 resources 文件夹是资源文件夹，注意使用 MyEclipse 创建文件夹时要创建资源文件夹，而不是文件夹。

　　b. 本示例基于 JAX-RS 机制进行扩展，因此需要创建坐标转换资源配置(Restlet 机制的资源配置方法请参考 SuperMap iServer Java 联机帮助(SuperMap iServer Java 安装目录\docs\SuperMapiServerJava6R(2012).chm)，本书不做详细介绍。

4)　接口说明

SuperMap iServer Java 提供的用于扩展服务接口的主要 SPI 如表 14-4 和表 14-5 所示。

表 14-4　构建 CoordSysTranslatorResource 的主要 SPI

类　名	方法摘要
com.supermap.services. InterfaceContext	• getComponents(java.lang.Class<T> clz)根据服务组件类型获取服务接口所用到的服务组件列表 • getConfig(java.lang.Class<T> clz)根据服务接口的配置类型获取相应的服务接口配置信息
com.supermap.services. InterfaceContextAware	setInterfaceContext(InterfaceContext context)设置服务接口上下文

表 14-5　创建 CoordSysTranslatorResource 资源的主要辅助接口

类　名	方法摘要
JaxrsResourceBase	基于 JAX-RS 标准的资源基类
@Path	@Path 标注资源类或方法的相对路径
@GET	@GET 标注方法使用的 HTTP 请求方法的类型

5. 集成坐标转换服务到 SuperMap iServer Java

前文依次介绍了坐标转换服务提供者、服务组件和服务接口的扩展开发，本节把它集成到 SuperMap iServer Java 中，步骤如下。

(1) 编译 Java 项目，然后导出为 Jar 包，如图 14-5 所示，然后将 jar 包放到 SuperMap iServer Java 安装目录\webapps\iserver\WEB-INF\lib 目录中。

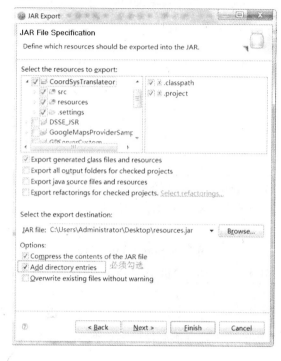

图 14-5　打包为 jar 包

(2) 配置领域服务提供者。

在 services.xml 配置文件中，找到 <providers></providers> 节点，增加配置 CoordSysTransProvider 的相关参数如下，本例配置的参数不能为空。

🌐说明　services.xml 在 SuperMap iServer Java 安装目录\webapps\iserver\WEB-INF\config 文件夹中。

```
<provider name="CoordSysTransProvider" class="com.supermap.Services.CoordSys
Translator.CoordSysTranslatorProvider">
<config class="com.supermap.Services.CoordSysTranslator.CoordSysTransParameterJson">
<!--设置 X 轴的旋转角度-->
<rotateX>0</rotateX>
<!--设置 Y 轴的旋转角度-->
<rotateY>0</rotateY>
<!--设置 Z 轴的旋转角度-->
        <rotateZ>0</rotateZ>
<!--设置投影比例尺差-->
        <scaleDifference>0</scaleDifference>
<!--设置 X 轴的坐标偏移量-->
        <translateX>0</translateX>
<!--设置 Y 轴的坐标偏移量-->
        <translateY>0</translateY>
```

```
<!--设置 Z 轴的坐标偏移量-->
        <translateZ>0</translateZ>
<!--设置转换方法-->
        <methodT>0</methodT>
    </config>
</provider>
```

(3) 配置领域服务组件。

在 services.xml 的节点中增加如下节点信息。

```
<component name="CoordSysTranslatorComponent" class="com.supermap.Services.CoordSysTranslator.
    CoordSysTranslatorComponent" providers="CoordSysTransProvider"
    interfaceNames="restjsr">
</component>
```

(4) 配置领域服务接口。

此 处 基 于 JAX-RS 扩 展 不 需 要 单 独 增 加 接 口 节 点， 只 需 要 配 置 CoordSysTranslatorComponent 节点，设置 interfaceNames 的值为"restjsr"即可，如下所示：

```
<component name="CoordSysTranslatorComponent" class="com.supermap.Services.CoordSysTranslator.
    CoordSysTranslatorComponent" providers="CoordSysTransProvider"
    interfaceNames="restjsr">
</component>
```

配置后保存 services.xml，启动 SuperMap iServer Java 服务，提供坐标转换功能的 REST 服务配置完成。可以遵循 REST 访问原则访问这套 REST 服务范例，如 http://{本机 IP 地址或 localhost}:8090/iserver/services/CoordSysTranslatorComponent/restjsr/CoordSysTranslator/ 32718/21413/{'y':4419436.86,'x':447930.43},{'y':4419437.86,'x':447931.43}.rjson。

14.2.3 领域空间信息模块集成到服务管理器

从 14.2.2 节的领域空间信息服务扩展示例了解到，实现各层领域服务模块的开发后采用直接在 SuperMap iServer Java 配置文件 services.xml(位于 SuperMap iServer Java 安装目录 \webapps\iserver\WEB-INF\config)中对三层组件进行配置的方法，构建出一套完整的领域空间信息服务。这种在配置文件中创建、修改服务的方式不易操作，一旦添加的代码有错误会直接导致整套服务无法正常运行。服务管理器是 SuperMap iServer Java 提供的一个安全、操作简单、界面友好的可视化服务管理工具，这套工具的使用在第 2 章已经详细介绍，本节不再赘述。服务管理工具不但可以对 SuperMap iServer Java 内置的 GIS 服务进行配置，更具有灵活的可扩展能力，支持将用户自定义的领域服务模块集成到管理器中，这样服务管理员可以利用服务管理器这一可视化工具创建、修改领域空间信息服务。

将领域空间信息模块集成到服务管理器的方法主要分为三步。

(1) 为领域空间信息模块创建元信息文件，描述领域空间信息模块的类名、别名以及模块配置参数类的名称。

(2) 为领域空间信息模块创建配置界面，配置界面上显示需要设置的模块参数。

(3) 编译领域空间信息模块的源代码并导出为 JAR 包，JAR 包中需要包括元信息文件和配置界面文件。

本节以将坐标转换服务提供者集成到服务管理器为例介绍将领域空间信息模块集成到服务管理器的方法。

(1) 创建元信息文件。

元信息文件用于定义领域模块，文件名称为领域模块的类名，如 CoordSysTranslatorProvider.properties，编码格式为 UTF-8。各层模块的元信息文件存储位置不同，如表 14-6 所示。

表 14-6　元文件位置

类　型	存储位置
服务提供者元信息	*.jar(或 classes)/META-INF/extensions/providers
服务组件元信息	*.jar(或 classes)/META-INF/extensions/components
服务接口元信息	*.jar(或 classes)/META-INF/extensions/interfaces

说明　*.jar 是领域空间信息模块的编译结果。

在坐标转换服务提供者的 Java 项目文件夹 CoordSysTranslator 的 resources\META-INF\extensions\providers 中创建元信息文件，文件名为 CoordSysTranslatorProvider.properties，文件内容如下。

```
implementation=com.supermap.Services.CoordSysTranslator.CoordSysTranslatorProvider
paramType=com.supermap.Services.CoordSysTranslator.CoordSysTransParameterJson
alias=坐标转换服务提供者
```

(2) 创建配置界面的 JS 文件。

.js 文件用于在 Web 界面上显示领域模块的配置项，编码格式为UTF-8，放置在.jar(或 classes)/ext/js 目录。JS 文件的编写格式如下：

```
res.<领域模块别名>=[<参数配置对象 1>, <参数配置对象 2>, …];
```

其中参数配置对象是 SuperMap iServer Java 提供的用于设置模块配置项的类。在 JS 文件中，只需要直接实例化参数配置对象即可。服务管理器会根据参数配置对象进行可视化界面显示。

SuperMap iServer Java 提供三种参数配置对象：configParam、optionsConfigParam 和 defaultConfigParam。configParam 对象用于构建一般的参数配置项，可以通过 new configParam(name,chName,fileType,isNecessary)构建，主要参数及 fileType 类型可以参考表 14-7 和表 14-8。

提示　defaultConfigParam 及 optionsConfigParam 的使用方法与 configParam 相同，它们的参数请参考 SuperMap iServer Java 联机帮助(SuperMap iServer Java 安装目录 \docs\SuperMapiServerJava6R(2012).chm)中"开发指南"|"扩展 iServer-领域空间服务扩展"|"领域模块集成到服务管理器"的介绍。

表 14-7　configParam 参数说明

参数名称	描　述
name	配置类中的参数名
chName	反映在页面上的参数描述
fileType	参数项的类型。可以取表 14-8 中的值
isNecessary	参数是否必需，true 表示必填，false 表示可选

表 14-8　fileType 各可选值的含义

值	描　述
Text	文本类型，直接输入文字
Select	选择类型，表现为可选择的下拉列表框
File	文件类型，表现为文件选择框
Checkbox	表现为复选框
Password	密码类型，如添加 WMS 地图服务提供者界面中的访问服务的密码
Object	可以包含多个子参数的对象类型，如添加 WMS 服务接口界面中的服务描述信息
ObjectArray	对象数组类型，可以添加多个 Object 对象，如添加本地地图服务提供者界面中的地图默认设置列表
Array	数组类型，表现为列表框

坐标转换服务提供者的 Java 项目文件夹 CoordSysTranslator\resources\ext\js 中配置界面 JS 文件为 CoordSysTransParameterJson.js，文件内容如下：

```
res. 坐标转换服务提供者= [new configParam("rotateX", "旋转角度-X", "Text", true),new
configParam("rotateY", "旋转角度-Y", "Text", true),new configParam("rotateZ", "旋转
角度-Z", "Text", true),new configParam("scaleDifference", "比例差", "Text", true),new
configParam("translateX", "坐标平移量-X", "Text", true),new configParam("translateY",
"坐标平移量-Y", "Text", true),new configParam("translateZ", "坐标平移量-Z", "Text",
true)];
```

(3) 对领域空间信息模块的 Java 项目进行编译打包，如图 14-5 所示。然后将编译生成的 Jar 文件复制到 SuperMap iServer Java 安装目录\webapps\iserver\WEB-INF\lib 目录下。

(4) 重启 SuperMap iServer Java 服务，登录服务管理器(http://{本机 IP 地址或 localhost}:8090/iserver/manager)，利用服务管理器添加坐标转换提供者的操作(操作方

法参见第 2 章),添加坐标转换提供者的界面如图 14-6 所示。

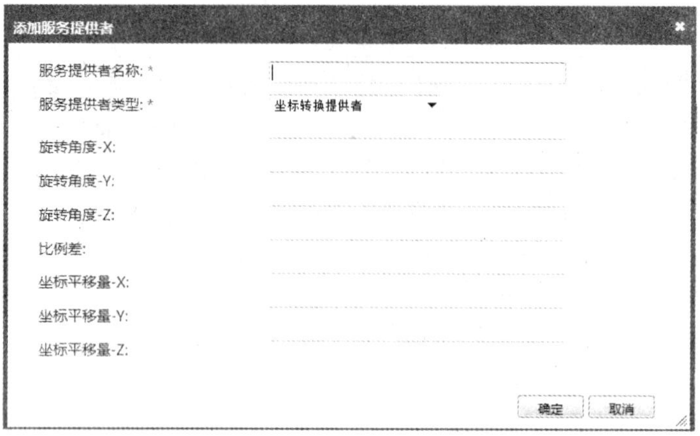

图 14-6　配置坐标转换提供者

通过上述步骤,可以依次实现将领域服务组件和领域服务接口集成到服务管理器中。

14.3　客户端扩展开发

SuperMap iClient 客户端开发包除了能够支持 SuperMap iServer Java 内置 GIS 服务,还具有客户端开发包的扩展能力,实现与 SuperMap iServer Java 服务端的领域空间信息服务进行对接,方便最终开发人员调用该扩展服务。本节以 SuperMap iClient for Flex 扩展开发为例进行介绍。

14.3.1　客户端扩展开发流程

SuperMap iClient 客户端提供扩展服务的 API,方便 SuperMap iClient 客户端对接 SuperMap iServer Java 服务端提供的新服务接口。SuperMap iClient 客户端扩展开发的主要流程如下。

1. 创建服务参数类

服务参数类用于让开发人员直接调用 SuperMap iClient 客户端设置参数,而不需要关注如何编码转换、构造复杂的 URL 等细节过程。

2. 创建结果类

发送 HTTP 请求后返回的结果一般为服务器端和客户端约定的数据格式,解析这个数据格式会让开发人员陷入复杂的各种格式的理解与掌握中,而无法关注业务及互操作。因此直接把结果参数封装为开发人员熟悉的客户端对象,通过查询 API 即可了解其组成并进行解析。

3. 创建服务类

服务类主要用于调用服务参数类,发送 HTTP 请求,获取返回结果类。把服务参数类及结果类进行调度，完成特定的功能需求。

14.3.2 扩展开发示例

14.2 节详细介绍了 SuperMap iServer Java 实现并发布坐标转换服务的过程，在此基础上本节在 SuperMap iClient for Flex 中扩展一个服务类，实现与坐标转换 REST 服务的对接。GIS 项目开发人员可以直接调用客户端扩展的接口获取 SuperMap iServer Java 坐标转换服务。本例使用 Flex 开发，开发环境为 Adobe Flash Builder 4。

1. 创建服务参数类

在创建服务参数类时，要根据服务器端接口进行设计，坐标转换服务只支持 GET 操作，因此本例仅扩展对 GET 操作的对接。

坐标转换 REST 服务需要传递三个参数：inEPSG、outEPSG 和 point2Ds。其中 inEPSG 及 outEPSG 都是整型数值，point2Ds 是 point2D 数组。因此，设计服务参数类如下。

> 📝提示 inEPSG 及 outEPSG 值的含义可参考 SuperMap Object Java 安装目录
> \bin\CodeTransition.xml 文件。

```
package com.supermap.extend
{
    public class CoordSysTranslatorParameters
    {
        private var _point2Ds :Array;
        private var _inEPSG: int;
        private var _outEPSG:int;
        public function CoordSysTranslatorParameters()
        {
            //初始化参数
        }
    public function get outEPSG():int
        {
            return _outEPSG;
        }
        public function set outEPSG(value:int):void
        {
            _outEPSG = value;
        }
        public function get inEPSG():int
        {
            return _inEPSG;
        }
        public function set inEPSG(value:int):void
        {
            _inEPSG = value;
```

```
        }
        public function get point2Ds():Array
        {
            return _point2Ds;
        }
        public function set point2Ds(value:Array):void
        {
            _point2Ds = value;
        }
    }
}
```

2. 创建结果类

结果类用于对服务端返回结果进行封装。由于 SuperMap iServer Java 服务端返回结果是 JSON 格式，而 SuperMap iClient for Flex 直接解析 JSON 对象给使用带来不方便，所以直接封装一个结果对象，将服务端返回的结果 JSON 串转为结果对象，便于开发使用。

坐标转换结果类代码如下：

```
package com.supermap.extend
{
    public class CoordSysTranslatorResult
    {
        private var _point2Ds :Array;
        public function get point2Ds():Array
        {
            return _point2Ds;
        }
        public function set point2Ds(value:Array):void
        {
            _point2Ds = value;
        }
    }
}
```

3. 创建服务类

服务类负责构造请求参数、与 GIS 服务交互，发送客户端请求及处理返回结果。SuperMap iClient for Flex 为方便对接服务端扩展服务，提供了 ServiceBase 接口，开发人员仅需继承该类并实现其基本方法，重新构造请求参数及处理返回结果。坐标转换服务类代码如下：

```
package com.supermap.extend
{
    import com.adobe.serialization.json.JSON;
    import com.adobe.utils.StringUtil;
    import com.supermap.web.core.*;
    import com.supermap.web.serialization.json.JSONDecoder;
    import com.supermap.web.service.ServiceBase;
    import com.supermap.web.utils.*;
    import flashx.textLayout.tlf_internal;
```

```
import mx.rpc.AsyncToken;
import mx.rpc.IResponder;
import mx.utils.StringUtil;
public class CoordSysTranslatorService extends ServiceBase
{
    private var _lastResult:CoordSysTranslatorResult = new CoordSysTranslatorResult();
    override public function CoordSysTranslatorService(url:String)
    {
        super(url);
    }
    public function processAsync(parameters:CoordSysTranslatorParameters, responder:
IResponder=null):AsyncToken
    {
        if (parameters == null)
        {
            this.handleStringError("参数为空", null);
            return null;
        }
        //转换 point2D 数组为 json
        var point2ds:String = JsonUtil.fromPoint2Ds(parameters.point2Ds);
        //转换为处理后的 json
        var point2dt:String = com.adobe.utils.StringUtil.replace(point2ds,"\"","'");
        //去掉首和末字符,这样也就要求发送的请求中不能为[]等字符
        point2dt = com.adobe.utils.StringUtil.remove(point2dt,"]");
        point2dt = com.adobe.utils.StringUtil.remove(point2dt,"[");
        var extendURL:String = parameters.inEPSG+"/"+parameters.outEPSG+"/"+point2dt+".json";
    if(this.url.charAt(this.url.length - 1) != "/")
    {
                        extendURL = "/" + extendURL;
        }
        return sendURL(extendURL, null, responder, this.handleDecodedObject);
    }
private function handleDecodedObject(object:Object, asyncToken:AsyncToken):void
    {
        var responder:IResponder;//结果解析
        var jsonObj:Object= new Object();
        var i:int = 0;
        var points :Array = new Array();
        for(i =0;i <object.length;i++)
        {
            points.push(JsonUtil.toPoint2D(object[i]));
        }
        var coordSysResult :CoordSysTranslatorResult = new CoordSysTranslatorResult();
        coordSysResult.point2Ds =points;
        this._lastResult =coordSysResult;
        for each (responder in asyncToken.responders)
        {
            responder.result(_lastResult);
        }
    }
}
```

4. 扩展接口的调用

前文介绍了客户端开发包封装服务接口的实现方法，本节将介绍利用客户端封装的接口实现坐标转换服务的调用。首先创建 Flex 项目 FlexCoordSysTranslateor，根据 3.2.2 节介绍的方法，添加地图窗体；其次引用前文创建的 as 包(直接复制包文件到新建的 Flex 项目中即可)；然后添加一个 Button，并给 Button 添加 button1_clickHandler(event:MouseEvent)响应事件，页面代码如下：

```
<?xml version="1.0" encoding="utf-8"?>
<s:Application xmlns:fx="http://ns.adobe.com/mxml/2009"
               xmlns:s="library://ns.adobe.com/flex/spark"
               xmlns:ic="http://www.supermap.com/iclient/2010"
               xmlns:is="http://www.supermap.com/iserverjava/2010"
               xmlns:mx="library://ns.adobe.com/flex/mx" width="100%" height="100%">
    <fx:Declarations>
        <!-- 将非可视元素(例如服务、值对象)放在此处 -->
    </fx:Declarations>
    <fx:Style>
        @namespace s "library://ns.adobe.com/flex/spark";
        @namespace mx "library://ns.adobe.com/flex/mx";
        @namespace ic "http://www.supermap.com/iclient/2010";
        @namespace is "http://www.supermap.com/iserverjava/2010";
        ic|InfoWindow
        {
            backgroundAlpha:1;
            backgroundColor:#44d6fa;
            shadowAngle:45;
            shadowAlpha:0.4;
            shadowDistance:20;
            borderStyle:solid;
            borderColor:#ffffff;
            borderThickness:3;
        }
    </fx:Style>
    <s:layout>
        <s:BasicLayout/>
    </s:layout>
    <fx:Script>
        <![CDATA[
            import com.supermap.extend.*;
            import com.supermap.web.core.Feature;
            import com.supermap.web.core.Point2D;
            import com.supermap.web.core.geometry.GeoPoint;
            import com.supermap.web.utils.JsonUtil;
            import mx.controls.Alert;
            import mx.controls.Image;
            import mx.controls.Text;
            import mx.events.FlexEvent;
            import mx.rpc.AsyncResponder;
            import mx.rpc.events.ResultEvent;                    [Bindable]
```

```
                private var mapUrl:String;
                private var extendServiceUrl:String = "http://localhost:8090/iserver/
services/CoordSysTranslatorComponent/restjsr/CoordSysTranslator";
                //与服务端交互，获取服务返回的结果
                protected function button1_clickHandler(event:MouseEvent):void
                {
                        //定义参数
                        var param:CoordSysTranslatorParameters = new CoordSysTranslatorParameters();
                        param.inEPSG = 32718;
                        param.outEPSG = 21413;
                        param.point2Ds = new Array();
                        param.point2Ds.push(new Point2D(447930.43,4419436.86));
                        //定义服务
                        var service:CoordSysTranslatorService = new
CoordSysTranslatorService(this.extendServiceUrl);
                        service.processAsync(param,new AsyncResponder(this.result, this.error, null));
                }               //与服务端交互成功时调用的处理函数
                private function result(object:CoordSysTranslatorResult, mark:Object = null):void
                {
                        var str:String = "转换后的北京投影坐标为:
x = " +((Point2D) (object.point2Ds[0])).x + " ; y= "+((Point2D) (object.point2Ds[0])).y;
                        var point1:Point2D = new Point2D();
                        var txt:Text = new Text();
                        txt.text = str;
                        point1.x = 116.38;
                        point1.y = 39.9;
                        this.map.infoWindow.content = txt;
                        this.map.infoWindow.closeButtonVisible = false;
                        this.map.infoWindow.label = "北京";
                        this.map.infoWindow.show(point1);
                }
                //与服务端交互失败时调用的处理函数
                private function error(object:Object, mark:Object = null):void
                {
                        Alert.show("与服务端交互失败", null, 4, this);
                }
        ]]>
    </fx:Script>
    <!--添加地图-->
    <ic:Map id="map" scales="{[1.25e-9, 2.5e-9, 5e-9, 1e-8, 2e-8, 4e-8, 8e-8, 1.6e-7,
3.205e-7, 6.4e-7]}">
        <is:TiledDynamicRESTLayer
url="http://localhost:8090/iserver/services/map-world/rest/maps/World Map"/>
    </ic:Map>
    <!--操作窗口-->
    <s:controlBarLayout>
        <s:BasicLayout/>
    </s:controlBarLayout>
    <s:controlBarContent>
        <s:HGroup height="100%" verticalCenter="0" verticalAlign="middle" gap="10"
left="10" top="5" bottom="5">
```

```
              <s:Button label="坐标转换" height="26" fontFamily="宋体"
click="button1_clickHandler(event)" fontSize="15" fontWeight="bold"/>
        </s:HGroup>
        <s:Label text=" 提示：在体验该功能之前请确保您的服务器上已配置 SuperMap iServer Java 6R
提供的领域扩展服务"
              textAlign="left" fontSize="15" height="40" right="5"
              verticalAlign="middle" fontWeight="bold" fontFamily="宋体" width="367"/>
    </s:controlBarContent>
</s:Application>
```

详细代码请参考配套光盘\示范程序\第 14 章\FlexCoordSysTranslator 项目，代码中 32718 及 21413 值是坐标系参考值。

14.4 快速参考

目 标	内 容
SuperMap iServer Java 扩展简介	扩展开发的应用场景包括 GIS 与业务模型结合的空间信息服务、需要多个 GIS 功能进行编排组合的空间信息服务、与原业务系统结合的领域空间信息服务等。开发思路主要分为领域空间信息服务扩展及客户端扩展开发
领域空间信息服务扩展开发	介绍领域空间信息服务扩展的原理及辅助接口,另外通过一个坐标转换服务的示例演示了开发流程及附加到服务管理器中的方法
客户端扩展开发	介绍客户端扩展开发的流程及对接坐标转换服务的示例

14.5 本章小结

本章介绍了 SuperMap iServer Java 扩展开发的意义及其分类。通过一个完整的坐标转换示例阐述了服务端扩展开发和客户端扩展开发基本方法。扩展开发具有灵活度高、开发难度较大的特点，开发人员除了需要具备一定的 Java 编程水平，还需要对 SuperMap iServer Java 的服务架构和运行原理有一定的了解。

练习题 实现框选一个面图层，计算出包含在多边形内及和多边形相交的面对象，和多边形相交的对象求在多边形内的裁剪结果。另外，给出包含在多边形内及相交的经过裁剪的区域的面积总和及每个对象的面积，而且还要对接 SuperMap iClient for Flex 接口。

第 IV 部分
展 望 篇

第 15 章   Web 三维开发

第 4～10 章介绍了 SuperMap iServer Java 二维 GIS 功能，而随着互联网技术和三维 GIS 技术的飞速发展，用户对 Web 客户端展示三维地理数据的需求越来越迫切，开发者也愈来愈关心 Web 三维地理信息系统的开发。本章将从 Web 三维概念、开发入门、功能实现及三维缓存几个方面对 SuperMap iClient for Realspace 三维客户端进行介绍，通过本章掌握 Web 三维的概念并能够进行基本功能的开发。

本章主要内容：
- Web 三维概念
- Web 三维开发流程
- Web 三维功能开发
- Web 三维缓存

15.1   Web 三维简介

SuperMap iClient for Realspace 是一套基于 SuperMap UGC 底层类库和 OpenGL 三维图形处理库的三维地理信息可视化客户端开发框架，包括 Web 三维插件和 JavaScript API 开发包。Web 三维插件是以 ActiveX 控件的形式嵌入网页中，目前可以支持 IE 内核的浏览器。利用 JavaScript API 开发包可以自定义三维可视化场景，快速完成海量数据加载、数据浏览、图层控制及插件的自动更新等功能。开发者通过简洁易用的 JavaScript 脚本语言就能轻松打造三维可视化地理信息系统。

15.1.1   主要特点

Web 三维的主要特点如下所述。

- 三维与 Web 的完美结合，支持 Service GIS 架构
  作为 SuperMap iServer Java 服务器的 Web 客户端，SuperMap iClient for Realspace 一方面支持 SuperMap iServer Java 提供的强大的二三维一体化的专业 GIS 功能，满足各行业的深入应用；另一方面，客户端嵌入 IE 浏览器中运行，用户只需输入网址就可以体验到三维可视化的效果，极大地方便了用户的使用和软件的分发。

- 高运行效率的 UGC 内核和简易脚本开发环境的结合

基于高运行效率的 GIS 基础内核 UGC(Universal GIS Core)底层类库，封装成 ActiveX 控件，保证了服务器运行的高效性。在此基础上，又用 JavaScript 封装 ActiveX 控件，为开发者提供了一套简单易用的 JavaScript API ，使三维客户端开发变得轻松快捷。

- 二三维一体化的客户端

  在插件的基础上封装的 JavaScript API 与 SuperMap 的另一个客户端 SuperMap iClient for Ajax 具有统一的体系架构，并且采用了统一的第三方 JavaScript 框架，使得 SuperMap iClient for Realspace 成为名副其实的二三维一体化客户端。在 SuperMap iClient for Realspace 中二维数据可以不经过投影转换直接加载到三维球面上显示，同时二维的 GIS 分析和处理功能结果也可以在三维场景中直接操作和使用。

- 支持丰富的数据服务

  SuperMap iClient for Realspace 能够实时获取服务器端提供的服务信息，并且能够流畅地显示来自服务器端或数据库的地形数据、KML 数据、KMZ 数据、模型数据和影像数据。

- 高效的客户端智能缓存技术

  高效的客户端缓存技术可以将用户请求的图层数据暂时存储于本地磁盘，使得数据加载更加迅速、数据浏览更加平滑。当服务器端的数据更新时，客户端缓存还能及时动态更新数据。

- 高度的数据保密性

  SuperMap iClient for Realspace 自动将从服务器端获取的缓存数据保存为 SuperMap 定义的文件格式，使得客户端获取的是加密后的 GIS 空间数据，从根本上保证了服务提供商花大量精力收集加工的数据资料的安全，保护了服务提供商的利益。

- 方便的离线访问

  客户端支持离线访问。SuperMap iClient 6R for Realspace 的缓存技术不仅能够加快浏览速度，提升用户体验，而且允许用户在离线状态下访问存储的缓存数据，给用户带来便利。

- 良好的扩展性

  SuperMap iClient for Realspace 具有高内聚、低耦合的架构特性，开发者可根据需要完成部分功能模块的定制与扩展，给用户提供了更多的自由度，以满足不同行业的需求和提供更专业的功能。现阶段该版本提供对 SceneAction 对象的扩展功能。

- 插件自动更新

  支持定时检测现有的插件版本信息，能够自动提醒用户进行插件更新工作，保证用户获得最好的体验。

15.1.2　主要功能

Web 三维的主要功能如下所述。

- 场景浏览
  不仅提供放大、缩小、全幅、漫游等基本的场景浏览功能，同时支持飞行、选择、量算、查询等功能。用户可以方便地浏览二维、三维数据。

- 二三维一体化功能

  - 浏览：通过统一的地理坐标实现将二维客户端显示结果与三维场景之间联动浏览显示。

  - 标绘：二维窗口中的标绘结果，可以在三维场景的跟踪图层中进行实时显示。

  - 查询：允许用户将二维查询结果同步显示在三维场景中，并高亮显示。

- 图层管理
  支持设置图层的可见性、可选择性以及改变图层顺序。

- 地物标绘和编辑
  可在屏幕图层和跟踪图层中标绘各种类型的地物，并支持标绘自定义的地物类型；可以对矢量图层、KML 图层、KMZ 图层和三维模型图层中的地物进行实时的编辑。

- 三维特效
  支持三维特效场景，包括粒子效果、立体显示、动画模型等。

- 三维飞行
  可导入预先设计好的线路，进行相关参数的设定(如飞行速度、飞行总时间、是否锁定方位角、是否锁定高程等)，然后就可以沿着导入的线路自动飞行，在飞行过程中，还可实时改变各种参数。

- 地下三维
  支持地表的透明设置、地表的开挖处理等，真实而直观的实现地下地面一体化表达和浏览。

- 插件自动更新
  定时检测现有插件的版本信息，能够实现自动提醒用户进行插件更新的功能。

15.2　Web 三维基本概念

在了解 SuperMap iClient for Realspace 的技术特点及功能后，本节再来熟悉一下 Web 三维开发过程中常用的概念，方便后续开发。

15.2.1 场景控件

三维场景是一个 ActiveX 控件，在 Web 页面中与三维场景对象对应的是一个 div 对象。一个三维场景控件可以承载一个三维场景，如果需要显示其他三维场景时必须关闭当前三维场景。三维场景控件中默认有一个漫游操作，因此创建一个三维场景控件后就可以通过鼠标或键盘进行地球的漫游操作了。另外，所有三维可视化操作都在三维场景控件中进行，但是该控件一次只能完成一个操作。

15.2.2 场景

当创建一个三维场景控件时会默认存在一个三维场景，如图 15-1 所示。三维场景的主要任务是装载二维和三维数据，一个三维场景中可以包含多个类型图层和地形图层，它们分别由三维图层集合和地形图层集合管理。

图 15-1　默认三维场景窗口

一个三维场景具有一个控制飞行的对象 FlyingOperator(飞行状态对象)，与 FlyingOperator 紧密相关的是相机和飞行模式。通过设置相机的经纬度、相机高度等参数来控制相机对球体的观测角度、观测方位和观测范围，从而以不同的视角呈现地球的不同方位。当 FlyingOperator 获取到相机指定方位后，便会以指定的飞行模式飞行到指定的地球位置。

15.2.3 相机

Web 三维地理信息系统中，通过使用相机对象 Camera 来控制三维场景中所显示的视图。相机对象是三维场景中的一个虚拟镜头，这个虚拟镜头中心点放置在设定的经纬度和高度坐标点。在相机的位置向地球表面点发出一条射线，射线的长度就是相机的高度，射线的方向由 Heading(相机视角的方位角)和 Tilt(相机的俯角)控制。在 SuperMap iClient for Realspace 中定义地球为一个半径为 6 378 137 米的球体，采用大地空间直角坐标系，所有数据都在一个坐标系下组织和管理。大地空间直角坐标系是以球心为原点，以起始大地子午面与赤道面的交线为 Z 轴，以赤道面上与 Z 轴正交的直线为 X 轴，以 X 轴与 Z 轴都正交的直线为 Y 轴，构成右手坐标系，如图 15-2 所示。

在默认场景中该坐标轴与大地空间直角坐标系中的坐标轴平行，相机的位置在经度和纬度都为 0 的位置，即在赤道和本初子午线相交的位置处；相机的 Heading 值为 0，表示视图是北面朝上；Tilt 属性值为 0，表示相机中心点与地球球心在同一直线上。当相机的 Heading 值不为 0 时，即将视点与相机的连线在垂直于 Y′ 轴的平面上在 0～360 度范围内旋转；当 Tilt 值不为 0 时，即将视点与相机的连线在垂直于 X′ 轴的平面上以顺时针(俯角)方向在 0～90 度范围内旋转，如表 15-1 所示。

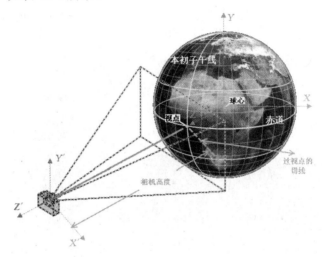

图 15-2　SuperMap iClient for Realspace 中默认状态下球体与相机的关系

表 15-1　相机不同参数下的三维场景视图

Camera 参数		效 果 图
Altitude:7500 km Tilt:0 Latitude:0	Heading:0 Longitude:0	
Altitude:7500 km Tilt:0 Latitude:23	Heading:0 Longitude:126	
Altitude:5000 km Tilt:45 Latitude:0	Heading:25 Longitude:0	

15.2.4　高度模式

在相机对象中有一个 AltitudeMode(高度模式)属性，通过高度模式可以设置视图的显示视角。除此以外，为图层添加几何元素时，也可以通过设置高度模式来满足不同数据对显示效果的要求。SuperMap iClient for Realspace 提供了三种高度模式，分别是地表层高度模式、绝对高度模式和距地相对高度模式。

1. 地表层高度模式

当使用地表层高度模式时，三维对象将依据其经纬度信息和地形表面的起伏状态附着在地形表面，即相对于地形表面的高度为零，如图 15-3 所示。

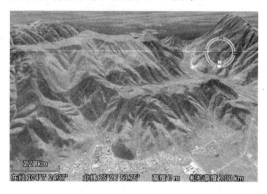

图 15-3　地表层高度模式

2. 绝对高度模式

绝对高度模式下的海拔高度值是相对于海平面的海拔高度。例如，使用绝对高度模式的 GPS 可以跟踪显示飞行或者潜水时走过的路径，如图 15-4 所示。

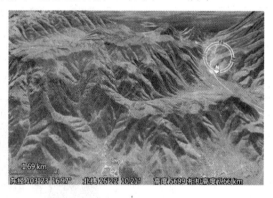

图 15-4　绝对高度模式

3. 距地相对高度模式

距地相对高度模式下的海拔高度值是以经纬度正下方的地平面为基准的海拔高度。例如，在山区中架设电线杆，用此高度模式放置电线杆，每根电线杆的高度假设为 25 米，则每个电线杆的顶端的位置都会随着地形而上下起伏，如图 15-5 所示。

图 15-5　距地相对高度模式

15.2.5　场景操作

三维场景包含漫游(Pan)、选择(Select)、面积量算(MeasureArea)、距离量算(MeasureDistance)、高度量算(MeasureHeight)、平移选择(PanSelect)等常用操作，如表 15-2 所示。SceneAction主要为扩展子类服务，二次开发用户可以根据需要扩展自己的交互操作，类似于开发包默认提供的 Pan、Select。在扩展 SceneAction 时，扩展类可以使用一个或组合多个SceneActionType 中的枚举值，从而在一个类中完成一系列操作。

表 15-2　场景操作

浏览功能		鼠标操作	键盘操作	导航工具条
漫游(Pan)	平移	鼠标左键按下拖动	上下左右光标键	
	缩放	鼠标中键滚轮或鼠标右键按下上下拖动	PageUp 和 PageDown 键	
	三维地图场景进行倾斜	按住鼠标中键上下拖动	Shift 键+上下光标键	
	绕场景中心旋转	按住鼠标中键左右拖动	Shift 键+左右光标键	

浏览功能	鼠标操作	键盘操作	导航工具条
选择(Select)	单击鼠标左键	无	无
面积量算(MeasureArea)	单击鼠标左键勾勒量算面积，右键结束	无	无
距离量算(MeasureDistance)	单击鼠标左键勾勒量算距离，右键结束	无	无
高度量算(MeasureHeight)	单击鼠标左键勾勒量算高度，右键结束	无	无
平移选择(PanSelect)	单击鼠标左键选择或者按住鼠标左键并移动鼠标来进行平移	无	无

15.2.6　三维图层

SuperMap iClient for Realspace 技术体系的一大特点即二维和三维不再是相互独立的，而是一体化的显示。三维场景中的数据加载显示方式与二维地图是类似的，都是以图层的形式加载。根据加载数据内容的不同，可以把三维图层分为以下几种类型：普通图层、跟踪图层、屏幕图层和地形图层。

1. 普通图层

普通图层是用来加载并显示数据的。三维场景可以加载多个普通图层。普通图层可以设置风格并保存在三维场景中，在下次打开这个三维场景时，图层会以上次保存的风格加载到场景中。

普通图层中的对象位置相对于球体是固定的，在场景中，对象会随着对球体的操作联动变化。SuperMap iClient for Realspace 中的普通图层根据加载数据内容的不同可以分为五种：数据集类型三维图层、地图类型三维图层、影像文件类型三维图层、模型数据和 KML/KMZ 类型三维图层。

2. 跟踪图层

跟踪图层是覆盖在球体表面的一个临时图层，位于三维场景中各类图层的最上层，跟踪图层中的对象是不保存的，只是在场景显示时，临时存在内存中。当关闭三维场景时，跟踪图层中的内容会随之清空。一个三维场景有且只有一个跟踪图层，跟踪图层不可以被删除或改变其位置。另外，可以对跟踪图层进行控制，包括控制跟踪图层是否可显示、可编辑、可选择、可捕捉以及符号是否随图缩放。

3. 屏幕图层

屏幕图层是一个比较特殊的图层，不同于以上的普通图层和跟踪图层，屏幕图层中的对象并不是依据对象的坐标信息放到三维球体上，而是放在屏幕上，因此屏幕图层上的几何对象不随三维场景中球体的旋转、倾斜等操作而变化，而是随着三维窗口的改变而变化。一个三维场景中有且只有一个屏幕图层，可以向屏幕图层添加三维几何对象，并且可以设置几何对象的显示位置、大小，也可以删除不需要的几何对象。

4. 地形图层

地形图层用来添加地形数据，加载到三维场景中的地形数据都作为地形图层来管理。对于比较大的地形数据可以预先生成地形缓存文件，即*.sct 格式的文件，然后加载缓存文件到场景中。三维场景中的地形图层是通过地形图层集合来管理的，可以实现地形图层的添加、删除、调整顺序等功能。

15.2.7　三维特效

为了在三维场景中更好地表达空间信息，SuperMap GIS 提供了一系列三维特效，包括立体显示、粒子效果及动画模型等。应用这些特效可以表达出传统 GIS 所不能支持的动态、有真实感的视觉效果，更好地提升用户体验。

1. 粒子效果

粒子系统作为目前公认的模拟不规则模糊物体最为成功的图形生成技术，被广泛地应用于火焰、云、雨、雪、烟等不规则物体的模拟。SuperMap iClient for Realspace 利用粒子系统技术，根据粒子类型的不同模拟出各种不同的粒子效果，包括爆炸、尾焰、火焰、烟雾、雨、雪等，实现了上述抽象视觉现象在三维场景中富于真实感的表达，如图 15-6 所示。

图 15-6　雨中的奥运场馆

2. 立体显示

在真空间技术的实现过程中，立体显示特效将真空间视觉体验发挥到了极致。立体显示特效结合了当前最先进的计算机软硬件技术和三维可视化技术，具有功能强大、性能优越、效果逼真的特性。立体显示特效的应用，使得 GIS 的视觉体验突破了二维屏幕对于真空间显示的限制，可以从立体显示的特效中，得到前所未有的视觉体验，三维 GIS 实现了真正的三维可视化。图 15-7 所示为负视差模式效果。

图 15-7　负视差模式效果

3. 动画模型

动画模型效果是目前三维技术的一个热点技术。三维游戏中虚拟人物的奔跑，坦克炮塔的旋转，都是动画模型的实际应用，如图 15-8 所示。动画模型技术的重要意义在于使三维场景中的模型对象运动起来，可以通过动画获取对象的动态视觉效果。动画模型技术应用在 GIS 产品中，使得地理信息系统的视觉体验更加趋向于真实。通过对动画模型的观察，使用者能够获取模型各个部位的动作信息，而不再只是静态的图像。

图 15-8　动画模型效果

15.3　Web 三维开发快速入门

在对 SuperMap iClient for Realspace 的特点、功能及 Web 三维概念有了初步了解之后，本节通过一个简单的示例程序介绍利用 SuperMap iClient for Realspace 进行 Web 三维开发的基本过程。

15.3.1　环境准备

开发环境准备包括安装 SuperMap iClient for Realspace 客户端插件、使用 SuperMap Deskpro .NET 创建三维场景及通过 SuperMap iServer Java 发布三维场景。在完成数据及服务准备后即将进入具体开发环节。

1. 检查软件环境

SuperMap iClient for Realspace 提供的安装包解压后包含如图 15-9 所示的内容。

图 15-9　SuperMap iClient for Realspace 安装包文件夹

要开发基于 SuperMap iClient for Realspace 的 Web 三维系统，需要在开发用机器上安装 SuperMap iClient for Realspace 插件。

2. 数据准备

本节使用的数据 RealspaceSample.sxwu 位于 SuperMap iServer Java 安装目录 \samples\data\Realspace 中。

3. 三维服务准备

数据准备完成后需要通过 SuperMap iServer Java 发布三维服务(操作方法参考本书 2.2.3 节)，默认 SuperMap iServer Java 已经将该数据发布出来，本节只需要调用服务地址 http://{本机 IP 或者 localhost}:8090/iserver/services/realspace-sample/rest/realspace 即可。

> 📝提示　使用 SuperMap iClient 系列无需单独配置许可。

15.3.2　快速入门

按照 15.3.1 节要求准备好开发环境后，就可以开始使用 SuperMap iClient for Realspace 的 JavaScript API 开发 Web 三维 GIS 应用。本节将通过详细的步骤开发一个能够浏览三维数据及定位的范例。

1. 打开场景

(1)　在任意位置新建文件夹 GettingStarted，也可自定义该文件夹名字。将 SuperMap iClient for Realspace 压缩包中 lib 目录下的 lib_Ajax 及 lib_Realspace 文件夹中全部 js 文件复制到 GettingStarted\Scripts 文件夹中。

(2) 在 Scripts 文件夹下创建 SuperMap.Include.js 和 GettingStarted.js 两个脚本文件，其中 GettingStarted.js 文件实现具体的功能，SuperMap.Include.js 文件是代码库引用文件列表。

✍**提示** SuperMap.Include.js 和 GettingStarted.js 必须保存为 UTF-8 编码的文件。

---

(3) SuperMap.Include.js 用于引用 SuperMap iClient for Realspace 脚本库，其内容如下：

```
function _IncludeScript(inc) {
    //inc 是文件名，路径需要根据实际情况修改
    var script = '<' + 'script type="text/javascript" src="Scripts/' + inc + '"' + '>'
<' + '/script>';
    document.writeln(script);
}
if (!Function.__typeName) {
    //框架脚本
    _IncludeScript('MicrosoftAjax.js');
    //SuperMap iClient 6R for Ajax 二维脚本库
    _IncludeScript('SuperMap.Web.js');
    //SuperMap iClient 6R for Ajax 二维脚本库
    _IncludeScript('SuperMap.Web.iServerJava6R.js');
    //三维核心库
    _IncludeScript('SuperMap.Web.Realspace.js');
}
```

(4) 在 GettingStarted 文件夹下创建名为 default.html 的主页面，default.html 中 sceneControlDiv 用于承载三维场景控件，body 对象的 onload 事件触发时调用用于初始化三维场景控件的函数 onPageLoad()，default.html 页面的具体代码如下：

```
<html>
    <head>
        <meta http-equiv="Content-Type" content="text/html; charset=UTF-8" />
        <title>Web 三维快速入门</title>
        <script type="text/javascript" src="Scripts/SuperMap.Include.js" >
</script>
<script type="text/javascript" src="Scripts/GettingStarted.js" >
</script>
    </head>
    <body onload="onPageLoad()" style="width:100%; height:100%">
        <div id="sceneControlDiv">
        </div>
    </body>
</html>
```

✍**提示** default.html 文件同样保存为 UTF-8 编码格式。

---

(5) 在 GettingStarted.js 文件中添加如下代码，实现三维场景控件的初始化。

```
var sceneControl = null;
var scene = null;function onPageLoad() {
    //初始化三维场景控件
    try {
        //初始化三维场景控件实例,参数为包含控件的 HTML 元素
        sceneControl = new SuperMap.Web.UI.Controls.SceneControl
($get("sceneControlDiv"),initCallback,failedCallback);
    }
    catch (e) {
        //若没有安装插件,则抛出该异常
        if (e.name == SuperMap.Web.Realspace.ExceptionName.PlugInNotInstalled) {
var url = "http://localhost:8090/iserver/iClient/forRealspace/Setup.exe";
            document.write(" <a href='" + url + "'>请安装 SuperMap iClient for Realspace
插件! </a>");
            return;
        }
        //若使用非 IE 浏览器,则抛出该异常
        else if (e.name == SuperMap.Web.Realspace.ExceptionName.BrowserNotSupport) {
            document.write(" <p>SuperMap iClient for Realspace 目前只支持 IE 浏览器 </p>");
return;
    }
        //抛出其他异常
        else {
            alert(e.message);
        }
    }
}
//控件初始化完成后的回调函数,初始化完成之后才能进行数据加载
function initCallback() {
    //获取 Realspace 控件的场景,控件和场景是一对一的捆绑关系
    scene = sceneControl.get_scene();
}
//控件初始化失败后的回调函数
function failedCallback() {
    alert("Realspace initialized failed!");
}
```

以上步骤完成后,双击 default.html 页面,这时会弹出一个阻止文件显示的警告提示,选择
"允许阻止的内容"即可。成功加载地图控件和场景后的结果如图 15-10 所示。

图 15-10　默认场景

2. 加载指定图层

完成了场景控件的加载后，本节将介绍如何调用 SuperMap iServer Java 发布的三维场景服务。由于三维数据一般比较大，而浏览时一般只浏览常用图层，所以可以在三维场景初始化时先加载特定场景数据。

(1) 在三维场景控件初始化成功的回调函数 initCallback()中最后一行添加如下代码。

```
loadLayers();
```

(2) 在 GettingStarted.js 文件中添加加载指定图层的函数 loadLayers()及具体实现代码，其内容如下：

```
var sceneAddress = "http://localhost:8090/iserver/services/realspace-sample/
rest/realspace";
var sceneName = "scene";
//加载需要的图层
function loadLayers() {
//从选中的场景中获取图层列表
    var layer3DServicesList = sceneControl.get_layer3DServicesList();
    //判断是否获取指定场景的图层集合服务列表
    var bLayersLoad = layer3DServicesList.load(sceneAddress, sceneName);
    //如果指定场景的图层服务加载成功，则获取每个场景图层的类型
    if (bLayersLoad) {
        //该场景提供的图层服务信息的总数
        var count = layer3DServicesList.get_count();
        for (var i = 0; i < count; i++) {
            //获取指定图层的信息，包括服务器地址、图层名和图层类型
            var layer3DServiceInfo = layer3DServicesList.get_item(i);
            var layer3DName = layer3DServiceInfo.get_name();
            var layer3DType = layer3DServiceInfo.get_type();
            var layer3DDataName = layer3DServiceInfo.get_dataName();
            if (layer3DName == "OlympicGreen" || layer3DName == "Balloon" || layer3DName
== "beijing@beijing") {
                layerOpen(layer3DName, layer3DDataName, layer3DType);
            }
        }
    }
}
//打开图层
function layerOpen(layer3DName,layer3DDataName,layer3DType) {
    if(layer3DType == SuperMap.Web.Realspace.Layer3DType.TERRAIN) {
        var terrainLayers = scene.get_terrainLayers();
        terrainLayers.add(sceneAddress,layer3DName,layer3DDataName);
    }
    else{
        var layer3ds = scene.get_layer3Ds();
        layer3ds.add(sceneAddress,layer3DName,layer3DDataName,layer3DType);
    }
}
```

📖提示　此处代码使用了 SuperMap iServer Java 发布的默认场景 scene 中的三个图层，分别为 OlympicGreen、Balloon 和 beijing@beijing。

完成上述代码后，双击 default.html 页面的浏览效果如图 15-11 所示。

图 15-11　加载指定图层到场景

3. 飞行定位

三维数据加载完成后，由于工作空间中保存的是三维场景在 SuperMap Deskpro .NET 中最后保存时的相机状态，而很多情况下需要根据自己的使用习惯让场景加载后就飞行到特定位置，如图 15-11 所示。根据这样的需求，继续添加飞行到特定位置的代码，具体步骤如下。

(1)　在回调函数 initCallback() 的最后一行添加如下代码。

```
flyToLayer("Balloon");// "Balloon"是要定位到的图层名
```

(2)　flyToLayer() 函数的具体代码如下，函数所带参数为图层名称。

```
//飞向某个layer
function flyToLayer(layer3DName) {
    var bounds = scene.get_layer3Ds().get_item(layer3DName).get_bounds();
    var camera = new SuperMap.Web.Realspace.Camera((bounds.leftBottom.x +
bounds.rightTop.x) / 2, (bounds.leftBottom.y + bounds.rightTop.y) / 2, v);
    camera.set_tilt(65);
    scene.set_camera(camera);
}
```

此时双击 default.html 页面的浏览效果如图 15-11 所示，场景控件和图层加载完成后，将直接定位到 Balloon 图层的鸟巢附近，并以 65 度视角浏览三维场景。

15.4　Web 三维功能实现

前文介绍了 Web 三维开发的环境准备、加载场景等开发入门知识，本节将以北京旅游系统为例，展现三维场景浏览、经典路线体验等功能。

15.4.1 开发准备

本案例数据采用范例数据 SuperMap iServer Java 安装目录 \samples\data\Realspace\ RealspaceSample.sxwu(SuperMap iServer Java 默认已经发布该数据)。服务采用 SuperMap iServer Java 已经发布的服务，URL 为 http://{本机 IP 或者 localhost}:8090/iserver/services/ realspace-sample/rest/realspace。开发工具采用 EditPlus3。我们将在 15.3.2 节快速入门范例 的基础上略作界面修改，功能代码主体保持不变。

15.4.2 界面设计

本案例设计界面如图 15-12 所示，在左上角增加一个工具栏，三个按钮依次为漫游、量距 及飞行，后文将会介绍量距及飞行两个按钮触发操作的功能实现过程。

图 15-12 案例界面

主页面 demo.html 是页面整体框架页面，代码如下：

```html
<html>
<head>
    <title>SuperMap iClient 6R for Realspace Demo</title>
    <meta name="Robots" content="noindex">
</head>
<frameset rows="70,*" framespacing="1" FRAMEBORDER="1" border="3" bordercolor="#d7d7d7">
    <frame name ="header" scrolling="no" MARGINHEIGHT="0" MARGINWIDTH="0" noresize=true
src="header.html"/>
    <frame name="bottom" id="buttom" scrolling="no" frameborder="0" src=" bottomFrame.html"></frame>
<frameset>
    <noframes>
    <body>
        <p> This page uses frames, but your browser does not support frames.</p>
```

```
    </body>
    </noframes>
</frameset>
</html>
```

头页面 header.html 是整体页面中上部 logo 显示页面，代码如下：

```
<html>
<head>
    <meta http-equiv="Content-Language"  content="zh-cn"/>
    <meta http-equiv="Content-Type" content="text/html" charset="utf-8"/>
    <link href="style/header.css" type="text/css" rel="stylesheet"/>
</head>
<body>
    <div id="header">
  </div>
</body>
</html>
```

功能页面 bottomFrame.html 是主功能实现页面，位于整体页面 header.html 页面下部，代码
如下：

```
<html>
<head>
    <meta http-equiv="Content-Type" content="text/html" charset="UTF-8"/>
    <title>鸟巢旅游系统</title>
     <link href="style/bottom.css" type="text/css" rel="stylesheet" />
<script type="text/javascript" src="scripts/SuperMap.Include.js"></script>
<script type="text/javascript" src="scripts/GettingStarted.js"></script>
<script type="text/javascript">
     window.onresize=function()
     {
         document.getElementById("realspaceDiv").style.width = document.body.clientWidth - 316;
     }
    </script>
</head>
<body onload="onPageLoad()">
    <div id="left" >
       <!--导航栏显示页面提示信息-->
      <div id="navigation" style="position:absolute; top:70px;height:90%;width:100%;">
          <div id="iclient">
             <img id="startpage" src="images/iClient.jpg" style="heigh:100%; width:100%;">
             </img>
          </div>
          <div style='position:absolute;top:265px;height:35%;width:100%;'>
             <div id="introduction" style=" font-size:15px">
                <p><strong>欢迎使用 SuperMap iClient 6R for Realspace! </strong></p>
                <p></p>
             </div>
             <div id="realspace_content" style=" font-size:15px">
                <p>SuperMap iClient 6R for Realspace 是一套基于 SuperMap UGC (Universal
GIS Core)底层类库和 OpenGL 三维图形处理库的三维地理信息可视化客户端开发包。</p>
```

```
        <p>用户利用它可以自定义三维可视化场景，能够快速地完成海量数据加载、数据浏览、图
层控制，并且支持插件的自动更新等功能，因此开发者通过简洁易用的 JavaScript 脚本语言便能轻松打造三维可
视化地理信息客户端。</p>
                <br>
        </div>
        </div>
    </div>
    <!--工具栏-->
        <div id="toolSets">
            <img id="pan" alt="漫游" title="漫游" src="images/pan.png"
onmouseover="this.src='images/pan_over.png'" onmouseout="this.src='images/pan.png'"
onclick="pan_onclick()"/>
            <img id="measure_distance" alt="距离量算" title="距离量算"
src="images/measure_distance.png"
onmouseover="this.src='images/measure_distance_over.png'"
onmouseout="this.src='images/measure_distance.png'"
onclick="measuredistance_onclick()" />
        <img id="fly" alt="飞行" title="飞行" src="images/fly.png"
onmouseover="this.src='images/fly_over.png'" onmouseout="this.src='images/fly.png'"
onclick="displayfly()" />
        </div>
        <!--飞行-->
        <div id="flyContainer">
            <br/>速度(千米/小时)： --设置完后必须<br/>停止飞行重设<br/>
            <input id="speed" type="text" style="width:220" /><a id="linkAction"
href="javascript:setFilePath()" />设置</ a><br/><br/>
            <input id="play" type="button" value="浏览" onclick="play()" />
            <input id="pause" type="button" value="暂停" onclick="pause()" />
            <input id="stop" type="button" value="重新浏览" onclick="stop()" />
        </div>
    </div>
    <!--控制左侧面板的显示隐藏-->
    <div  id="showhide"  style="background:'white'  position:absolute;  z-index:99;"
onmouseover="this.style.background='#b5ccfd'"
onmouseout="this.style.background='white'" onclick="return showhide_onclick();">
        <img id="leftarrow1" alt="" src="images/leftarrow.gif" />
        <img id="leftarrow2" alt="" src="images/leftarrow.gif" />
    </div>
    <!--承载三维场景控件的DIV-->
    <div id="realspaceDiv" style="position:absolute; z-index:5;">
        </div>
</body>
</html>
```

上面列出的是界面设计代码，具体界面设计及页面中涉及的 CSS 及图片资源
请参考配套光盘\示范程序\第 15 章\demo 文件夹下的文件。

15.4.3 场景浏览

在前面界面基础上，本节将实现鸟巢旅游系统的基本操作，如漫游、量算距离等交互操作。三维交互操作都是继承于 SceneAction 类。实现过程为实例化 SceneAction 对象，然后调用 sceneControl.set_sceneAction(SceneAction)方法添加 SceneAction 实例化对象。

1. 代码实现

本例以距离量算为例，首先给三维场景控件添加 measureDistanceFinished 事件，其次给页面的量距按钮(如图 15-12 左上角第二个按钮)添加鼠标事件 measuredistance_onclick()，再给三维场景控件添加距离量算结束事件 disFinished()，最后在回调函数中解析距离量算结果并在浏览器状态栏中显示结果。在 15.4.2 节三维场景初始化的回调函数 initCallback()中添加 measureDistanceFinished 事件的代码如下。

```
//添加距离量算事件
sceneControl.addEvent("measureDistanceFinished", disFinished);
```

在脚本文件 GettingStarted.js 中增加鼠标事件 measuredistance_onclick()和量算结束事件 disFinished()代码如下。

```
//距离量算 Action 调用
function measuredistance_onclick() {
var measureDAction = new SuperMap.Web.UI.Action3Ds.MeasureDistance(sceneControl);
sceneControl.set_sceneAction(measureDAction);
}
//距离量算回调函数
function disFinished(dTotalDis) {
    window.status = "总距离: " + dTotalDis + "米";
    setTimeout('window.status="欢迎使用 SuperMap iClient for Realspace Demo"', 20000);
}
```

提示 a 在浏览器状态栏显示的量算结果会在 20000 毫秒后消失。
　　　　b. 默认三维场景提供了一些键盘及鼠标移动交互操作，详情请参考表 15-2。

2. 运行效果

单击 按钮，移动鼠标到三维场景窗体，此时鼠标样式会改变为量距样式，单击开始量距，绘制出量距线，右击结束量距操作，量距结果会在左下角浏览器状态栏中显示，如图 15-13 所示。

3. 接口说明

本节所用主要接口如表 15-3 所示。

图 15-13　量算效果

表 15-3　量算接口

接　口	功　能
SuperMap.Web.UI.Action3Ds.MeasureDistance	用来描述通过鼠标在三维场景内进行距离量算操作的类
SceneControl.addEvent (String,Object)	在地图控件中添加事件，将事件与回调函数 handler 绑定

提示　表15-3列出距离量算关键接口，具体代码请参考配套光盘\示范程序\第15章\demo
文件夹下的项目。

15.4.4　特色线路速览

本节将为鸟巢旅游系统添加一条旅游线路，客户只需输入浏览速度，单击设置，然后单击
浏览就可以浏览鸟巢周围风景(此处路径采用 SuperMap iServer Java 软件安装后默认创建的
一个飞行路径 http://{本机 IP 或者 localhost}:8090/RealspaceSample/FlyRoutes.fpf)。

如果在指定目录中没有找到该文件,可以从配套光盘复制文件FlyRoutes.fpf(位
于配套光盘\示范程序\第15章\demo\path 文件夹)到 SuperMap iServer Java 安装
目录\webapps\ROOT 文件夹下。

1. 代码实现

首先获取三维场景的飞行管理类 FlyManager 对象，其次获取路线集合类 FlyRoutes，调用
FlyRoutes 对象的 fromFile()方法装载飞行文件(飞行文件可以由 SuperMap Deskpro .NET 制
作)，然 后 调 用 FlyRoutes.get_currentRoute() 获 取 当 前 飞 行 路 线 对 象，最 后 调 用
FlyManager.play()方法实现飞行，同时可以调用 FlyManager.pause()及 FlyManager.stop()方

法实现飞行暂停和停止。

在 15.4.2 节三维场景初始化的回调函数 initCallback()中添加如下代码：

```
//获取飞行管理对象
flyManager = scene.get_flyManager();
```

在脚本文件 GettingStarted.js 中继续增加如下代码：

```
//定义全局变量
var flyManager = null;
var flyRoutes = null;
var flyRoute = null;
//获取飞行文件路径
function getFilePath() {
    return "http://" + ip + "/RealspaceSample/FlyRoutes.fpf";
}
//确定选择飞行路径
function setFilePath() {
    if (flyManager != null) {
        //获取飞行路线
        flyRoutes = flyManager.get_routes();
        if (flyRoutes != null) {
            var filePath = getFilePath();
            if (flyRoutes.fromFile(filePath) != false) {
                flyRoute = flyRoutes.get_currentRoute();
flyRoute.set_isAltitudeFixed(true);
                flyRoute.set_isTiltFixed(true);
flyRoute.set_speed(parseFloat(document.getElementById("speed").value));
            }
            else {
                alert("路径为空或者不能下载");
            }
        }
    }
    else {
        return false;
    }
}
//开始飞行
function play() {
    //重新获取速度和时长
    if (flyManager == null && flyRoutes == null && flyManager.get_flyStatus() ==
SuperMap.Web.Realspace.FlyStatus.FPLAY) {
        return;
    }
    else {
        flyManager.play();
    }
}
//暂停飞行
function pause() {
```

```
    if (flyManager == null)
        return;
    flyManager.pause();
}
//停止飞行
function stop() {
    if (flyManager == null)
        return;
    flyManager.stop();
}
```

2. 运行效果

单击 ✈ 按钮之后，显示输入速度窗体，输入速度 120，然后单击"设置"按钮，此时速度及飞行路线设置完毕，单击"浏览"按钮即可欣赏鸟巢周围风光，浏览效果如图 15-14 所示。

图 15-14　飞行效果

3. 接口说明

本节所用主要接口如表 15-4 所示。

表 15-4　飞行接口

接　口	功　能
FlyManager	三维场景的飞行管理类
FlyRoutes	提供了对路线对象的添加、移除、导入、导出等管理功能
FlyRoute	用于对飞行路线进行设置
FlyRoutes.fromFile(filePath)	从指定的文件中导入路线对象
FlyManager.get_routes()	获取飞行路线集合类对象
FlyRoutes.get_currentRoute()	获取当前飞行路线类对象

具体代码请参考配套光盘\示范程序\第 15 章\demo 文件夹下的项目。

15.5　Web 三维缓存

Web 三维面临的一个主要问题是海量数据的快速浏览，在发布更新频率低的海量数据时，使用地图缓存技术可以提高地图浏览速度，提升用户进行地图和场景浏览的体验。SuperMap GIS 针对海量数据，为用户提供了一套较为完备的二三维缓存体系，主要包括客户端缓存和服务端缓存。

15.5.1　客户端缓存

从客户端向远程服务器发送访问请求，往往由于传输延迟、网络带宽等问题而延长了远程服务器端向客户端传输数据的时间，降低了效率。为了提高应用程序整体性能，SuperMap iClient for Realspace 采用了数据缓存机制：首先获取数据服务的索引文件，然后根据索引将当前浏览区域所对应的"数据块"缓存到本地，这样下次访问时可直接读取本地数据，减少了用户再次进行数据浏览时的等待时间，这样可以获得更流畅的运行效果和更好的用户体验。

客户端缓存特点如下。

(1) 支持自定义缓存路径及大小。

通过缓存配置文件(SuperMap iClient for Realspace 安装目录\config 下的 user.config 文件)的<sml:CachePath>节点指定缓存文件的路径，通过<sml:MaxCacheSize>节点设置存储限制的最大值。

```xml
<?xml version="1.0" encoding="UTF-8"?>
<SuperMapiClient6RForRealspace xmlns:sml="http://www.supermap.com/sml">
  <sml:UserSettings>
    <!--全路径-->
    <sml:CachePath>default</sml:CachePath>
    <!--单位是 MB-->
    <sml:MaxCacheSize>2000</sml:MaxCacheSize>
  </sml:UserSettings>
</SuperMapiClient6RForRealspace>
```

📝提示　default 表示缓存路径为默认路径(在 Windows 7 下为%USERPROFILE%\AppData\LocalLow\SuperMap，在 Windows XP 下为%USERPROFILE%\Local Settings\SuperMap)，用户可以根据自己的需要对缓存文件的路径进行修改。

(2) 支持离线访问三维数据。

本地有缓存的情况下可以直接浏览数据而不需要开启地图服务,这样提高了系统可用性及浏览性能。

15.5.2 服务端缓存

服务端接收到客户端发送的访问请求后,会根据请求来查询数据,之后在内存中调用底层系统绘制函数绘制出来,然后生成图片并传输到客户端,这样服务端会有大量 I/O 及数据处理操作。为此 SuperMap 提供了二三维缓存体系,用于提高二三维数据浏览效率。

1. 缓存格式

SuperMap 支持两种缓存格式。

● 原始型:缓存文件为原始图片格式,缓存数据表现为多个文件夹下的图片格式:对于地形缓存,缓存文件为 *bil 格式;对于影像缓存则为 *.png 格式。

● 紧凑型:缓存文件为大文件缓存格式,缓存数据表现为紧凑文件格式。缓存文件非原始缓存图片,而是将各文件夹中的所有缓存图片进行紧凑、加密处理,存储到一组文件中。

2. 动态缓存

动态缓存的主要原理是对于没有预先生成缓存的发布数据,服务发布后,第一次浏览数据的时候,服务端会动态生成相应图层的缓存,下次访问时可以直接访问生成好的缓存。

这种缓存模式可以通过以下的方法在本机验证。

(1) 访问服务前,清空 SuperMap iServer Java 的三维缓存文件夹下的缓存文件(删除 SuperMap iServer Java 安装目录\webapps\iserver\output\{场景名称}文件夹下的所有文件,此处场景名称为 scene)。

(2) 访问三维服务,浏览三维场景,进行常用的缩放等操作。

(3) 打开 SuperMap iServer Java 的三维缓存文件夹,查看三维缓存文件是否自动生成,即打开 SuperMap iServer Java 安装目录\webapps\iserver\output\{场景名称},可以看到场景中图层的缓存文件。

3. 三维场景预缓存

三维场景预缓存是指提前用 SuperMap Deskpro .NET 生成的缓存文件,可以将预缓存放在 SuperMap iServer Java 的三维缓存文件夹下,从而提高服务访问和浏览的速度。

对某一数据进行预缓存的具体操作方法如下。

(1) 在 SuperMap Deskpro .NET 中预先生成该场景缓存，具体步骤请参考 SuperMap Deskpro .NET 帮 助 文 档 (SuperMap Deskpro .NET 安 装 目 录 \Help\SuperMap Deskpro .NET 6R Help.chm)。

(2) 将预先生成的缓存文件放入 SuperMap iServer Java 对应的缓存文件夹，即将缓存文件复制到 SuperMap iServer Java 安装目录\webapps\iserver\output\{场景名称} 文件夹下。

(3) 用 SuperMap iServer Java 把数据所在的工作空间发布为三维服务(操作方法参考本书 2.2.3 节)。

这样在浏览场景时，就可以自动调用预先生成的缓存文件。

15.6　快　速　参　考

目　标	内　容
SuperMap iClient for Realspace 是什么	SuperMap iClient for Realspace 是一套基于 SuperMap UGC 底层类库和 OpenGL 三维图形处理库的三维地理信息可视化客户端开发框架，包括 Web 三维插件和 JavaScript API 开发包。Web 三维插件是以 ActiveX 控件的形式嵌入网页中，目前可以支持 IE 内核的浏览器。利用 JavaScript API 开发包可以自定义三维可视化场景，快速完成海量数据加载、数据浏览、图层控制及插件的自动更新等功能
Web 三维开发流程	(1) 制作三维数据 (2) 利用 SuperMap iServer Java 发布三维服务 (3) 利用 SuperMap iClient for Realspace 获取三维服务的场景和三维数据，在三维插件中展示
Web 三维缓存	SuperMap GIS 针对海量数据，为用户提供了一套较为完备的二三维缓存体系，主要包括客户端缓存和服务端缓存。 • 客户端缓存采用了数据缓存机制：首先获取数据服务的索引文件，然后根据索引将当前浏览区域所对应的"数据块"缓存到本地，这样下次访问时直接读取本地数据，减少了用户再次进行数据浏览时的等待时间 • 服务端缓存采用预缓存和动态缓存两种机制。预缓存是指用 SuperMap Deskpro .NET 提前生成的缓存文件，可以将预缓存放在缓存文件夹下，从而提高服务访问和浏览的速度。动态缓存的主要原理是对于没有预先生成缓存的发布数据，服务发布后，第一次浏览数据时，服务端会动态生成相应图层的缓存，下次访问时可以直接访问已生成的缓存

15.7　本　章　小　结

本章主要介绍了 SuperMap iClient for Realspace 基本概念、开发入门、常用功能及三维缓存相关内容。通过学习本章内容您应该能够逐步开始基于 SuperMap iClient for Realspace Web 三维系统的开发工作。

练习题　通过继承 SceneAction 类实现单击某个模型景点，弹出气泡窗体，并在窗体中显示景点详细信息。

第 16 章　SuperMap 云服务

本书前面几章详细介绍了 SuperMap iServer Java 用于构建网络 GIS 系统的服务器平台软件。随着 IT 技术风起云涌，云服务这一新兴技术逐渐成为 IT 界的宠儿，云服务这种全新的 IT 商业模式成为业界关注的重点潜力技术。因此，本书最后一章将为大家介绍未来 GIS 技术发展趋势——云服务的相关内容以及超图软件在云服务方面的相关产品。

本章主要内容：

- 云计算概述
- SuperMap GIS 与云计算如何紧密联系
- 超图地理信息云服务

16.1　云计算概述

介绍超图云服务前，需要先了解它在什么样的大背景下诞生的，因此本节将重点介绍云计算。

云计算，是一种基于互联网的计算方式，通过这种方式，共享的软硬件资源和信息可以按需提供给计算机和其他设备。云计算是继 PC、互联网之后信息技术发展的最新趋势。目前云计算产业总体仍处于起步阶段，技术标准、商业模式等都还有待探索。(资料来源：新华网)

16.1.1　什么是云计算

云计算是网格计算、分布式计算、并行计算、效用计算、网络存储、虚拟化、负载均衡等传统计算机和网络技术发展融合的产物。下面将介绍云计算的特点和形式。

1. 云计算使用模式的特点

云计算使用模式有三个显著特点，即集中管理、移动应用和租用模式。云计算要实现这三个特征需要关注这几个方面：资源集中、服务架构、按需使用、移动应用、用户体验和商业模型。

2. 云计算的多种形式

IT 界一般认为云计算有三种形式，即基础设施即是服务(Infrastructure as a Service，简称

IaaS)、平台即是服务(Platform as a Service，简称 PaaS)和软件即是服务(Software as a Service，简称 SaaS)。

- IaaS 通过网络提供基础计算资源，如高性能 CPU 处理能力、大容量内存和海量存储能力。曾经是世界运算最快的超级计算机——中国"天河一号"的 CPU 处理能力就非常强，它运算一天相当于家用双核高性能 PC 运算 620 年以上。

- PaaS 是微软等平台软件企业提出来的，指的是把软件开发平台作为一种服务提供。

- SaaS 是将可直接使用的应用软件作为服务提供。其实 SaaS 这个名字并不准确，确切地应称为应用软件即是服务(Application as a Service，AaaS)，这样更能体现与 PaaS 之间的关系。只是先有 SaaS 这个概念，等 PaaS 被提出后发现 SaaS 不准确时，SaaS 这个概念已经深入人心，也不便再改。

除了通常的三种云计算形式外，在地理信息领域还提出了第四种云计算的形式，那就是数据即是服务(Data as a Service，DaaS)。在不少 GIS 应用系统建设时，地图数据非常重要，要购买大量遥感影像和矢量数据。这些数据不仅贵，而且处理工作量也很大，有时一个项目的数据成本会超过软件和硬件成本。通过服务的方式租用 GIS 数据，不仅节约采购资金，而且还能节约大量处理时间，所以 DaaS 是地理信息领域中非常重要的云计算形式。目前各省在建的地理信息框架公共服务平台和各市在建的数字城市共享平台，在某种意义上讲就是一种 DaaS。

IaaS 是云计算的基础，PaaS 和 DaaS 基于 IaaS 构建，而 SaaS 则基于 PaaS 和 DaaS 构建。测绘与地理信息相关单位，有能力和优势做的不是 IaaS，而是 PaaS、DaaS 和 SaaS。

16.1.2　为什么需要云计算

众所周知，在建设信息系统的时候，IT 的计算资源很重要。IT 计算资源包括 CPU 的处理能力、大容量的内存、海量的硬盘存储能力和软件的分析计算能力等。在采购 IT 设备、建设 IT 系统时，要对计算资源需求量做出估计。从图 16-1 可以看到，预估的需求可能是虚线 A，实际提供的资源一般不是直线。通常设备按批购买，每采购一批，资源量就提高一个层次，当资源不够时，再采购一批。因此实际提供的资源往往类似阶梯状折线 B，而实际用到的计算资源通常是波动的，类似于曲线 C。这样，问题就产生了，在 M 区会出现计算资源供不应求，影响正常工作；而在 N 区又会出现供大于求的情况，造成了浪费。

如何解决这个问题呢？用生活中的一个例子来说明。在煤气罐时代，几乎每家每户都有一个煤气罐。在城里，煤气罐做饭肯定比烧煤、烧柴火方便，也更环保。但煤气罐也有个麻烦，就是用完后要换气。很多人都有骑着自行车驮着煤气罐去换的艰苦经历，很不方便。有时还会很尴尬，做饭做到一半突然发现煤气不足了，我们就会停下来，把煤气罐放倒晃晃继续做。有时即使这样也可能没法做完这顿饭，就只好带着家人或朋友下馆子。有些家庭平常做饭少，一罐煤气很长时间用不完。管道煤气则解决了这些问题：需要时打开阀门，煤气就来了；不用时就关上阀门，按需供应，按量付费。管道煤气是不是完全替代煤气罐了呢？不是，煤气罐还在，在城市的某些地方有几个更大的煤气罐存储着可供应全城家庭的煤气，用管道把煤气罐和各家的煤气灶连起来，就可以把煤气送到需要煤气的每个终端。这种管道煤气用时髦的 IT 语言来描述就可以称为云煤气。

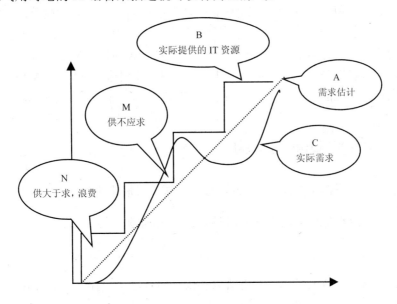

图 16-1　IT 计算资源的供需矛盾

借鉴管道煤气这种思路，集中建设一些云计算中心，通过网络访问和租用中心的计算资源，按需供应，按量付费，这就是云计算。理想当中的云计算世界如图 16-2 所示，原来供不应求和供大于求的情况都不存在了。

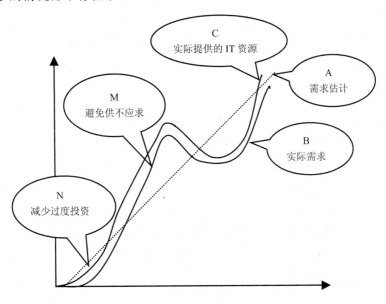

图 16-2　理想中的云计算世界

从云计算的价值方面来看，云计算带来了三个方面的优势。

- 降低成本，包括软硬件采购成本、数据采购成本和系统开发的时间成本。

- 伸缩性非常强，所需资源按需供应，用多少提供多少。

- 便捷性。云计算颠覆了传统的应用模式，从桌面应用走向了网络应用，只要能联网，就能使用云计算平台强大的服务、软件和数据能力，获取计算资源会更方便。在未来，云计算的应用模式是云和端的组合。内网、外网有各种各样的云，提供各种不同的计算服务，而端可以是台式机、笔记本电脑、电视机、平板电脑、PDA 和手机。由于云计算的大量处理在服务器上进行，对端的要求降低了，以后越便携的端将越受欢迎。

16.1.3 云计算对 GIS 的影响

云计算的到来，不仅震撼了 IT 产业，还对 GIS 领域的发展带来深远影响。

(1) 云计算模式可以很好地解决当前 GIS 应用的主要问题。

- 空间数据的产生单位相对较少，而数据使用者众多且多样化。

- 基础数据多，数据量庞大，更新频度低，适合采用云存储服务方式共享。

- 并发用户数很大，但每次使用量较小，适合采用云计算的大规模分布式计算。

- 需要海量数据存储，进行数据处理和数据挖掘，适合采用云计算的并行化分布式处理。

(2) 云计算模式给地理信息业务模式带来了诸多变化。

未来基于云计算技术的空间信息处理与应用将会发生很多变化，主要包括数据采集、处理、应用的流程。

1. GIS 基础平台内涵的全新扩展

在云计算时代，GIS 平台概念将极大地扩展，将包括 GIS 基础软件、云 GIS 平台软件、GIS 云服务平台三个主要组成部分。应用中既会用到传统的 GIS 基础软件进行数据处理，也会使用云 GIS 软件在私有云上工作，同时也会连接 GIS 云服务上的资源，或者将处理结果动态地发布到云服务平台之上。

云 GIS 将实现地理空间信息和非空间信息的全面整合，实现数据的空间关联，包括内部资源库、私有云资源、公共云资源和其他的互联网资源。GIS 将真正无处不在，深入到桌面、Web、手机、车联网、物联网等应用类型。

2. GIS 与其他信息技术深度融合

云 GIS 将通过云计算和物联网技术实现定位系统、遥感系统、通信系统、传感器的全面连接。通过虚拟化、高性能服务技术和移动终端技术实现在线获取、处理和应用空间信息及其关联信息，并实施基于空间智能的业务逻辑。通过三维可视化技术、环境仿真技术、数字化虚拟系统实现地理空间环境的规划和管理决策。

3. GIS 应用模式与使用体验变化

随着云计算的发展，GIS 的应用模式和使用体验将会发生很大变化。具体包括：随需应变，通过在线的、稳定的虚拟化架构，云 GIS 系统能够更好地满足快速变化的需求，即时提供需要的服务，系统数据和功能提供从内部驱动向外部需求驱动转变；按需使用，服务者只提供需要的，可以节省计算资源，使用者只获取想要的，只需为使用付费，从而降低使用难度和成本，也不再需要维护庞大的地理空间数据库；随时可用，系统是在线运行的，可以可靠地运行，满足即时提出的需求；随地可用，系统是分布式的、虚拟化的网络部署，任何地方都可以访问，使用任何设备，如工作站、PC、笔记本、平板、手机、车载设备均可访问。

总之，云 GIS 将适应有线网、无线网及其混合网络环境，拥有与其工作环境相适应的用户界面，多业务环节实现流程化、并行化处理，从而实现地理空间数据从采集到处理、分析、应用等各阶段完全一致的操作体验；而数据是统一、同步、一致的，可以同步修改，实现高效的协同工作。

16.2　超图地理信息云服务

在全球都在探索云计算与各行各业的结合的同时，超图软件在致力平台研发之余也不忘与时俱进，将云计算引入 GIS 领域，推出超图地理信息云服务，全面推动地理信息技术向云计算迈进。

超图地理信息云服务是一种新型的服务平台，为合作伙伴提供在线地理信息业务开发，同时整合外部的数据资源，提供在线的地理信息服务。它是由超图软件集成地理信息技术和云计算技术这两种新型服务业态产业技术建成的。这个平台在服务上提供了面向企业的位置服务、电商物流等业务，用户可以通过这个平台整合资源，形成解决方案。超图地理信息云服务，创新了地理信息服务的商业模式，开创了地理信息产业新链条，也将会成为未来地理信息产业的重要增长点。本节将从超图地理信息云服务的平台结构和价值模式两个方面进行介绍。

16.2.1　超图地理信息云服务平台结构

地理信息云服务平台是借助云计算技术，将地理信息平台软件、地理信息资源数据、地理信息应用软件部署到云计算平台上构成的。如图 16-3 所示，超图地理信息云服务平台包括 IAAS、Geo-PAAS、Geo-DAAS 和 Geo-SAAS 几个部分。

- IAAS，由超图软件和基础设施厂商合作，提供虚拟服务器、硬件资源、硬件虚拟化方面的基础设施服务。它通过网络提供基础计算资源，如高性能 CPU 处理能力、大容量内存和海量存储能力，以及用于数据存储管理的数据库、操作系统以及中间件。

- Geo-PAAS，地理信息服务云计算平台。由超图地理信息云应用服务管理平台和 SuperMap 在线平台提供支撑。超图地理信息云应用服务管理平台对 Geo-SAAS 的应用软件进行云端管理，可以将应用软件商提供的应用软件架设到云端，最终用户可以通过超图云服务获取应用软件服务。SuperMap 在线平台提供超图软件相关服务内容。

- Geo-DAAS，通过超图地理信息云服务平台可以整合各种二维和三维数据(包括地形、地貌、卫星、航天、人口、气象等数据)到云服务平台中，构成地理空间数据在线服务。

- Geo-SAAS，基于地理信息服务的在线应用服务。这些服务支持多终端，包括桌面、手机、PC 端等。这一层次的应用服务可以基于 Geo-DAAS 和 Geo-PAAS 搭建业务应用，还可以是用户将 GIS 与业务数据科学搭建构成的个体 SAAS 应用。这些应用软件都由超图地理信息云应用管理平台管理。

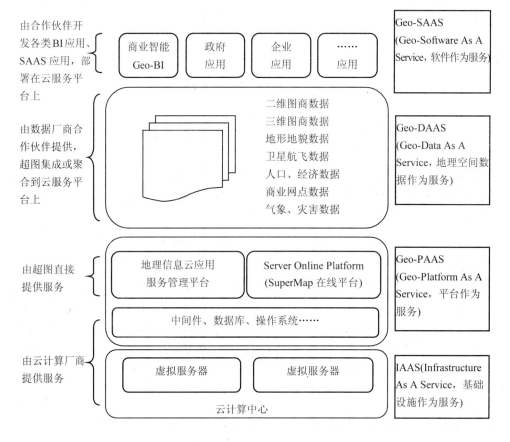

图 16-3　超图地理信息云服务平台结构

超图地理信息云服务平台是一个支撑 GIS 云业务的服务平台，同时它提供一套在线的 GIS 开发工具，利用开发工具通过在线的方式获取全方位的 GIS 服务，如云 GIS 数据、云 GIS 应用等。超图地理信息云服务平台支持多样化终端应用，如 Web 客户端、SuperMap iServer 服务器端软件、SuperMap 客户端软件、SuperMap Deskpro .NET、SuperMap 三维客户端都可以访问超图地理信息云服务。

16.2.2　超图地理信息云门户

超图地理信息云门户后台依托超图地理信息云服务平台,面向广大公众提供各种 GIS 云服务。2011 SuperMap GIS 技术大会上超图软件正式发布超图地理信息云门户 (www.supermapcloud.com)。超图地理信息云门户是超图地理信息云服务的重要组成部分,它由云地图服务、云主机服务、云数据服务以及云 GIS 应用四个部分构成。

1. 云地图服务

云地图服务是超图整合社会上各种地理信息资源,为政府、企业、公众提供服务的在线运营平台。它依靠综合的地理信息内容、专业的 GIS 分析方法和完善的 GIS 应用系统,提高政府和企业的工作效率,同时为公众提供服务。用户可以根据自身项目需求通过超图云服务平台的在线 API 接口调用云服务开发具有自身特色的功能。云地图服务具有以下功能特性。

* 提供在线 API 服务
  API 服务的说明如表 16-1 所示。

表 16-1　API 服务

API	描　述
初级 API 服务	包含地图浏览、空间查询、属性查询等接口
中级 API 服务	在初级 API 服务基础上,增加网络分析、空间分析等接口
高级 API 服务	在中级 API 服务基础上,增加在线编辑等接口

* 提供的空间数据类型丰富
  通过云地图服务可以浏览气象、地质灾害、DEM、统计等自然地理数据和社会经济数据,还包括各种电子地图、影像数据、三维、交通路网等数据。

* 支持多种富客户端 SDK 调用
  用户可以免费使用超图软件的 SuperMap iClient 客户端开发包(包括 SuperMap iClient for Ajax、SuperMap iClient for Flex、SuperMap iClient for Silverlight 和 SuperMap iClient for Realspace)调用云地图服务,获取相关 GIS 功能和数据,同时还可以在 SuperMap Objects .NET/Java、SuperMap Deskpro .NET 以及手机客户端中获取云地图服务。

2. 云 GIS 主机

云 GIS 主机服务提供虚拟服务器主机和 SuperMap iServer Java 平台租用。在云 GIS 主机中支持用户开发在线 SaaS 应用,定购主机的存储空间,支持用户在云上存储自己的数据,支持用户数据与超图云地图服务的叠加。

云 GIS 主机的主要特点如下。

- 提供虚拟机服务器和 SuperMap iServer Java 租用服务

  用户可以在租用的服务器上发布自己的 SaaS 服务和存储自己的数据。云 GIS 主机提供不同配置等级的虚拟机租用。

  除了租用虚拟机服务器外，云 GIS 主机还支持租借 SuperMap iServer Java 服务器软件产品，SuperMap iServer Java 提供 3 种版本，分别为专业版、标准版以及高级版，不同版本所提供的 GIS 服务能力不同。用户可以根据自身功能需求选择租借的 SuperMap iServer Java 的版本。

- 支持 Web 应用框架开发

  超图地理信息云服务平台提供各种类型的应用框架(如电子地图、房产地图、旅游交通、动态路况等)。在框架基础上只需要经过简便的配置，可以迅速得到一个地图应用系统。云 GIS 主机支持开发者在虚拟机服务器上使用 Web 应用框架开发。

- 支持云地图服务和云 GIS 应用服务

  在虚拟机服务器上可以轻松访问云地图服务和云 GIS 应用，开发者可以借助这两套云服务实现在虚拟机服务器上开发自己的 SaaS。

3. 云数据服务

云数据服务提供各种类型的地理信息数据和专题数据，包括自然地理要素(气象、气候、水文、水利、林业、植被、野生动物、地质、地震、自然灾害)以及社会地理要素(社会经济、商业网点、金融、城市、交通、环保、国土、房产)。这些数据是由数据服务提供商提供，经过超图地理信息云服务平台发布成云数据服务。

在 GIS 应用系统建设时，购买大量遥感影像和矢量数据的成本较高。通过服务的方式租用 GIS 数据，不仅节约采购资金，而且还能节约大量处理时间，这种在线数据服务的方式保证用户随时访问的都是最新的数据，同时还能使用户获得自然和经济综合数据资源的支持，以及获得多家数据资源整合的解决方案。

4. 云 GIS 应用

云 GIS 应用提供了一个统一的应用管理系统，用户通过使用云地图服务及 API 开发得到的地图应用，均可注册到云 GIS 应用平台上，云 GIS 应用平台提供针对这些应用的注册、启动管理、状态监控、使用统计、注销等功能服务。同时，云 GIS 应用也是一个展示平台，用户通过应用平台的搜索、列表等功能，可以方便地查找其关心的应用，并根据应用平台提供的联系信息，和应用发布者展开合作等。

- 发布自己的应用

  应用服务开发者可以利用云地图服务、云主机资源以及应用模板开发专属的应用系统，在云 GIS 应用服务中进行发布。

- 使用云 GIS 应用

  在云 GIS 应用中提供多种类型的 GIS 应用，云使用者可以在云 GIS 应用中搜索需要的应用，并通过在线的方式租借这些应用。目前云 GIS 应用中提供以下主要应用服务，随着云服务的不断壮大，面向公众和各种行业的云 GIS 应用也会不断增多。

  - ◆ 车辆人员位置运营服务：以超图地理信息云服务平台为基础的位置应用服务平台，针对车辆和人员分别提供了定位、监控、报警、导航、友邻通信等功能，能够应用于车辆管理、手机导航、物流管理、野外巡查、流动执法等领域。
  - ◆ 智能调度地理信息系统：提供了基于保险商业应用的基础地理信息数据的采集、管理，以及在这些基础数据上提供报险定险、人员定位跟踪、短信等应用的功能。
  - ◆ 订单自动分单跟踪系统：物流快递订单的自动分单、跟踪与车辆管理系统，可帮助电商、物流快递企业大幅减少在订单调度上的人力投入，以订单实时跟踪与查询服务来改善客户体验，增强客户粘度和忠诚度，从而增强企业的效益和竞争力。

16.2.3　超图地理信息云服务的价值

通过超图地理信息云服务平台结构图(图 16-3)可以知道，这个云服务平台是一个完全开放的平台。这个平台更像是一个"舞台"，数据合作伙伴、应用开发合作伙伴、空间商业智能合作伙伴以及用户才是这个"舞台"上"唱戏"的主角。

1. 云服务带给合作伙伴的价值

超图地理信息云服务平台的合作伙伴包括数据资源提供商、应用开发创业者、应用解决方案提供商、商业智能合作伙伴以及基础设施提供商等。云服务平台有一个很好的在线和高可靠的保障机制，同时云服务租借的运营模式受到广大终端用户的青睐，这也为合作伙伴带来了无限商机。

数据资源提供商可以利用云服务平台将自身拥有的各类数据发布到云端，为广大用户提供有偿的云数据服务。应用解决方案提供商利用云服务平台发布应用系统，通过用户的有偿租借获取相应的利润。GIS 应用开发创业者直接在云服务平台上在线开发 SaaS，而定制、推广和运维这个应用则由云服务平台负责。当这个应用通过云应用服务发布后，终端用户可以付费使用这样的应用服务，这样 GIS 应用开发创业者就可获得回报。商业智能合作伙伴基于云服务平台提供商业智能分析服务。云服务中大量信息分析资源和地理信息分析的功能为商业智能合作伙伴带来了便利，所以做这方面就更加轻松。

2. 云服务带给用户的价值

超图地理信息云服务平台整合了多家的资源，给用户带来整体解决方案的支持，硬件、软件、数据都可以按需租赁，降低信息化门槛，同时使用用户能获得硬件、软件、数据的整体解决方案，灵活选择多家的解决方案，节省维护成本。用户有一个云服务的需求，可以在地理信息云服务平台上查找，通过在线的方式租借这些应用。这样省去了维护的麻烦，像使用自来水和电一样，不需要自己建电网，不需要建自来水管网。用户有数据资源需求，也可以在地理信息云服务平台上查找，这个平台提供一个地理信息资源在线数据保障。这种在线的方式保证用户随时访问的都是最新的数据，同时还能使用户获得自然和经济综合数据资源的支持，以及获得多家数据资源整合的解决方案。

总之，地理信息云服务平台创造了一个新的商业模式，厂商可以进行数据整合，用户节省了投入门槛，地理信息服务平台能让信息产业快速增长。超图软件同时也在探索打造一个地理信息云服务联盟，如图 16-4 所示，把各类合作伙伴，包括二维、三维、遥感的数据合作伙伴，包括企业业务解决方案伙伴、商业智能合作伙伴、政务信息合作伙伴，构成一个联盟，一起面对和开拓地理信息云服务的市场。

超图软件基于地理信息云服务平台，推动成立地理信息云服务联盟，结盟众多的计算资源提供厂商、数据资源合作伙伴、应用开发合作伙伴、空间商业智能合作伙伴，建设新型地理信息产业合作链条。在地理信息云服务时代，超图软件将更加发扬光大"开放合作、共同发展"的合作战略，与地理信息云服务联盟众多的合作伙伴一道铸造地理信息产业"云辉煌"时代。

图 16-4　超图地理信息云联盟

16.3　快速参考

目标	内容
云计算	云计算是网格计算、分布式计算、并行计算、效用计算、网络存储、虚拟化、负载均衡等传统计算机和网络技术发展融合的产物。云计算使用模式有三个显著特点，即集中管理、移动应用和租用模式

目　标	内　容
云 计 算 对 GIS 的影响	云计算模式可以很好地解决当前 GIS 应用的主要问题：空间数据的产生单位相对较少，而数据使用者众多且多样化；基础数据多，数据量庞大，更新频度低，适合采用云存储服务方式共享；并发用户数很大，但每次使用量较小，适合采用云计算的大规模分布式计算；需要海量数据存储，进行数据处理和数据挖掘，适合采用云计算的并行化分布式处理
超图地理信息云服务	超图地理信息云服务是一种新型的服务平台，为合作伙伴提供在线地理信息业务开发，同时整合外部的数据资源，提供在线的地理信息服务。它是由超图软件集成地理信息技术、云计算技术这两种新型服务业态产业技术建成的。这个平台在服务上提供了面向企业的位置服务、电商物流等业务，用户可以通过这个平台整合资源，形成解决方案。超图软件基于地理信息云服务平台，推动成立了地理信息云服务联盟，结盟众多的计算资源提供厂商、数据资源合作伙伴、应用开发合作伙伴、空间商业智能合作伙伴，建设新型地理信息产业合作链条

16.4　本 章 小 结

本章从云计算概念入手，全面阐述了云计算以及对 GIS 领域的影响，介绍了超图地理信息云服务的平台结构和云门户的组成，最后展望了超图云服务的价值。超图地理信息云服务平台实现了 GIS 软件从底层对云计算环境的支持，可以更好地实现地理信息服务与业务系统的功能服务调用，提供高性能、高可用性的服务。企业信息化建设引入地理信息服务，不仅能够有效提升工作效率和服务质量，还可以进行优化分析和辅助决策，使企业管理走上一个新的台阶。特别是"以租代买"的服务模式将能很好地满足大量中小企业的需求，从而产生巨大的地理信息应用服务市场。

在规划建设 GIS 应用系统时，也许不是所有单位都有条件全面采用云计算技术。但是在做 GIS 应用系统技术选型时，要充分考虑到以后向云计算平台迁移的可能性。否则当云计算浪潮真正来到时，已经构建好的系统就很可能要推倒重来。